U0295806

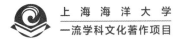

上海海洋大学
一流学科文化著作项目

档案里的水产养殖学

上海海洋大学

汪洁　主编

AQUACULTURE MINED FROM
THE ARCHIVE IN SHANGHAI OCEAN UNIVERSITY

上海三联书店

编审委员会成员

主　　编　吴嘉敏　程裕东

副主编　闵　辉　郑卫东

编委成员　黄旭雄　江卫平　陈　慧　施永忠　张登沥
　　　　　　张雅林　程彦楠　俞　渊　韩振芳　周　辉
　　　　　　钟俊生　宁　波　屈琳琳　叶　鸣　张亚琼

总　序

　　浩瀚深邃的海洋，孕育了她海纳百川、勤朴忠实的品格；变化万千的风浪，塑造了她勇立潮头、搏浪天涯的情怀。作为多科性应用研究型高校，上海海洋大学前身是张謇、黄炎培1912年创建于上海吴淞的江苏省立水产学校，1952年升格为中国第一所本科水产高校——上海水产学院，1985年更名为上海水产大学，2008年更为现名。2017年9月，学校入选国家一流学科建设高校。在全国第四轮学科评估中，水产学科获A+评级。作为国内第一所水产本科院校，学校拥有一大批蜚声海内外的教授，培养出一大批国家建设和发展的杰出人才，在海洋、水产、食品等不同领域做出了卓越贡献。

　　百余年来，学校始终接续"渔界所至、海权所在"的创校使命，不忘初心，牢记使命，坚持立德树人，始终践行"勤朴忠实"的校训精神，始终坚持"把论文写在世界的大洋大海和祖国的江河湖泊上"的办学传统，围绕"水域生物资源可持续开发与利用和地球环境与生态保护"学科建设主线，积极践行服务国家战略和地方发展的双重使命，不断落实深化格局转型和质量提高的双重任务，不断增强高度诠释"生物资源、地球环境、人类社会"的能力，努力把学校建设成为世界一流特色大学，水产、海洋、食品三大主干学科整体进入世界一流，并形成一流师资队伍、一流科教平台、一流科技成果、一流教学体系，谱写中国梦海大梦新的篇章！

文化是国家和民族的灵魂，是推动社会发展进步的精神动力。党的十九大报告指出，文化兴国运兴，文化强民族强。没有高度的文化自信，没有文化的繁荣兴盛，就没有中华民族伟大复兴。习近平总书记在全国宣传思想工作会议上强调，做好新形势下的宣传思想工作，必须自觉承担起举旗帜、聚民心、育人、兴文化、展形象的使命任务。国务院印发的"双一流"建设方案明确提出要加强大学文化建设，增强文化自觉和制度自信，形成推动社会进步、引领文明进程、各具特色的一流大学精神和大学文化。无论是党的十九大报告、全国宣传思想工作会议，还是国家"双一流"建设方案，都对各高校如何有效传承与创新优秀文化提出了新要求、作了新部署。

大学文化是社会主义先进文化的重要组成部分。加强高校文化传承与创新建设，是推动大学内涵发展、提升文化软实力的必然要求。高校肩负着以丰富的人文知识教育学生、以优秀的传统文化熏陶学生、以崭新的现代文化理念塑造学生、以先进的文化思想引领学生的重要职责。加强大学文化建设，可以进一步明确办学理念、发展目标、办学层次和服务社会等深层次问题，内聚人心外塑形象，在不同层次、不同领域办出特色、争创一流，提升学校核心竞争力、社会知名度和国际影响力。

学校以水产学科成功入选国家"一流学科"建设高校为契机，将一流学科建设为引领的大学文化建设作为海大新百年思想政治工作以及凝聚人心提振精神的重要抓手，努力构建与世界一流特色大学相适应的文化传承与创新体系。以"凝聚海洋力量，塑造海洋形象"为宗旨，以繁荣校园文化、培育大学精神、建设和谐校园为主线，重点梳理一流学科发展历程，整理各历史阶段学科建设、文化建设等方面的优秀事例、文献史料，撰写学科史、专业史、课程史、人物史志、优秀校友成果展等，将出版《上海海洋大学水产学科史（养殖篇）》《上海海洋大学档案里的捕捞学》《水族科学与技术专业史》《中国鱿钓渔业发展史》《沧海钩沉：中国古代海洋文化研究》《盐与海洋文化》、等专著近20部，切实增强学科文化自信，讲好一流学科精彩故事，传播一流学科好声音，为学校改革发展和"双一流"建设提供强有力的思想保证、精神动力和舆论支持。

进入新时代踏上新征程，新征程呼唤新作为。面向新时代高水平特色大学建设目标要求，今后学校将继续深入学习贯彻落实习近平新时代中国特色社会主义思想和党的十九大精神，全面贯彻全国教育大会精神，坚持社会主义办学方向，坚持立德树人，主动对接国家"加快建设海洋强国""建设生态文明""实施粮食安全""实施乡村振兴"等战略需求，按照"一条主线、五大工程、六项措施"的工作思路，稳步推进世界一流学科建设，加快实现内涵发展，全面开启学校建设世界一流特色大学的新征程，在推动具有中国特色的高等教育事业发展特别是地方高水平特色大学建设方面作出应有的贡献！

上海海洋大学党委书记　**吴嘉敏**

序

习近平总书记指出，档案工作是一项利国利民、惠及千秋万代的崇高事业，经验得以总结，规律得以认识，历史得以延续，各项事业得以发展，都离不开档案。档案是历史的见证，文化的积淀，文脉的血液，智慧的传承。高校档案是档案的一部分，是大学文化传承创新的核心载体。

高校档案是一座历久弥新的资源宝库，体现着国家和人民的办学期望，凝结着一代代高校师生的家国情怀和办学追求，镌刻着高校学科建设的缘起、筹建、建设、合作、发展、攻坚、展望等寻常而又不寻常的珍贵记忆。高校档案蕴含着丰富的学科建设智慧，对学科建设具有索引、参考、支撑、启示等重要作用。因此，倘若将零星分布于高校档案角角落落的学科档案信息，一一悉心收集、串联、研究、分析，可以全面展示学科发展脉络和谱系，对学科建设和发展无疑具有重要借鉴和参考价值。

上海海洋大学前身是张謇、黄炎培规划筹创，1912 年正式创立的江苏省立水产学校，初设渔捞科、制造科，1921 年添设养殖科，1952年在新中国政府关心下升格为中国第一所独立建制的本科水产高等学府。历经百余年发展，代代海大人不懈努力，起初的 3 个骨干学科已发展成为上海海洋大学在国内外有影响和一定知名度的传统优势学科。2017 年，上海海洋大学入选"双一流"学科建设高校；2022 年入选"双一流"建设高校。

为从历史档案中汲取人文滋养，在高校"双一流"建设和教育强国建设大背景下，更好地推进高水平特色大学建设，上海海洋大学档案馆试图从馆藏档案里挖掘资源，追寻捕捞学、水产养殖学、水产品加工及贮藏工程学三个传统学科建设和发展的足迹，探寻其学科建设规律与特点，为今后学科建设提供"我是谁，我从哪里来，我往哪里去"的文本参照。这是一种尝试，一种责任，更是一种激励，一种憧憬。

然而，卷帙浩繁，殊其不易，研究馆员汪洁为此孜孜不倦、不厌其烦查阅案卷，在浩如烟海的历史记录里排摸、筛选、考证、研究和分析相关记录，殚精竭虑，筚路蓝缕，每有所得，如获至宝，日积月累，功夫不负有心人，历经数年终于先后成集，使前辈所形成的档案，在中国式现代化的新实践中涵化出难能可贵的成果。

上海海洋大学水产养殖学科，是中国最早设立的水产养殖学科，成立于1921年。1993年被评为农业部重点学科，1999年被农业部重新认定为重点学科；1996年、2000年被评为上海市重点学科，2002年被评为国家重点学科；1983年获硕士学位授予权，1998年获博士学位授予权。涌现出中国鱼类学泰斗、中国鱼类学重要奠基人、一级教授、原上海水产学院院长朱元鼎，著名鱼类学家孟庆闻、苏锦祥、伍汉霖，水产增养殖学陆桂、谭玉钧、王武，藻类学家王素娟，水产种质资源学李思发等著名学者，百年来栉风沐雨，薪火相传；筚路蓝缕，玉汝于成，不仅为中国水产养殖学科发展做出重要贡献，而且始终传承着"勤朴忠实"的校训精神，塑造了"把论文写在祖国的江河湖泊和世界的大洋大海上"的办学传统。汪洁老师通过梳理档案，俯身青灯黄卷，潜心撰写出《上海海洋大学档案里的水产养殖学》。既通过扎实可信的档案资料，对水产养殖学科历史进行了回望，又为今后水产养殖学科的高水平建设与发展提供了精神动力和史料支撑。这是平凡中的不平凡，是平凡中心系学校学科建设的独具慧眼和工匠精神。

高校档案只有"活起来"，才能使高校档案紧紧围绕存史资政育人这一根本任务，"更好地服务党和国家工作大局、服务人民群众"。让高校档案"活起来"，服务学科发展和大学建设，来自一次学习习近平总书记有关教育的重要论述的谈心谈话灵感，在启动和操作过程中经验不足，与其说是上海海洋大学档案馆基于教育强国国家战略的策划布局，不如说是一次抛砖引玉的摸索与实践。期待总结、提炼、反映高校学科建设的论著如雨后春笋，承前启后，继往开来，更好地助力中国式现代化高等教育事业发展。

宁　波

2023 年 3 月 23 日

目　录

校名变更

上海海洋大学前身为民国元年（1912年）创办于吴淞炮台湾的江苏省立水产学校。

自1912年创办江苏省立水产学校至2022年上海海洋大学，一百多年来，学校校名历经十一次变更如下：

首次创办校名：江苏省立水产学校（1912.12—1927.11）

依次变更校名：

1. 第四中山大学农学院水产学校（1927.11—1928.2）

2. 江苏大学农学院水产学校（1928.2—1928.5）

3. 国立中央大学农学院水产学校（1928.5—1929.7）

4. 江苏省立水产学校（1929.7—1937.8）

5. 上海市吴淞水产专科学校（1947.6—1951.3）

6. 上海水产专科学校（1951.3—1952.8）

7. 上海水产学院（1952.8—1972.5）

8. 厦门水产学院（1972.5—1979.5）

9. 上海水产学院（1979.5—1985.11）

10. 上海水产大学（1985.11—2008.3）

11. 上海海洋大学（2008.3—　　）

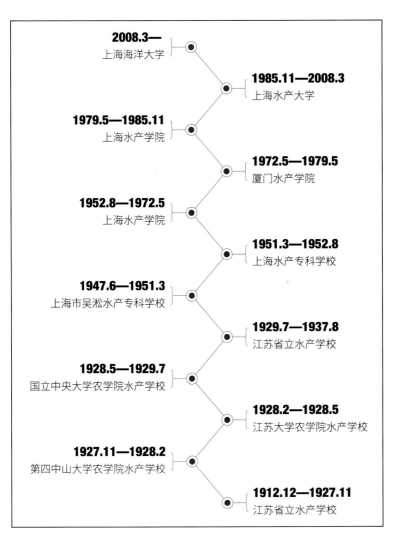

2008.3—
上海海洋大学

1985.11—2008.3
上海水产大学

1979.5—1985.11
上海水产学院

1972.5—1979.5
厦门水产学院

1952.8—1972.5
上海水产学院

1951.3—1952.8
上海水产专科学校

1947.6—1951.3
上海市吴淞水产专科学校

1929.7—1937.8
江苏省立水产学校

1928.5—1929.7
国立中央大学农学院水产学校

1928.2—1928.5
江苏大学农学院水产学校

1927.11—1928.2
第四中山大学农学院水产学校

1912.12—1927.11
江苏省立水产学校

1912 年到 2022 年校名变更图

图 1　江苏省立水产学校校门

图 2　江苏省立水产学校校景

图 3　上海海洋大学校门

图 4　上海海洋大学校景

上篇　学科追踪

一、学科含义

水产养殖的历史可追溯到公元前 2500 年，当时的古埃及人已开始池塘养鱼。在古埃及法老墓的壁画上，至今还能看到古埃及人在池塘里捕捞罗非鱼的情景。

中国的水产养殖历史悠久。《诗·大雅·灵台》中记载："王在灵沼，于牣鱼跃。"可见，当时商朝的周文王就开始使用黎民百姓，建造灵台池沼，并在其中养鱼。中国最早的鱼类养殖专著《养鱼经》中记载："水畜，所谓鱼池也。以六亩地为池，池中有九洲。"相传《养鱼经》系春秋末年越国范蠡所著。范蠡在书中叙述了水产养殖，即所谓的经营鱼池。用六亩地的面积开挖成鱼池，池中布置一些土墩。此外，该书中还记载了养殖鲤鱼的方法，如亲鱼的规格、放养时雌雄鱼搭配的比例、适宜放养的时间、捕捞的时间、留种增殖及可获得的经济收益等。至唐朝，相传由于唐朝皇帝姓"李"，"李"与"鲤"同音，养殖鲤鱼和食用鲤鱼遭到朝廷禁止。唐朝人发现将与鲤鱼品种相近的青鱼、草鱼、鲢鱼和鳙鱼混合搭配在同一鱼池中养殖，能获得良好的养殖效果。因此，从唐朝开始，中国成功开展的鲤科鱼类池塘"综合养殖"（Poly-culture）技术沿用至今，闻名中外。从 18 世纪中叶开始，欧洲科学技术的突飞猛进，极大地带动了水产养殖业的发展，也有力地促进水产养殖的实践和研究。

关于水产养殖学学科，在上海海洋大学档案馆馆藏的《水产》第四期（1922 年 7 月）、《上海海洋大学传统学科专业与课程史》（2012 年 10 月）中已有阐述。

在 1922 年 7 月江苏省立水产学校校友会发行的《水产》第四期"学艺"栏中冯立民《水产学是什么》一文中，对水产养殖学进行如此阐述：

水产学是什么

冯立民

"水产""水产"的声浪，一天一天地闹得大起来了；这果然是很可喜的现象。可是"水产学"是什么？他的定义和界说到底是怎样？——这问题当然是一个很重要的问题。现在我先把我的意见写出来，和大家讨论讨论：

......

可是那时所称的水产业，不过代表"渔捞"的永久行为；后来技术进步，捕得很多，不能当时如数交易，于是就用旁的方法贮藏起来，这就称"制造"。水产食料的需求，其后竟成为人类的一种习惯；可是渔捞的行为，因为别种自然力的阻碍，不能为水平的进行；制造和渔捞有联带关系，当然也是一样；所以后来又预先饲畜水产。以补渔捞和制造的不及；这就称"养殖"。所以水产业中，实包含渔捞、制造、养殖三种；这三种的学问，就称"渔捞学"、"制造学"、"养殖学"；总称之曰"水产学"。

......

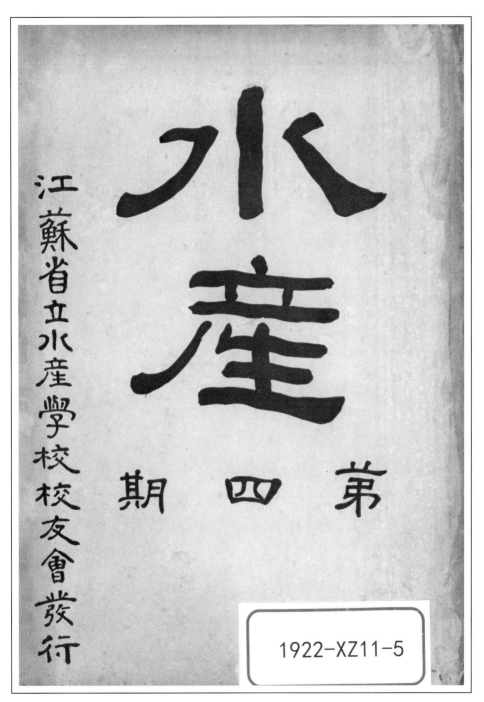

图 1-1　江苏省立水产学校校友会发行的《水产》第四期封面（1922 年 7 月）

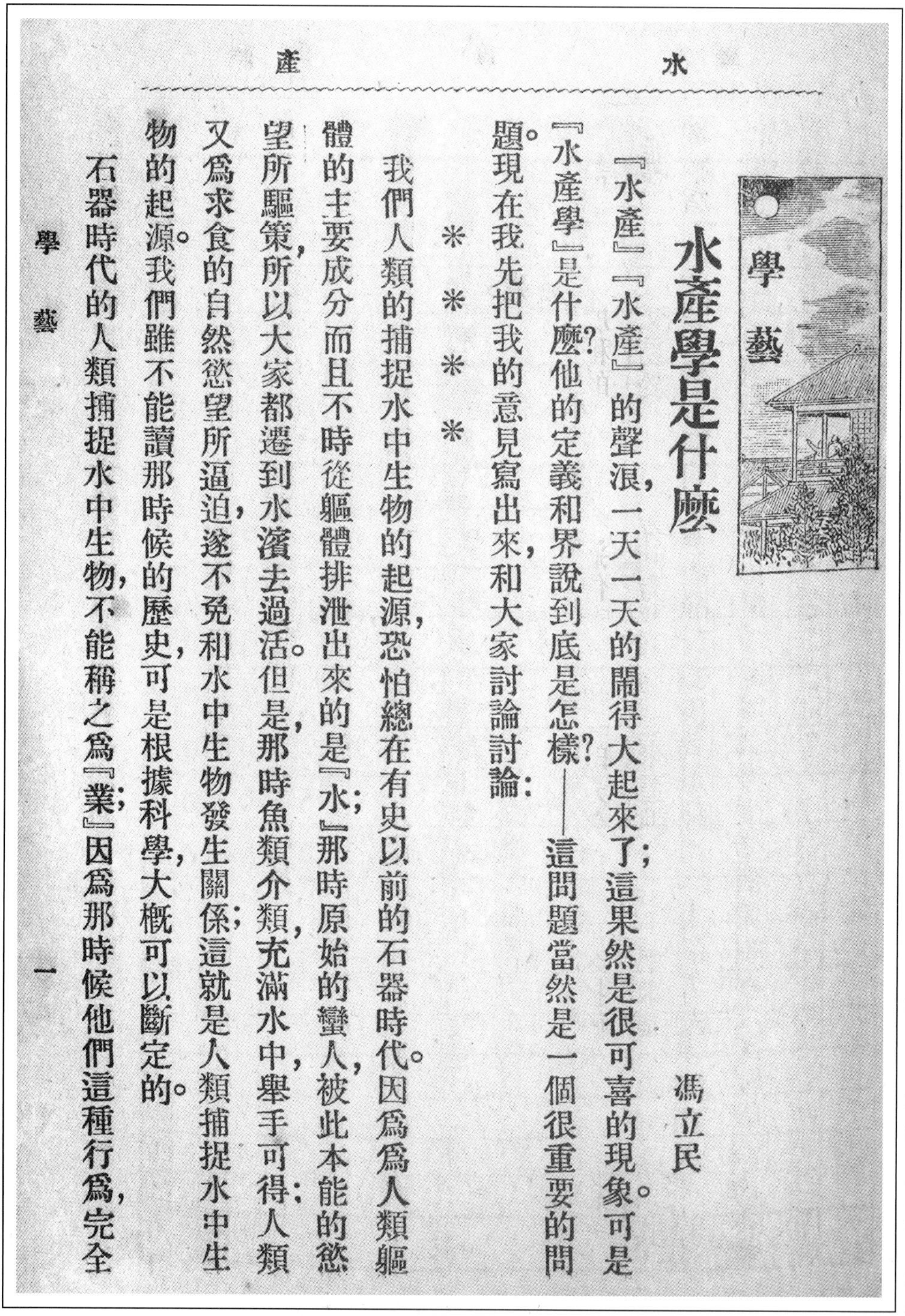

産　　　　　　　水

水產學是什麼

馮立民

『水產』『水產』的聲浪一天一天的鬧得大起來了；這果然是很可喜的現象。可是

『水產學』是什麼?他的定義和界說到底是怎樣?——這問題當然是一個很重要的問

題現在我先把我的意見寫出來和大家討論討論

＊　＊　＊
＊　＊　＊

我們人類的捕捉水中生物的起源,恐怕總在有史以前的石器時代。因為為人類軀

體的主要成分而且不時從軀體排泄出來的是『水』那時原始的蠻人被此本能的慾

望所驅策所以大家都遷到水濱去過活。但是那時魚類介類充滿水中舉手可得人類

又為求食的自然慾望所逼迫遂不免和水中生物發生關係;這就是人類捕捉水中生

物的起源。我們雖不能讀那時候的歷史可是根據科學大概可以斷定的。

石器時代的人類捕捉水中生物不能稱之為『業』;因為那時候他們這種行為完全

學藝

一

图 1-2　1922 年 7 月江苏省立水产学校校友会发行的
《水产》第四期中对水产养殖学的阐述

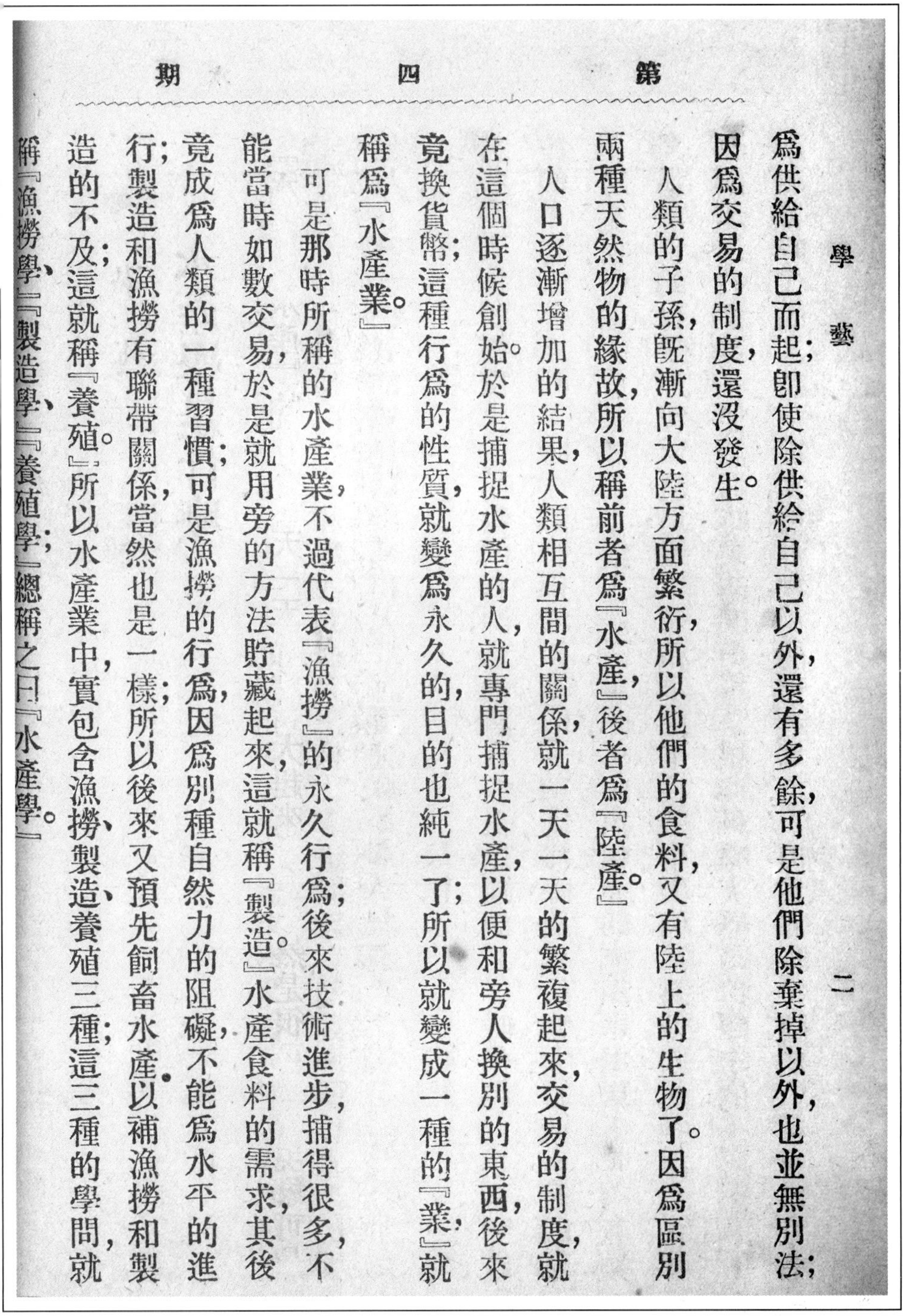

第　四　期

學藝

二

爲供給自己而起；即使除供給自己以外還有多餘，可是他們除棄掉以外也並無別法；

因爲交易的制度還沒發生。

人類的子孫既漸向大陸方面繁衍所以他們的食料又有陸上的生物了因爲區別

兩種天然物的緣故所以稱前者爲『水產』後者爲『陸產』

人口逐漸增加的結果，人類相互間的關係就一天一天的繁複起來，就

在這個時候創始。於是捕捉水產的人就專門捕捉水產以便和旁人換別的東西後來

竟換貨幣這種行爲的性質就變爲永久的，目的也純一了；所以就變成一種的『業』就

稱爲『水產業』。

可是那時所稱的水產業不過代表『漁撈』的永久行爲；後來技術進步捕得很多，不

能當時如數交易於是就用旁的方法貯藏起來這就稱『製造』水產食料的需求其後

竟成爲人類的一種習慣；可是漁撈的行爲因爲別種自然力的阻礙不能爲水平的進

行製造和漁撈有聯帶關係當然也是一樣所以後來又預先飼畜水產以補漁撈和製

造的不及；這就稱『養殖』所以水產業中實包含漁撈、製造養殖三種這三種的學問，就

稱『漁撈學』、『製造學』、『養殖學』總稱之曰『水產學』。

图 1-3　1922年7月江苏省立水产学校校友会发行的
《水产》第四期中对水产养殖学的阐述

在 2012 年 10 月潘迎捷、乐美龙主编，上海人民出版社出版的《上海海洋大学传统学科、专业与课程史》中，有如下水产养殖学定义：

水产养殖学是研究在天然水域和人工水域中水产经济动植物增养殖原理和技术、增养殖水域生态环境的应用科学，是水产学分支之一。水产养殖学学科是学校主干学科之一，经近一个世纪的办学历程，积累了丰富的办学经验。水产养殖学学科是水产一级学科下属中最重要的二级学科之一，它是水生生物学、鱼类学、组织胚胎学、鱼类生理学、池塘养鱼学、藻类栽培学、水产动物疾病学、水产动物营养与饵料学等多个三级学科组合而成的综合学科。

图 1-4 《上海海洋大学传统学科、专业与课程史》封面（2012 年 10 月）

图 1-5 2012 年 10 月《上海海洋大学传统学科、专业与课程史》中水产养殖学定义

二、创设缘由

清朝末期，清廷积弱，沙俄、德、日等国对我沿海侵渔猖獗。翰林院修撰张謇向清廷商部提议创办水产、商船两学校，以护渔权而张海权、兴渔利而助商战。

民国元年（1912 年）初，江苏省临时省议会知会于民国元年预算案内议决设立水产学校。

民国元年（1912 年）5 月 9 日，江苏都督委任日本东京水产讲习所归国留学生张镠为水产学校建校筹办员。

民国元年（1912 年）12 月 6 日，上海海洋大学前身——江苏省立水产学校创立，江苏都督委任张镠为校长。

民国元年（1912 年）10 月，时任水产学校建校筹办员的张镠向江苏都督递交《呈都督胪陈本校办法文》，提出拟先设渔捞、制造两科，五年后续办养殖科，并阐明了五年后续办养殖科的缘由。

在民国四年（1915 年）《江苏省立水产学校之刊》（第一刊）中，记载民国元年（1912 年）10 月，张镠向江苏都督递交《呈都督胪陈本校办法文》：

呈都督胪陈本校办法文　　民国元年十月　　　日

为呈请事，窃镠于本年六月十九日将前往吴淞踏勘校址并以先行开办续筑校舍理由分别呈报在案。正拟编订预算筹备进行，忽于九月一日严父见背，方寸已乱。对于学校筹备各事，不得不暂时搁置。兹奉到民政司函催呈报二年度预算案，方知限期已过，抱歉殊深。爰就管见所及，分条胪列，呈请核准遵行。须至呈者，

右呈江苏都督程

谨拟办法如下：

一程度遵照教育部令甲种实业学校办法。

一拟先设渔捞制造两科，五年后续办养殖科。

……

（丙）养殖学　　世界最有名之德意志亦在试验中，而无确实不易之法。虽然，我国湖苏等处所养之鲢鱼草鱼，产额甚多。冬春两季，苏松太各处鲜鱼无不仰给于湖州。则湖州之养鱼法，苟有人研究其理由。当大有造于水产界。养殖选种，最为难事。偶不审慎，繁殖难而种亦杂。是以此种学术，非研究有方深有心得者，断不能胜任。在东同学卒业者尚无其人。苟内地有人，尽可同时并办。否则宁缺一科，以待将来。

所谓五年续办者究何理由，窃意选拔寻常师范完全科毕业生二名，预备日语一年。由本校校长直接与日本水产讲习所开一谈判，贴其费用，委托造就。三年本科，一年实习。则本校成立后第五年，当可毕业归国。而校中于第四年省议会开会之先，据理申请添增经费，以为续办养殖科之用。

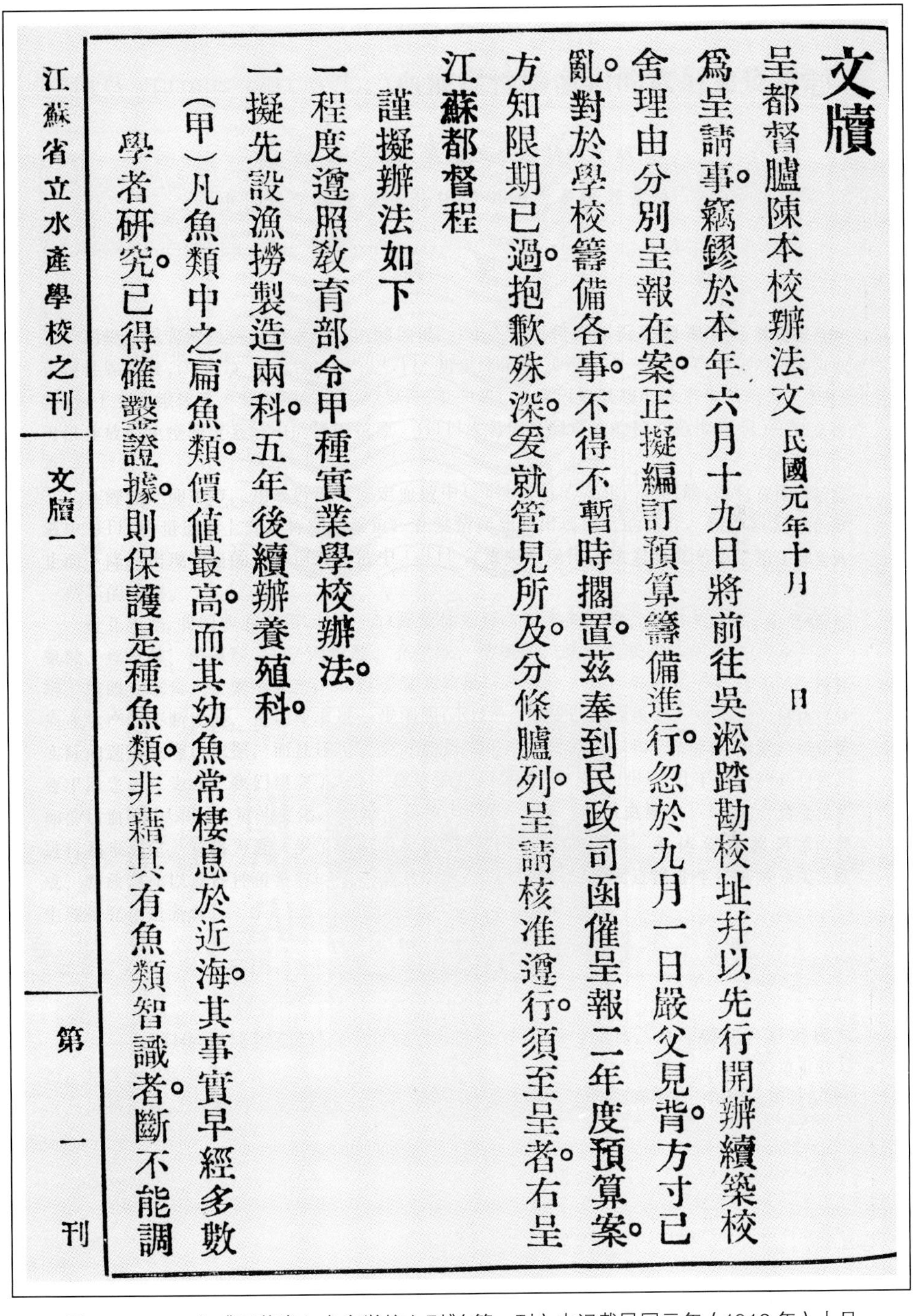

文牘

呈都督臚陳本校辦法文　民國元年十月　日

為呈請事竊鏐於本年六月十九日將前往吳淞踏勘校址并以先行開辦續築校舍理由分別呈報在案正擬編訂預算籌備進行忽於九月一日嚴父見背方寸已亂。對於學校籌備各事。不得不暫時擱置茲奉到民政司函催呈報二年度預算案。方知限期已過抱歉殊深爰就管見所及分條臚列呈請核准遵行須至呈者右呈

江蘇都督程

謹擬辦法如下

一程度遵照教育部令甲種實業學校辦法。

一擬先設漁撈製造兩科五年後續辦養殖科。

(甲)凡魚類中之扁魚價值最高而其幼魚常棲息於近海其事實早經多數學者研究已得確鑿證據則保護是種魚類非藉其有魚類智識者斷不能調

图1-6　1915年《江苏省立水产学校之刊》(第一刊)中记载民国元年(1912年)十月《呈都督胪陈本校办法文》

查其產卵生成等期以定漁業禁令之期限。且外人窺視我國近海漁業。已非一日。雖有江浙漁業公司。設法抵制保護漁民深恐對於生物界之智識尚有所未足。此漁撈科之所以必先也。

(乙)查日本水產物輸入我國累年比較表內明治三十三年水產製造物輸入我國總額計日金二百萬一千餘圓其後逐年加增至昨年僅鹹魚一項驟增至二百萬圓合計總額不下千萬金考其理由大率閩浙粵三省漁獲物年減一年而內國之需用不得不仰給於鹹魚其次則以各省攤還賠款舉辦各種新政入不敷出輒加鹽稅鹽價益高日人乘之竭力以鹹魚輸入小民爭買惟恐不得鄰之利我之害也此改良製造之所必要也。

(丙)養殖學世界最有名之德意志亦在試驗中而無確實不易之法雖然我國湖蘇等處所養之鱠魚草魚產額甚多冬春兩季蘇松太各處鮮魚無不仰給於湖州則湖州之養魚法尚有人研究其理由當大有造於水產界養殖選種。

图 1-7-1　1915 年《江苏省立水产学校之刊》(第一刊) 中记载民国元年（1912 年）十月《呈都督胪陈本校办法文》

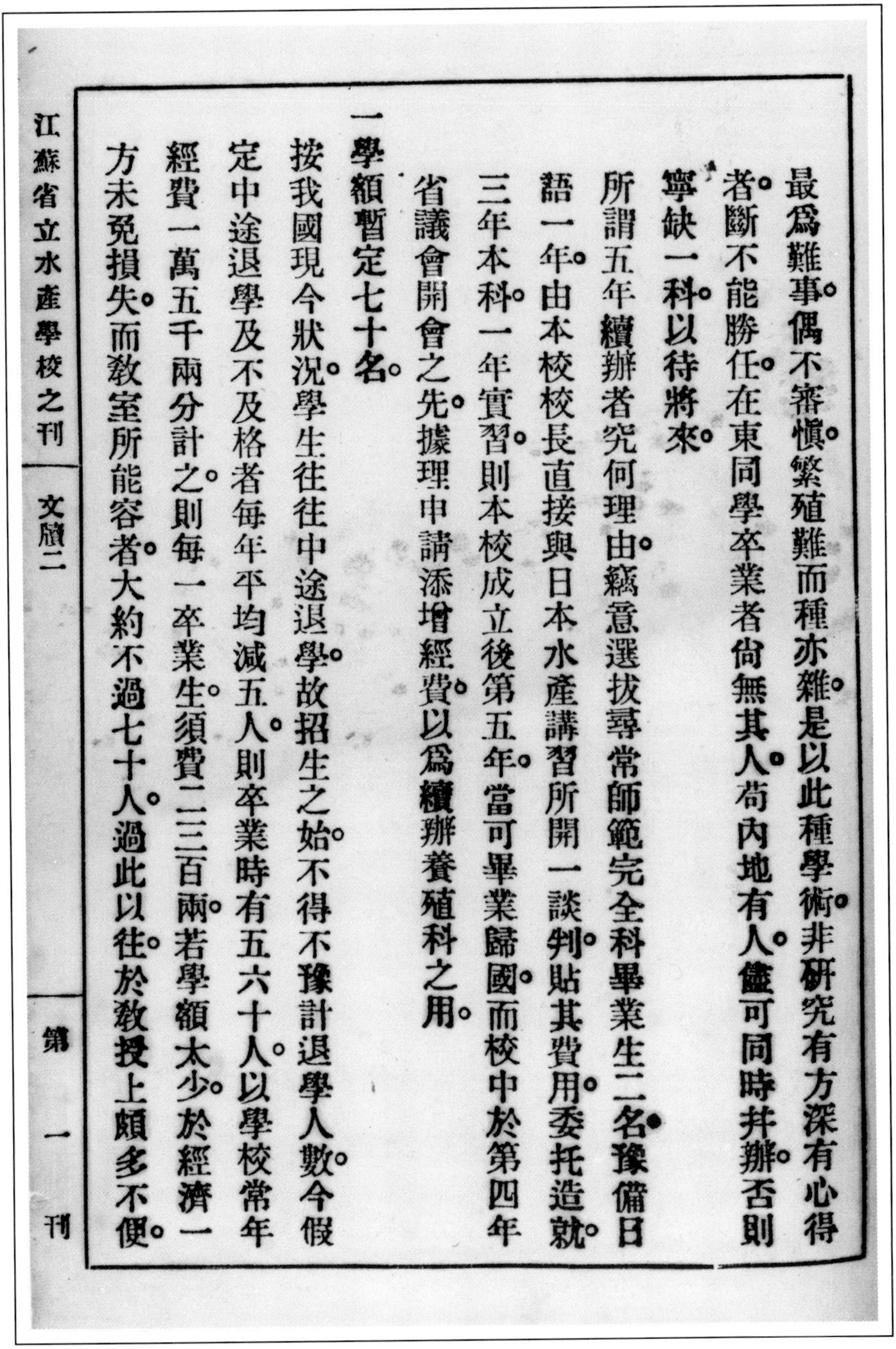

江蘇省立水產學校之刊　文牘二

最為難事偶不審慎繁殖難而種亦雜是以此種學術非研究有方深有心得
者斷不能勝任在東同學卒業者尚無其人苟內地有人盡可同時并辦否則
寧缺一科以待將來。

所謂五年續辦者究何理由竊意選拔尋常師範完全科畢業生二名豫備日
語一年由本校校長直接與日本水產講習所開一談判貼其費用委託造就
三年本科一年實習則本校成立後第五年當可畢業歸國而校中於第四年
省議會開會之先據理申請添增經費以為續辦養殖科之用。

一學額暫定七十名。

按我國現今狀況學生往往中途退學故招生之始不得不豫計退學人數今假
定中途退學及不及格者每年平均減五人則卒業時有五六十人以學校常年
經費一萬五千兩分計之則每一卒業生須費二三百兩若學額太少於經濟一
方未免損失而教室所能容者大約不過七十人過此以往於教授上頗多不便。

第　一　刊

图 1-7-2　1915年《江苏省立水产学校之刊》(第一刊)中记载民国元年(1912年)十月
《呈都督胪陈本校办法文》

校长张镠认为水产事业包括"内河近海远洋渔业也，鱼贝盐藻之制造、淡水咸水有用生物之养殖也"。水产教育就是"社会对于水产事业之趣向计划，授以适当之学理艺术，及必要之技能知识也"。水产事业（含水产养殖）和水产教育（含水产养殖学）两者的相互促进和发展，使"民生国计之利赖乃无穷尽"。

校长张镠提出"生物种子宜设法保护"，并将水产养殖分为繁殖和保护。由于政府不禁渔，水产品产量和品质逐年下降，校长张镠提出设法保护良种、发展繁殖的主张。

在民国六年（1917 年）12 月江苏省立水产学校校友会发行的《水产》第一期"主张"栏中张镠《水产事业与水产教育》中记载：

> 水产事业者何？内河近海远洋渔业也，鱼贝盐藻之制造也，淡水咸水有用生物之养殖也。水产教育者何？就社会对于水产事业之趣向计划，授以适当之学理艺术，及必要之技能知识也。以言顺序，则事业因，教育果也，其继也。以教育之结果，而事业益以增进，果化为因。而民生国计之利赖乃无穷尽。
>
> ......
>
> （二）生物种子宜设法保护　养殖事业本分繁殖，保护二途。就天产之生物，用人力辅助其生育成长，谓之繁殖。产卵时期，于产卵场所禁止渔获，谓之保护。本省佘山向有淡菜紫菜，列为上品而近来出产年减一年，品质年劣一年。推其故，惟无人力助其繁殖，实因于政府不禁止其滥渔，长此以往，行且与渤海海参呈同等惨状矣（渤海本产海参前经某国试用拖网以致灭种）。
>
> ......

图 1-8　江苏省立水产学校校友会发行的《水产》第一期封面（1917 年 12 月）

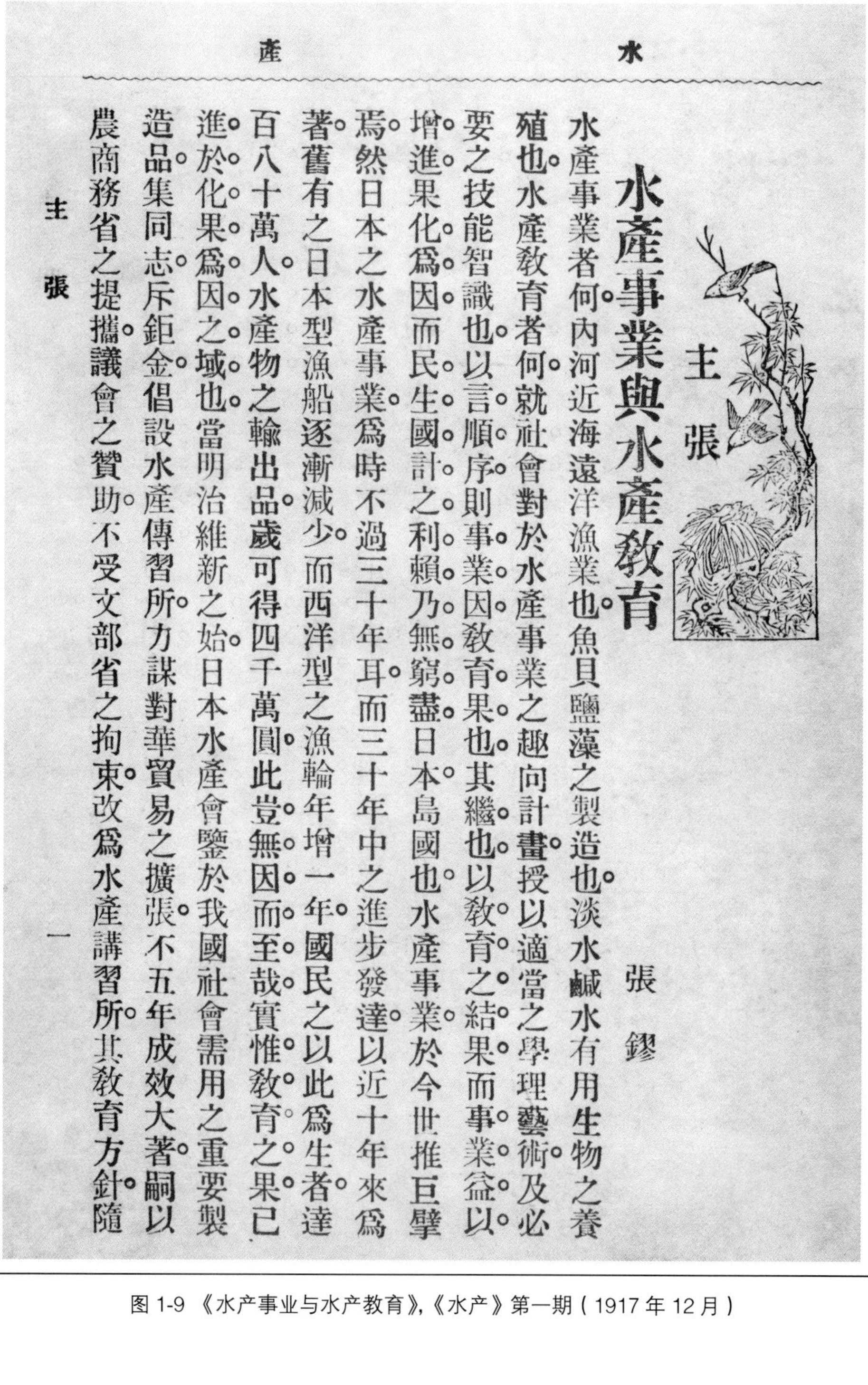

產　　　　水

水產事業與水產教育

張　鏐

張　鏐

水產事業者何。內河近海遠洋漁業也。魚貝鹽藻之製造也。淡水鹹水有用生物之養殖也。水產教育者何。就社會對於水產事業之趣向計畫授以適當之學理藝術及必要之技能智識也。以言順序則事業因。教育果也。其繼也。以教育之結果而事業益以增進。果化爲因。而民生國計之利賴。乃無窮盡。日本島國也。水產事業於今世推巨擘焉。然日本之水產事業爲時不過三十年耳。而三十年中之進步發達以近十年來爲著。舊有之日本型漁船逐漸減少。而西洋型之漁輪年增一年。國民之以此爲生者達百八十萬人。水產物之輸出品歲可得四千萬圓。此豈無因而至哉。實惟教育之果已。進於化果爲因。之域也。當明治維新之始。日本水產會鑒於我國社會需用之重要製造品集同志斥鉅金倡設水產傳習所力謀對華貿易之擴張。不五年成效大著。嗣以農商務省之提攜議會之贊助。不受文部省之拘束。改爲水產講習所。其教育方針隨

主張

一

図 1-9 《水产事业与水产教育》,《水产》第一期（1917 年 12 月）

水　產

法明定教育方針廣籌事業獎勵指導經營不遺餘力務使事業界有企業之興味力

避歧途各趨正軌則十年以後現今每年之漏卮巨額安知無挽回之希望無如國是

紛紜經濟竭蹶事業上之設施殆絕對無有能力農商部擬設之沿海試驗場原不過

爲一種通行文告裝飾門面已耳而反觀諸一二官營事業機關竟亦無專任水產學

校畢業生之規定嗚呼較諸日本之經營政策及事業與教育相聯絡之關係者相去

幾何矣

雖然吾不敢謂水產教育與水產事業殆絕望於國內也藉日有之則利用學理策勵

進行以與事業而昌教育者果何途之從乎爰貢蒭蕘以質宏碩

主張

（一）遠洋漁業宜特別獎勵　魚類洄游順潮而來我國近海潮流已屬分枝魚類亦屬一小部分本年春泛江浙漁業公司之福海漁輪在花島山之北佘山之東南覓得一黃花魚場大獲可見漁場之未發見者不知凡幾而向來漁船船體過小不合遠洋之用億萬生物讓諸他人彌可惜也（某國拖網漁輪常見於海州洋面）獎勵提倡願當道亟注意之

（二）生物種子宜設法保護　養殖事業本分繁殖保護二途就天產之生物用人力

三

图 1-10　《水产事业与水产教育》,《水产》第一期（1917 年 12 月）

主張　四

補助其生育成長謂之繁殖產卵時期於產卵場所禁止其漁獲謂之保護本省舟山向

有淡菜紫菜列爲上品而近來出產年減一年品質年劣一年推其故惟無人力助其

繁殖實因於政府不禁止其濫漁長此以往且與渤海參呈同等慘狀矣（渤海

本產海參前經某國試用拖網以致滅種）

（三）亟設試驗場以固教育之信用　學校與試驗場同一分利事業均屬官辦範圍。

惟學校以實用爲主試驗場以實利爲主實利之效遠而緩實利之果近而速是以對

於不信仰學識者之提倡宜用實利以啓發其企業思想逮精神旣奮乃以學識糾正

其不合理之作業故教育信用以試驗場而堅社會企業以試驗場而奮而其最後之

效乃益以促進教育鳴呼顧不重且要歟

（四）獎助企業家以養雄渾之魄力　江浙漁業公司收買福海漁輪後其繼起者爲

官商合股之府浙漁業公司兩輪獲利良不甚厚然亦不致虧折乃近聞府浙獲資本

之倍價讓諸某國商人就目前之利息固可謂厚矣若就事業言則我國又少此一

輪夫人棄吾取太利在後有遠大之眼光靈敏之手腕濟以雄渾之魄力而後事業不

至夭札夭札者國家不爲之獎助故也而今而後吾深盼企業家之擴大其目光尤願

图1-11　《水产事业与水产教育》,《水产》第一期（1917年12月）

三、历史沿革

上海海洋大学水产养殖学科的前身追溯至江苏省立水产学校于民国十年（1921 年）创设的养殖科。

一百多年来，水产养殖学科与学校发展、民族振兴、国家富强紧密结合。历代建设者秉承"勤朴忠实"之校训精神，将学科研究、教学实践的累累硕果播种在江河湖海、田间山头，为促进中国成为世界水产大国、水产强国发挥积极、重要的作用，为中国水产事业的发展作出了重要贡献。

《上海海洋大学水产学科史（养殖篇）》（2020 年 1 月）将学校水产养殖学学科发展分为四个阶段：水产养殖学科的初创（1921—1952 年）、水产养殖学科的发展（1952—1979 年）、水产养殖学科的再发展（1980—1999 年）、水产养殖学科的创新与提高（2000 年至今）。

（一）水产养殖学科的初创（1921—1951 年）

民国元年（1912 年）12 月江苏省立水产学校创立。学校初创时就重视水产养殖科的筹建，校长多次派员赴江苏等地开展水产养殖调查。

民国六年（1917 年）12 月江苏省立水产学校校友会发行的《水产》第一期"记载"栏《校友会大事记》中记载了调查员伍瑞林演讲调查江苏省内地水产养殖情形。文中写道：

校友会大事记

  六月九日开临时大会由调查员伍瑞林演讲调查本省内地水产养殖情形

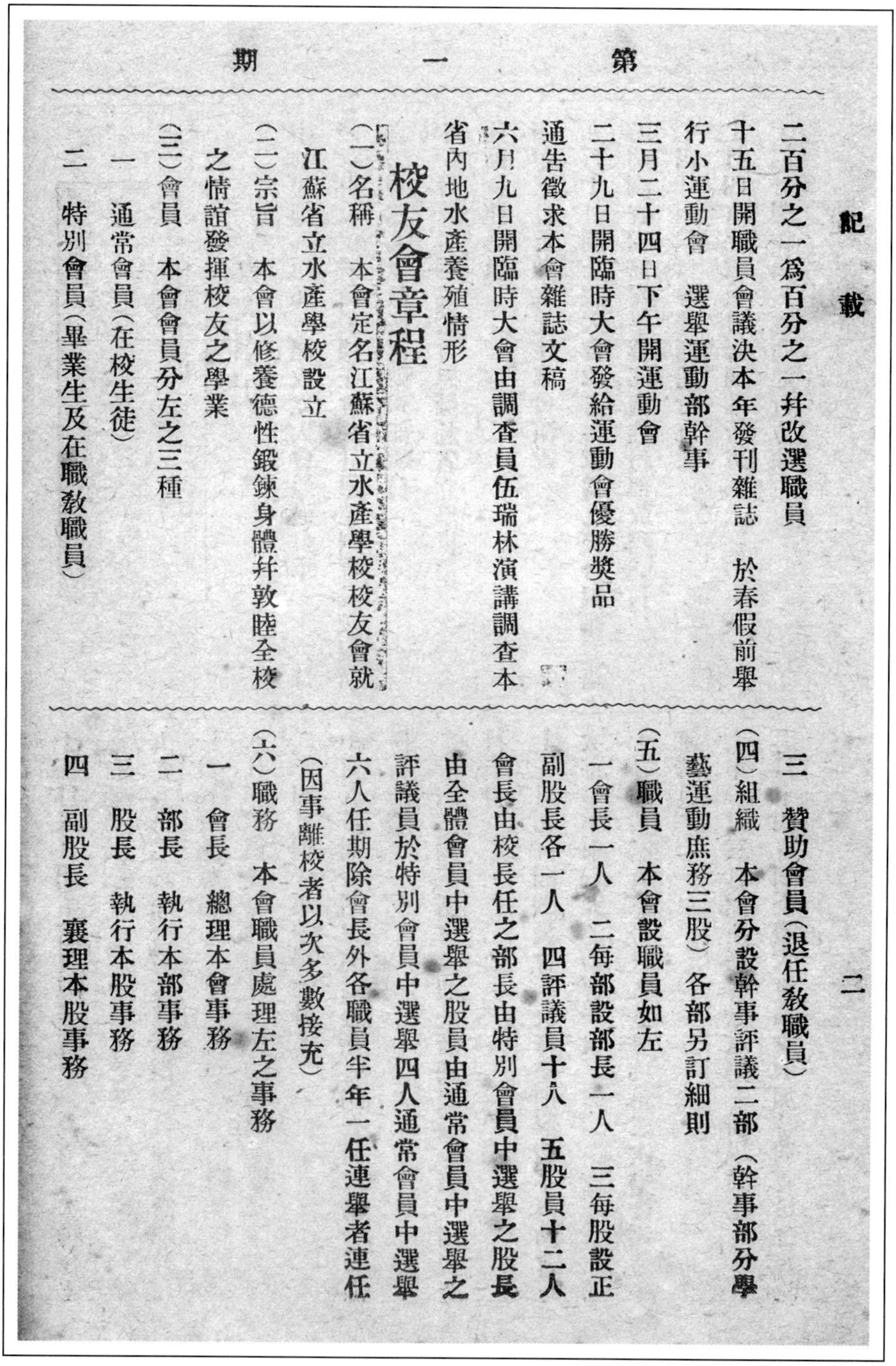

第一期

記載

二百分之一爲百分之一幷改選職員

十五日開職員會議決本年發刊雜誌　於春假前舉

行小運動會　選舉運動部幹事

三月二十四日下午開運動會

二十九日開臨時大會發給運動會優勝獎品

通告徵求本會雜誌文稿

六月九日開臨時大會由調查員伍瑞林演講調查本

省內地水產養殖情形

校友會章程

(一)名稱　本會定名江蘇省立水產學校校友會就

江蘇省立水產學校設立

(二)宗旨　本會以修養德性鍛鍊身體幷敦睦全校

之情誼發揮校友之學業

(三)會員　本會會員分左之三種

一　通常會員(在校生徒)

二　特別會員(畢業生及在職教職員)

二

三　贊助會員(退任教職員)

(四)組織　本會分設幹事評議二部(幹事部分學

藝運動庶務三股)　各部另訂細則

(五)職員　本會設職員如左

一會長一人　二每部設部長一人　三每股設正

副股長各一人　四評議員十八　五股員十二人

會長由校長任之部長由會員中選舉之股長

由全體會員中選舉之股長由特別會員通常會員中選舉之

評議員於特別會員中選舉四人通常會員中選舉之

(因事離校者以次多數接充)

六人任期除會長外各職員半年一任連舉者連任

(六)職務　本會職員處理左之事務

一　會長　總理本會事務

二　部長　執行本部事務

三　股長　執行本股事務

四　副股長　襄理本股事務

图1-12　1917年《水产》(第一期)中记载伍瑞林演讲调查水产养殖情形

民国十年（1921年）8月，水产养殖学科的前身——江苏省立水产学校养殖科设立。

养殖科创设初期，学校就十分重视实践实习教学。通过调整课程设置、增加学生实习课时；校长亲自带领养殖科主任及教员，赴江苏昆山勘察鱼池；组织学生到养殖场或长江、湘江采集鱼苗等生产实践，充实水产养殖实践教学，提高水产养殖学学科水平。

图1-13 《江苏省立水产学校十寅之念册》封面（1922年11月）

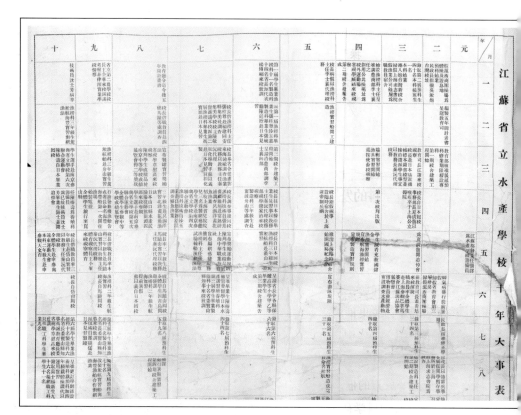

图 1-14 《江苏省立水产学校十寅之念册》中记载民国十年（1922 年）8 月添设养殖科、裁体操课代以运用实习，民国十年 11 月校长偕养殖科主任及教员赴昆山察勘鱼池

在民国十年（1922年）11月《江苏省立水产学校十寅之念册》"江苏省立水产学校十年大事表"栏中，记载民国十年（1922年）8月"添设养殖科""裁体操课代以运用实习"及11月"校长偕养殖科主任及教员赴昆山察勘鱼池"，原文如下：

江苏省立水产学校十年大事表

民国十年八月　　呈准更订学则添设养殖科裁预科加四年级裁体
　　　　　　　　操课代以运用实习
　　　　　　　　录取第十届新生九十六名编网职工科学生十一名
……
民国十年十一月　渔捞科学生赴三门湾调查并往嵊山实习
　　　　　　　　校长偕养殖科主任及教员赴昆山察勘鱼池

（二）水产养殖学科的发展（1952—1979年）

该时期，学校积极推行教学、科研与生产实践相结合。水产养殖学科教师在搞好教学的同时，深入渔区第一线，带领学生，参加生产实践，解决实际问题，总结、推广生产经验，并开展的一系列调查研究、技术创新和成果推广，如：开展鱼类区系、渔业资源和鱼类生物学的科学调查，开展鱼类学、鱼病防治、紫菜栽培与病害防治、河鳗人工繁殖、虾类育苗与养殖、池塘水质变化规律和调控技术、"四大家鱼"应用释放素的催产、鱼类性激素放射免疫测定技术、鱼类营养与配合饲料等的科学研究，开展家鱼人工繁殖、池塘科学养鱼创高产、河蚌育珠、河蟹人工繁殖、海带南移、小球藻培养等的科技创新和成果推广。此外，在国内外专家的帮助和指导下，逐步自主开设鱼病学课程。这一时期所取得的教学和科研成果，提高了教学质量，提升水产养殖学术水平，对水产养殖学学科发展起到极其重要的作用。

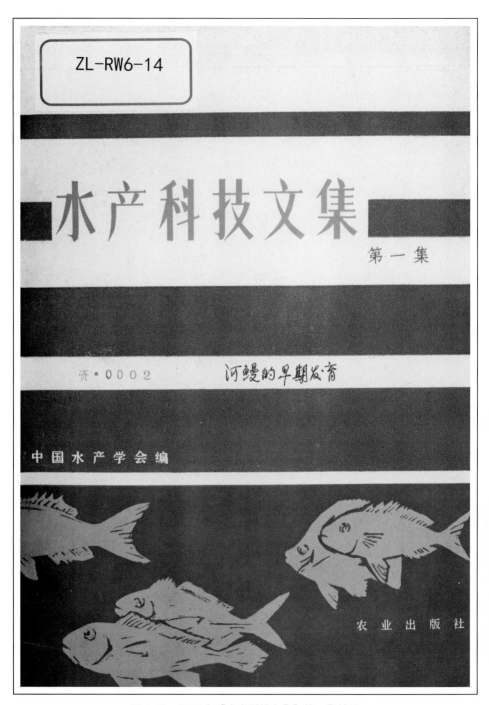

图 1-15 1978 年《水产科技文集》第一集封面

河鳗的早期发育

厦门水产学院
福建省水产研究所　河鳗人工繁殖研究小组[*]

关于鳗鲡（Anguilla spp.）的海洋生活阶段，已有不少学者进行了大量调查研究[1,2,3]，但对其胚胎和仔鱼期的报道，至今仍很少。Fish[4] 报告过从百慕大群岛西南海区采集的"美洲鳗"的胚胎。Schmidt 报告过百慕大群岛东南海区采集的体长为 6 毫米和 7 毫米的欧洲鳗仔鱼。但这些报告在很长的一段时期中，都由于难以得到鳗鲡受精卵或仔鱼而未能直接证实，所以还存在着不少空缺和疑问。

近年来，由于河鳗（Anguilla japonica Temminck & Schlegel）人工繁殖的研究初步获得成功，对其早期发育，作了较为系统的观察，有了可靠的材料。山本等[5,6] 报道了河鳗的胚胎和 5 天内仔鱼的发育材料。我们在 1974 年 5 月获得了人工繁殖的首批仔鳗[7,8]，初步报告了胚胎和 6 天以内的仔鳗形态特征[9]，翌年 4、5 月获得了大批受精卵和仔鳗，仔鳗成活了 14 天，观察和记录了它的形态发育特征。1976、1977 两年又作了补充观察。现将观察结果整理成文，以期对河鳗生活史研究中的空缺部分进行填补。

一、材料和方法

用人工繁殖的方法获得受精卵，置于聚氯乙烯孵化桶和玻璃水槽中孵化。孵化桶容水量 200 升，水交换量为 6 升/分钟，放卵量每次不超过 40 万粒；玻璃水槽容水量 3—4 升，放卵量不超过 200 粒。

孵化用水是经过初步沉淀和过滤的，盐度为 24—29.8‰。

仔鳗在玻璃水槽、水泥池和网箱中培养，孵化后第 3 天开始投喂海洋酵母（属圆酵母之一种）、叉鞭金藻（Dicrateria）、扁藻（Plamymonas sp.）、褶牡蛎（Ostrea cucullata）的担轮幼虫（Trochophora）、海水臂尾轮虫（Brachionus sp.）和鸭蛋黄等。

对胚胎和仔鱼的各发育阶段，进行了活体观察。并用波恩氏（Bouin's）液或 5%福末林固定，石蜡切片，H.E.染色和显微镜观察。

二、观察结果

（一）胚胎发育期（水温 24.3℃±0.3℃）

1.受精卵和卵裂　河鳗的受精卵，透明，卵径 1.0 毫米左右。

---

* 参加者：赵长春、王义强、杨叶金、施正峰，还有张克俭、洪玉堂和谭玉钧等同志。

图 1-16-1 《河鳗的早期发育》，《水产科技文集》第一集（1978 年）

油球的数量，不同批次的受精卵是不一致的，有单个的，有六、七个至十多个的，也有数十个的。从以后的发育过程来看，单油球的卵，往往在发育到16细胞阶段就分裂不规则，发育中途停顿，不能孵化出鳗苗。数十个或更多个油球的受精卵，孵化率一般较低。而六、七个至十多个油球的受精卵，孵化率一般较高。

卵子受精后，卵膜开始膨胀，约经30分钟，膨胀达到最大程度，直径一般为1.2—1.4毫米，个别批次达1.5—1.7毫米。受精卵在盐度为28—29.8‰以上的海水中，大都浮于水面，而在盐度为24—26‰的海水中，沉于水底。

在卵膜膨胀的同时，卵内细胞质趋向于动物极。胚盘逐渐隆起。到受精后45分钟，胚盘隆起明显。受精后约65分钟，开始第一次卵裂。第1—6次卵裂都是垂直裂（图10—1、10—2、10—3、10—4、10—5）。每次卵裂的间隔时间几乎相等，约需25分钟。此后出现水平裂。细胞越分越小，并成为多层，进入多细胞的桑椹期（图10—6）。

2. 囊胚期　桑椹期以后，分裂球更小，分裂沟逐渐模糊不清。从切片中可见胚盘细胞呈多层，胚盘与卵黄之间出现裂隙（图10—7），即囊胚腔的前身。受精后4小时40分钟，胚盘约占卵子高度的1/3，为高囊胚（图10—8），胚盘底部的囊胚腔，在切片中显而易见

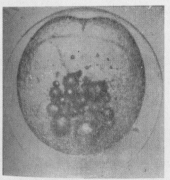

图10—1　2细胞期　　　　　图10—2　4细胞期

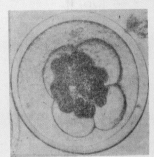

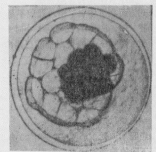

图10—3　8细胞期　　　　　图10—4　16细胞期

图 1-16-2　《河鳗的早期发育》，《水产科技文集》第一集（1978 年）

鲤鱼(Cyprinus carpio L.)血液促性腺激素的放射免疫测定*

厦门水产学院鱼类生殖生理科研小组

中国科学院上海生物化学研究所多肽激素组

摘　要

　　用鲤、鲢等鲤科鱼混合垂体经乙醇抽提，DEAE-纤维素层析及葡聚糖凝胶过滤来纯化促性腺激素（GTH）的方法。所得 GTH 初步纯化品（SG—Ⅱ—1）的产卵有效剂量为 1 微克／1 克泥鳅体重。其最终纯化品（SG—Ⅱ—2）在聚丙烯酰胺电泳谱中呈示为一条带，可供作放射免疫测定系统中的标记抗原。GTH 放射免疫测定法的检测范围为 0.1—16 毫微克。

　　在鲤鱼产卵季节，用放射免疫测定血液中 GTH 含量的变化，表明雌、雄鱼在配组后血液中 GTH 含量逐渐上升，特别是雌鱼，在发情产卵时出现显著的高峰，随产卵活动的停止而下降，出现明显的产卵前后血液中 GTH 含量变化规律。这为研究鱼类生殖生理提供一些新的资料。

　　近几年来，我国普遍应用 LRH—A(促黄体素释放激素类似物、焦谷氨基酸、组氨酸、色氨酸、丝氨酸、酪氨酸、D—丙氨酸、亮氨酸、精氨酸、脯乙基酰胺基酸)进行草、青、鲢、鳙四大家鱼人工繁殖催产，取得了显著效果，深受广大水产养殖场的欢迎[1、2]。随着渔业生产的不断发展，迫切要求进一步阐明 LRH—A 催情产卵的机制。这不仅为解决当前实际问题提供理论依据，而且还可以更好地指导生产。血液中 GTH 含量的测定，应是重要手段之一。为此，我们建立了 GTH 放射免疫测定方法，并初步应用于测定鲤鱼自然产卵前后血液中 GTH 含量的变化，对鲢、草鱼 LRH—A 催产前后血液中 GTH 的含量变化也进行初步测定。这将为进一步了解家鱼在池塘中自然产卵的鱼类，垂体促性腺激素的合成、释放规律以及各种鱼类对 LRH—A 的反应提供可能性，为促进渔业生产开展鱼类生殖生理研究创造条件。

一、材料和方法

　　（一）GTH 的提纯和鉴定[3、4]　　鲤、鲫、鲢、鳙等混合垂体，经丙酮脱水后磨成干粉，用含有 2% 氯化钠的 57% 乙醇溶液抽提三次。第一次抽提液体积是丙酮干粉重量的十倍，以后两次，各为第一次体积的一半。每次搅拌均匀，抽提后静置数小时，然后以 3,000

---

　　* 本文工作得到中国科学院上海生物化学研究所潘家秀同志具体指导。

　　参加本试验工作有厦门水产学院黄世燕、姜仁良、赵维信同志；中国科学院上海生物化学研究所多肽激素组王育西同志。承蒙该所其他同志的帮助，特此致谢！

图 1-17-1　《鲤鱼（Cyprinus carpio L.）血液促性腺激素的放射免疫测定》，
《水产科技文集》第一集（1978 年）

转/分的转速，离心15分钟。将三次离心的上清液合并，用冰醋酸调到pH5.2，然后加无水乙醇，使乙醇的浓度上升到76%，静置过夜。第二天以4,000转/分钟转速，离心15分钟。沉淀物即为GTH粗品，重量约为脑垂体丙酮干粉的2.6%。沉淀用少量0.001 MpH7.2甘氨酸钠缓冲液溶解，并对该液透析，换液四次。上DEAE—纤维（DELL）柱（2×40厘米）。柱预先用上述缓冲液平衡，并以此液洗脱，得到第一峰（DEAE-I）后改用等体积的0.001MpH7.2甘氨酸钠缓冲液作直线梯度洗脱，可分离出三个峰（DEAE—Ⅱ、Ⅲ、Ⅳ），此外，还曾分别用过含有0.25 M或0.35 M氯化钠取代0.5 M氯化钠的0.001 MpH7.2甘氨酸钠进行梯度洗脱。用0.25 M氯化钠梯度洗脱，峰Ⅲ和峰Ⅳ虽相距较远但峰域宽，用0.35M氯化钠二峰之间有一定距离，用0.5 M氯化钠者二峰均较集中，重叠部分较多，因此，以0.35 M氯化钠为宜。最后以含有1.0 M氯化钠0.001 MpH7.2甘氨酸钠缓冲液洗脱，出现一个高峰DEAE—Ⅴ。参看图11—1。

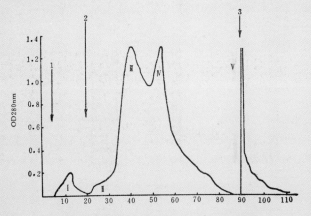

图11—1　DEAE—纤维素柱层析分离GTH粗品

1. 0.001MpH7.2甘氨酸钠
2. 0.001MpH7.2甘氨酸钠 + 0.5M NaCl—0.01MpH7.2甘氨酸钠
3. 0.1NaCl—0.001MpH7.2甘氨酸钠

　　各组分分别冻干，用泥鳅（misgurnus anguillicaudatus）进行活力测定。其中DEAE—Ⅲ有GTH生物活性，产卵有效剂量为24微克/10克雌鱼体重。峰DEAE—Ⅰ、Ⅱ、Ⅳ、Ⅴ，均不显示生物活性。

　　取DEAE—Ⅲ冻干粉，用少量0.01 M NH$_4$HCO$_3$溶液pH8.1溶解并对其透析，换液四次。然后上二次葡聚糖凝胶（Sephadex）G—100柱，柱以同液平衡和洗脱，流速为3毫升/18分钟，得SG—Ⅰ、Ⅱ、Ⅲ三个峰。SG—Ⅱ和SG—Ⅲ的K$_D$值分别是0.38和0.75，如图11—2所示。

　　将各组分分别冻干，仍以泥鳅测定活力，其中SG—Ⅱ具有促性腺激素活性，SG—Ⅰ和Ⅲ均无生物活性。第一次凝胶过滤分离到的SG—Ⅱ（称SG—Ⅱ—1）产卵的有效剂量为10微克/10克雌鱼体重，是脑垂体丙酮粉活力的二十倍左右。SG—Ⅱ—1和SG—Ⅱ—2第二次凝胶过滤分离到的得率分则是脑垂体丙酮粉的1.6‰和0.73‰。

图1-17-2 《鲤鱼（Cyprinus carpio L.）血液促性腺激素的放射免疫测定》，
《水产科技文集》第一集（1978年）

图 1-18　养殖系师生开展河蚌育珠实验

图 1-19　海水养殖系教师在进行东海藻类区系调查

（三）水产养殖学科的再发展（1980—1999 年）

该时期，随着我国改革开放和学校获得世界银行农业教育贷款项目，学校引进相关科研仪器设备，改善教学和科研条件。同时，派遣水产养殖学教师去国外留学或考察，聘请国内外专家、学者来校讲学，提高水产养殖学基础理论和研究水平。其间，水产养殖学教师积极开展一系列科学研究，如：精养池塘水质调控原理和技术研究，鱼类脑垂体中促性腺激素的释放规律和数量等研究，河蟹育苗、稻田养蟹推广应用研究，淡水养殖池塘生态学研究，大水面鱼类增养殖研究，工厂化养殖技术研究，对虾低盐度育苗技术研究，条斑紫菜、坛紫菜的生物学、细胞工程育种、栽培、病害防治和加工等系列研究，鱼类种质资源与遗传育种研究，鱼类病虫害防治研究，鱼虾等病毒防治及病原库建立和运作研究，水产动物营养与饲料配制研究、鱼类受精生物学研究等，取得了丰硕的成果，进一步提升了水产养殖学科的科研水平，有力地推动了水产养殖学学科的再发展。

其间，水产养殖学科于 1983 年被国务院学位委员会授予硕士学位招生权，1998 年被国务院学位委员会授予博士学位授予权，1993 年被农业部评为部重点学科，1996 年被评为上海市第三期重点学科，1999年经农业部批准再次评为部重点学科。

图 1-20　1981 年世界银行代表团来校参观考察养殖系

图 1-21　1989 年 7 月获国家科技进步奖二等奖证书

图 1-22 1990 年 12 月获国家科技进步奖三等奖证书

图 1-23 1996 年 10 月获国家"八五"科技攻关重大成果证书

图 1-24　1999 年 12 月获国家科技进步奖三等奖证书

（四）水产养殖学科的创新与提高（2000年至今）

该时期，随着水产养殖学科老一辈带头人和中坚专家的相继退休，学校于20世纪90年代国内外培养的年轻学术骨干在水产养殖学科的诸多领域，如：养殖、藻类、虾类、鱼类等方面成为教学和科研骨干，取得了丰硕成果。此外，学校又相继引进一批具有博士学位和国外研究经历的专家、学者，这批年富力强的专家、学者的加入，给学科建设注入了新的活力，极大地拓展了水产养殖学科的研究视野，使水产养殖学科教学和科研水平达到了新的高度，推动了水产养殖学学科的创新与提高。

2003年国家人事部批准学校设立水产一级学科博士后科研流动站，至此，水产养殖学科成为学校第一个拥有本科生、硕士生、博士生和博士后流动站的学科体系。

此外，该时期，水产养殖学科分别于2001年被评为上海市第四期重点学科，2002年1月被评为教育部重点学科，2002年2月被评为国家级重点学科，2007年再次被评为国家级重点学科，2008年获水产养殖上海高校创新团队，2009年获水产动物营养与饲料上海高校创新团队，2014年水产学科入选上海市高峰学科建设序列，2017年水产学科入选国家世界一流学科建设行列，并在教育部第四轮学科评估中获得A+评级。2022年水产学科再次入选国家"双一流"建设序列，并在第五轮学科评估中获得A+评级。

图 1-25　2003 年 1 月获上海市科技进步奖一等奖证书

图 1-26　2004 年 12 月获上海市科技进步奖二等奖证书

上海市科学技术奖
证 书

为表彰上海市科技进步奖获得者，特颁发此证书。

项目名称: 循环水工厂化淡水鱼类养殖系统关键技术研究与开发

获 奖 者: 上海水产大学

奖励等级: 一等奖

上海市人民政府

2006年11月24日

证书号: 20064369-1-D01

图 1-27　2006 年 11 月获上海市科学技术奖一等奖证书

国家科学技术进步奖

证 书

为表彰国家科学技术进步奖获得者，

特颁发此证书。

项目名称：罗非鱼产业良种化、规模化、加工
现代化的关键技术创新及应用

奖励等级：二等

获 奖 者：上海海洋大学

2009 年 12 月 23 日

证书号：2009-J-203-2-05-D02

图 1-28　2009 年获国家科技进步奖二等奖证书

国家2013-RY-114

全国农牧渔业丰收奖

证 书

为表彰2011-2013年度全国农牧渔业丰收奖获得者，特颁发此证书。

奖 项 类 别：农业技术推广成果奖

项 目 名 称：北方稻田种养（蟹）新技术示范与推广

奖 励 等 级：一等奖

获 奖 单 位：上海海洋大学

（第1完成单位）

编号：FCG-2013-1-005-01D

图 1-29　2013 年 12 月获全国农牧渔业丰收奖一等奖证书

图 1-30　2019 年 6 月获中国水产学会范蠡科学技术奖一等奖证书

图 1-31　2020 年 4 月获上海市科学技术奖一等奖证书

图 1-32 2021 年 3 月获教育部高等学校科学研究优秀成果奖自然科学奖一等奖证书

四、学科发展及专业衍生

　　水产养殖学科是水产一级学科下设的重要的二级学科之一。随着科学研究、教学实践、产业需求的不断发展，水产养殖学科由初创时单一的养殖科逐渐形成了水生生物学、鱼类学、组织胚胎学、鱼类生理学、鱼类增养殖学、藻类栽培学、水产动物疾病学、水产动物营养与饲料学等多个三级学科。随着这些三级学科的发展及其研究方向的不断深入，开发出各自特色的课程群，衍生出系列水产养殖学科的支撑专业，为水产养殖学科的进一步发展起到有效支撑作用，有力地推动了水产养殖学科的快速、可持续发展。

图 1-33 《鱼类生理学》
（1961 年，农业出版社）

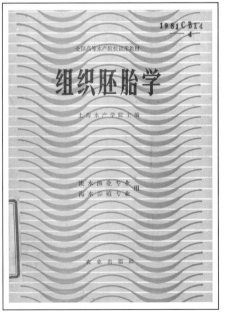

图 1-34 《组织胚胎学》(1981 年，农业出版社)

图 1-35 《鱼类学与海水鱼类养殖》(1982 年，农业出版社)

图 1-36 《海藻栽培学》(1985 年，上海科学技术出版社)

图 1-37 《鱼类比较解剖》(1987 年，科学出版社)

图 1-38 《水产动物疾病学》(1993 年，上海科学技术出版社)

图 1-39 《鱼类增养殖学》(2000 年，中国农业出版社)

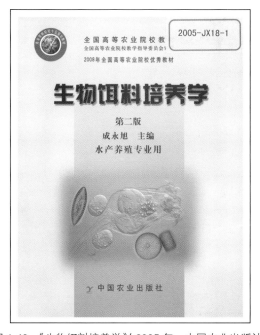

图 1-40 《生物饵料培养学》(2005 年，中国农业出版社)

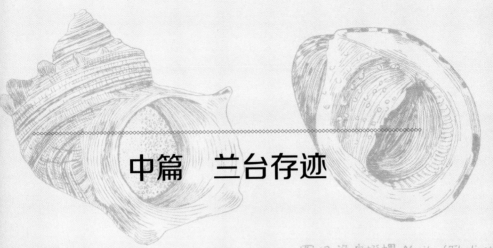

中篇　兰台存迹

图18 蝾螺 *Turbo cornutus Solander*

图19 渔舟蜒螺 *Nerita (Theliostyla) albicilla Linne*

图20 短滨螺 *Littorina brevicula (Philippi)*

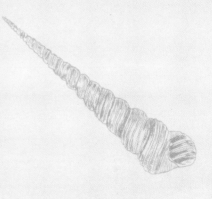

图21 筍錐螺 *Turritella terebra Linne*

图22 大輪螺 *Architectonica maxima (Philippi)*

图23 复瓦小蛇螺 *Serpulorbis imbricata (Dunker)*

一、首届养殖科

民国十年（1921年）八月，上海海洋大学前身——江苏省立水产学校，添设养殖科。同年九月，开始招收养殖科新生。

在民国十一年（1922年）七月江苏省立水产学校校友会发行的《水产》(第四期）"添设养殖科"一文中记载，民国十年（1921年）九月，开始招收养殖科新生。原文如下：

添设养殖科

基水产学校之组织系渔捞、制造、养殖三科，本校于创立时，养殖科因教授乏人，不能同时举办。民国十年三月，有日本农商务省水产讲习所养殖科毕业生陈莲馆、陈祝年二君相继归国。本校于民国十年九月始招收养殖科新生，乃聘陈莲馆君为养殖科主任，陈祝年君为养殖场主任。现正积极进行，将来成绩定有可观也。

在民国十一年（1922年）七月江苏省立水产学校校友会发行的《水产》(第四期）"本校修改学则"一文中记载，民国十年（1921年）五月，取消预科，学制改为四年。原文如下：

本校修改学则

十年五月，本校修改学则。裁豫科改本科，修业期为四年。第一年不分科，自第二年起，分渔捞、制造、养殖三科。各就志愿，专修一科。第四年渔捞科就第一二类选修一类，制造科就第三四类选修一类，养殖科修第五类。每年招收一年级生一百名，所订之学则及课程如下。

第四期

雜纂

九年十月本校校長張公繆漁撈科主任沙蔭穀海事
教員曾經五應廣東汕頭富利漁業公司黃亦庭何卓
嗚二君來校之特招至汕頭汕尾等處調查漁業並共
商該公司之進行計劃云

沈鈕二會員逝世

本校漁撈科第四屆畢業會員沈君士芳字瘦夫曾歷
任本校大對漁船管理員海豐漁船機關士我會員中
任機關士職者沈君屬第一人並代理海豐漁船船長
職務於十年一月逝世第五屆漁撈科第五屆畢業生
鈕君士萊字詠北三育俱佳在校歷年拔爲特待生於
同年二月逝世本會同人深爲痛息四月二十三日特
舉行追悼會以誌哀悼

添設養殖科

基水產學校之組織係漁撈製造養殖三科本校于創
立時養殖科因教授乏人不能同時舉辦民國十年三
月有日本農商務省水產講習所養殖科畢業生陳蓮
館陳祝年二君相繼歸國本校于民國十年九月始招
收養殖科新生乃聘陳蓮館君爲養殖科主任陳祝年
君爲養殖場主任現正積極進行將來成績定有可觀
也

本校修改學則

十年五月本校修改學則裁豫科改本科修業期爲四
年第一年不分科目第二年起分漁撈製造養殖三科
各就志願專修一科第四年漁撈科就第一二類選修
一類製造科就第三四類選修一類養殖科修第五類
每年招收一年級生一百名所訂之學科及課程如下

二

图 2-1　江苏省立水产学校校友会发行的《水产》
（第四期）记载"添设养殖科"及"本校修改学则"

第一届养殖科新生于 1921 年入学，学制四年，1925 年第一届养殖科学生毕业，共 5 人。

在《上海海洋大学 1912—2012 校友名录》中记载，1925 年，第一届养殖科学生 5 人毕业。

1925 年第一届养殖科

沈邦詹（恩浦）　　吴之宏（端亮）　　张日新（伯铭）　　刘桐身（琴宗）　　蔡琴轩（继襄）

图 2-2 《上海海洋大学 1912—2012 校友名录》封面

1925年第一届养殖科

沈邦詹（恩浦）　　吴之宏（端亮）　　张日新（伯铭）　　刘桐身（琴宗）　　蔡琴轩（继襄）

图 2-3　在《上海海洋大学 1912—2012 校友名录》中记载
1925 年第一届养殖科毕业生名单

二、首位养殖科主任及养殖场主任

上海海洋大学前身——江苏省立水产学校，于民国十年（1921年）九月始招收首届养殖科新生，并聘任陈谋琅（字莲馆）为养殖科主任，陈椿寿（字祝年）为养殖场主任。

在民国十一年（1922年）十一月《江苏省立水产学校十寅之念册》"校友录"一栏中记载：

陈谋琅，莲馆，制一，浙江鄞县
陈椿寿，祝年，制一，上海

校友錄

姓名	字	科別	籍貫	通訊處
張景葆	君豐	漁一	江陰	江陰城內縣灣大街
金志銓	心衡	漁一	青浦	松江西門外荷葉地十號
王傳義	喻甫	漁一	崇明	崇明城內興賢街或南京路三十六號元一行
黃鴻鶱	君翔	漁一	崇明	崇明城內大街
謝星樓	君倬	漁一	福建龍溪	南洋
朱以丞	慎初	漁一	浙江鄞縣	甯波西門外公泰莊
張則熬	源水	漁一	浙江鄞縣	甯波鄞縣石礟自治公所轉
張毓縣	楚卿	製一	崇明	崇明城內施行人術
陳廷煦	飲和	製一	嘉定	嘉定南翔鎮泰康橋東
姚致隆	詠平	製一	江陰	江陰東門外金童橋
王剛	子健	製一	江陰	江陰城內文昌巷
蘇以義	百宜	製一	寶山	寶山城內
凌鵬程	凌九	製一	崇明	崇明城內萬安倉後
陳謀琅	蓮館	製一	浙江鄞縣	甯波城內聚福廟跟八號
陳椿壽	祝年	製一	上海	上海大東門內恆隆號內
鄭翼燕	茂華	製一	浙江鄞縣	甯波鄞江橋和順號
楊勤仁	濟民	製一	上海	浦東楊思橋楊同興號

十

图2-4　1922年《江苏省立水产学校十寅之念册》"校友录"中记载陈谋琅、陈椿寿相关信息

在民国十一年（1922 年）七月江苏省立水产学校校友会发行的《水产》（第四期）"添设养殖科"一文中记载，民国十年九月始招收养殖科新生，乃聘陈莲馆为养殖科主任，陈祝年为养殖场主任。原文如下：

添设养殖科

基水产学校之组织系渔捞、制造、养殖三科，本校于创立时，养殖科因教授乏人，不能同时举办。民国十年三月，有日本农商务省水产讲习所养殖科毕业生陈莲馆、陈祝年二君相继归国。本校于民国十年九月始招收养殖科新生，乃聘陈莲馆君为养殖科主任，陈祝年君为养殖场主任。现正积极进行，将来成绩定有可观也。

图 2-5 陈谋琅，字莲馆，浙江鄞县人，民国十年九月被聘为养殖科主任

图 2-6 陈椿寿，字祝年，上海人，民国十年九月被聘为养殖场主任

三、首次课程设置

在民国十一年（1922年）七月江苏省立水产学校校友会发行的《水产》（第四期）"本校修改学则"一文中记载，民国十年（1921年）五月，修改学则，取消预科，学制改为四年，第一年不分科，自第二年起，分渔捞、制造、养殖三科。各就志愿，专修一科。第四年，养殖科修第五类。养殖科首次课程设置如下：

养殖科课程表（第一、第二、第三学年）

第一学年

公民须知（实践道德、法制卫生）、国文、英文、数学（算术代数几何）、博物学（普通博物、水产动植物）、图画（自在画）、水产通论、运用实习。

第二学年

国文、英文、数学（几何、三角）、物理学（普通物理）、化学（无机化学）、博物学、养殖学、实习（连续养殖实习，停止教室课程）（五周）。

第三学年

国文、英文、化学（有机化学）、博物学、养殖学、土木学、实习（连续养殖实习，停止教室课程）（十周）。

第四年分类课程表

养殖科：第五类

英文、水产经济、簿记学、海洋学、化学（分析）、细菌学（鱼类病原因）、气象学（气象学大意）、发生学

養殖科課程表

科目＼學年	第一學年時數	第二學年時數	第三學年時數
公民須知	實踐道德 法制衛生　三		
國文	六	六	五
英文	六	六	五
數學	算術代數幾何　六	幾何三角　六	六
物理學		普通物理　三	
化學		無機化學　三	有機化學　六
水產通論	三		
製造法		乾製罐頭 鹽藏食品	油製 鹽製革 魚膠 沃渡製
化製法		冷藏貝扣 肥料 布糊　※一二	※一二
運用實習	四		
合計	三六	三六	三六
實習	連續製造實習 停止教室課程	五週 連續製造實習 停止教室課程	十週

（版面欄外標題：水　產　雜纂　五　※八）

图 2-7　1922 年江苏省立水产学校校友会发行的《水产》(第四期)
中记载养殖科各学年具体课程名称和教授时数

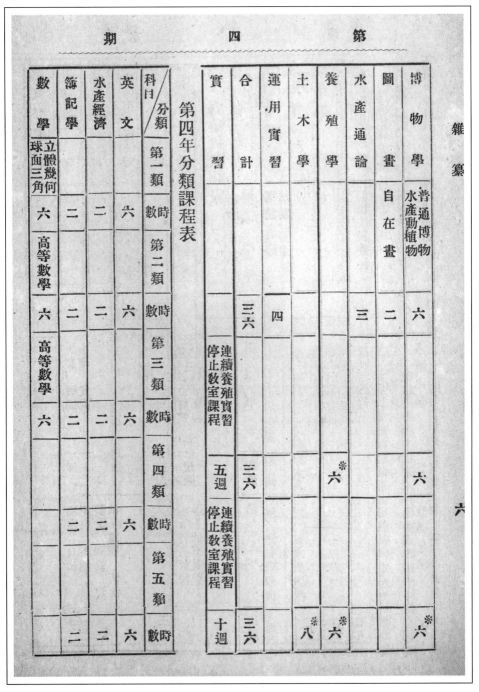

图 2-8-1　1922 年江苏省立水产学校校友会发行的《水产》(第四期)

中记载养殖科各学年具体课程名称和教授时数

水　產

航海學	海洋學	運用術	造船學	物理學	機械學	製圖	化學	細菌學	氣象學	發生學	合計
天測星座 一二		帆船信號 海圖 三	漁船大意 二								三六
			造船船圖 ※八	應用力學 熱學 四	原動機 機械圖 ※八	製圖					三六
				應用力學 熱學 四	原動機 水產製造機 ※八	用器畫 機械圖 ※八					三六
				應用物理 簡單機械 六		分析	分析 ※一二	腐敗菌 ※六	氣象學大意 二		三六
							分析 ※一二	魚類病原因 ※六	氣象學大意 二		三六
	三						分析 ※一二	※六 魚類病原因	氣象學大意 二	※三	三六

本校第六屆畢業

十年七月本科生畢業計漁撈科吳金祥沙惠嘉張銀生姜長慶蘇毓鰲張文耀吳溟翼江裕田秦寶鑫朱傑

十名製造科徐戟錢正澐吳其鈉孫景洛顧炳華時壯飛六名外第一屆職工科生畢業計貝扣科姜玉金沈宗龍姜宗培吳寶麟姚俊徐成德華卓錢健民華虎文

雜纂

七

图 2-8-2　1922 年江苏省立水产学校校友会发行的《水产》(第四期)
中记载养殖科各学年具体课程名称和教授时数

四、最早阐述稻田养殖

在上海海洋大学档案馆馆藏 1929 年 11 月江苏省立水产学校学生会月刊第一期《水产学生》"论著"栏中，郑世合《最近粤东水产事业状况》一文中，对禾田（稻田）养殖进行了阐述，这是上海海洋大学档案馆现存馆藏档案中，最早阐述稻田养殖的记载，原文如下：

最近粤东水产事业状况

郑世合

……

禾田养殖，在日本欧美早已成为专门学问。粤南各地，及近海之禾田养殖，均为旧法；其法于数项田中，划分纵横水沟数条，使通于海，每沟道口，设置水闸并铁丝网，或竹篱以防高潮之侵入及鱼类之逃逸；其沟道本以灌输为目的，后则利用为养殖。每年于春季内，自汕头买来鱼苗，先放养小池中，俟插秧后，即将鱼苗蓄养秧田中，至冬季则悉数售之鱼贩。其所蓄养者，则为鲻鱼，草鱼，鲢鱼，及小蟹等；田户有此种例外收入，每项每年可获利千元，此种古法之天然养殖，尚可得如许利息，倘能加以科学之改善，则将来之利益，当更不可思议矣！

物之十份之八，概作鹽藏品，其餘則爲鮮魚也。每

日所銷魚約八千五百餘斤；售與各地魚販者，每日

約八百餘斤；運往省港及各小鎮者，平均每日約一

萬斤；其鹽藏品，因鹽質優良，製造適宜，頗爲馳

名。（俗稱廣東鹹魚，十份之八爲澳門產。）製造時

，大致分爲重鹽藏，輕藏鹽，鹽水漬及乾晒等數種

；其銷路除滬漢外，則日本，美洲亦有大宗之輸出

，年約數萬金元云。

禾田養殖　禾田養殖，在日本歐美早已成爲專

門學問。粵南各地，及近海之禾田養殖，均爲舊法

；其法於數頃田中，劃分縱橫水溝數條，使通於海

，每溝道口，設置水閘并鐵絲網，或竹籬以防高潮

之侵入及魚類之逃逸；其溝道本以灌輸爲目的，後

則利用爲養殖。每年於春季內，自汕頭買來魚苗，

先放養小池中，俟揷秧後，即將魚苗蓄養秧田中，

至冬季則悉數舊之魚販者，則爲�魚，

草魚，鰱魚，及小蟹等；田戶有此種例外收入，每

頃每年可獲利千元，此種古法之天然養殖，倘可得

如許利息，倘能加以科學之改善，則將來之利益，

當更不可思議矣！

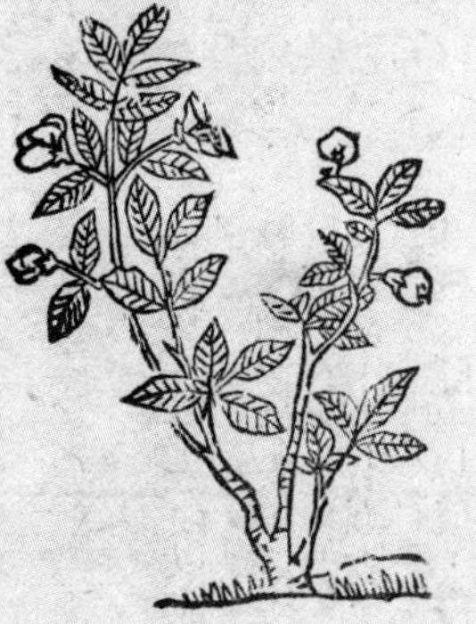

図 2-9　1929 年江苏省立水产学校学生会月刊第一期《水产学生》"论著"栏中，
郑世合《最近粤东水产事业状况》一文中对禾田（稻田）养殖的阐述

五、中华人民共和国成立后首次聘任的养殖科教员

1950年6月，学校补发1949年8月1日至1950年1月31日间受聘教员聘书。

1950年6月，学校补发的部分养殖科师资聘书存根中记载：

"水聘字第010号　兹聘侯毓汾先生为本校教授担任无机化学及有机化学"；

"水聘字第013号　兹聘陈椿寿先生为本校兼任副教授担任水产生物学"；

"水聘字第020号　兹聘陈谋琅先生为本校兼任教授担任日文及水产通论"；

"水聘字第038号　兹聘王士璠先生为本校讲师担任化学及化学实验"；

"水聘字第050号　兹聘王湘卿先生为本校职业部生物学及养殖保护学教员兼职业部养殖科二年级级任导师"；

"水聘字第051号　兹聘黄金陵先生为本校职业部化学教员"；

"水聘字第057号　兹聘孙宝璐先生为本校养殖场技术员"。

1950年6月，学校颁发1950年2月1日至1950年7月31日间受聘教员聘书。

1950年6月，学校颁发的部分养殖科师资聘书存根中记载：

"水聘字第13号　兹聘陈椿寿先生为本校兼任教授担任水产生物学"；

"水聘字第15号　兹聘陆桂先生为本校副教授担任生物学及

水产生物";

"水聘字第 20 号　兹聘陈谋琅先生为本校兼任教授担任日文及水产通论";

"水聘字第 31 号　兹聘王士璠先生为本校讲师担任化学及化学实验";

"水聘字第 34 号　兹聘刘景琦先生为本校副兼教务员担任生物学";

"水聘字第 41 号　兹聘王湘卿先生为本校职业部细菌学鱼病学生理解剖学教员兼养殖科二年级级任导师";

"水聘字第 51 号　兹聘孙宝璐先生为本校技术员"。

图 2-10

图 2-11

图 2-12

图 2-13

图 2-14

图 2-15

图 2-16

图 2-17

1950 年 6 月，学校补发的部分养殖科师资聘书存根

图 2-18

图 2-19

图 2-20

图 2-21

图 2-22

图 2-23

图 2-24

1950 年 6 月，学校颁发的部分养殖科师资聘书存根

六、中国第一部系统的鱼类学专著

中国第一部系统的鱼类学专著《中国鱼类索引》，作者朱元鼎（1896.10.2—1986.12.19），字继绍，别名经霖，浙江鄞县（今浙江宁波鄞州区人），上海水产学院院长，一级教授，著名鱼类学家。

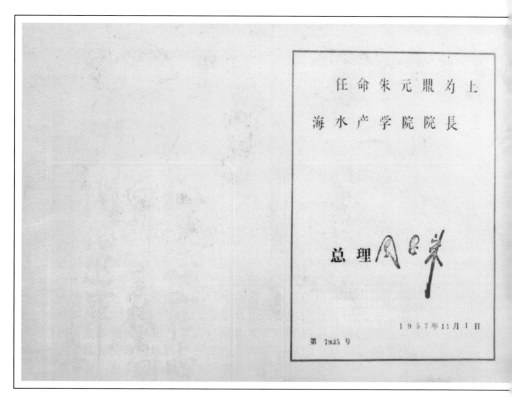

图 2-25　1957 年 11 月，周恩来总理签发的任命朱元鼎为上海水产学院院长的证书

图 2-26　1963 年 3 月，时任上海水产学院院长朱元鼎教授在研究鱼类骨骼标本

1931 年，朱元鼎先生编撰中国第一部系统的鱼类学专著《中国鱼类索引》，为研究中国鱼类分类提供基础资料。

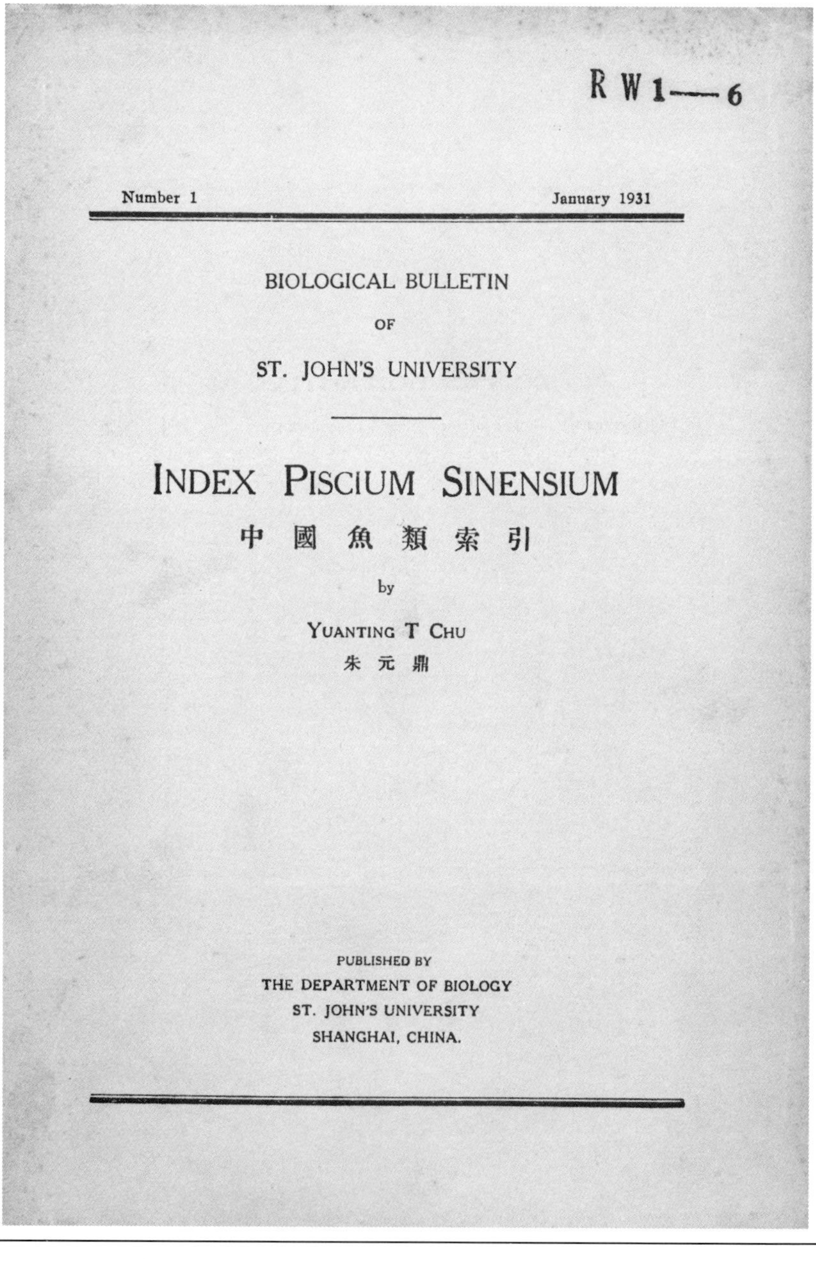
RW1—6

Number 1 January 1931

BIOLOGICAL BULLETIN
OF
ST. JOHN'S UNIVERSITY

INDEX PISCIUM SINENSIUM
中國魚類索引
by
YUANTING T CHU
朱元鼎

PUBLISHED BY
THE DEPARTMENT OF BIOLOGY
ST. JOHN'S UNIVERSITY
SHANGHAI, CHINA.

图 2-27 1931 年，朱元鼎编撰的中国第一部系统的鱼类学专著《中国鱼类索引》封面

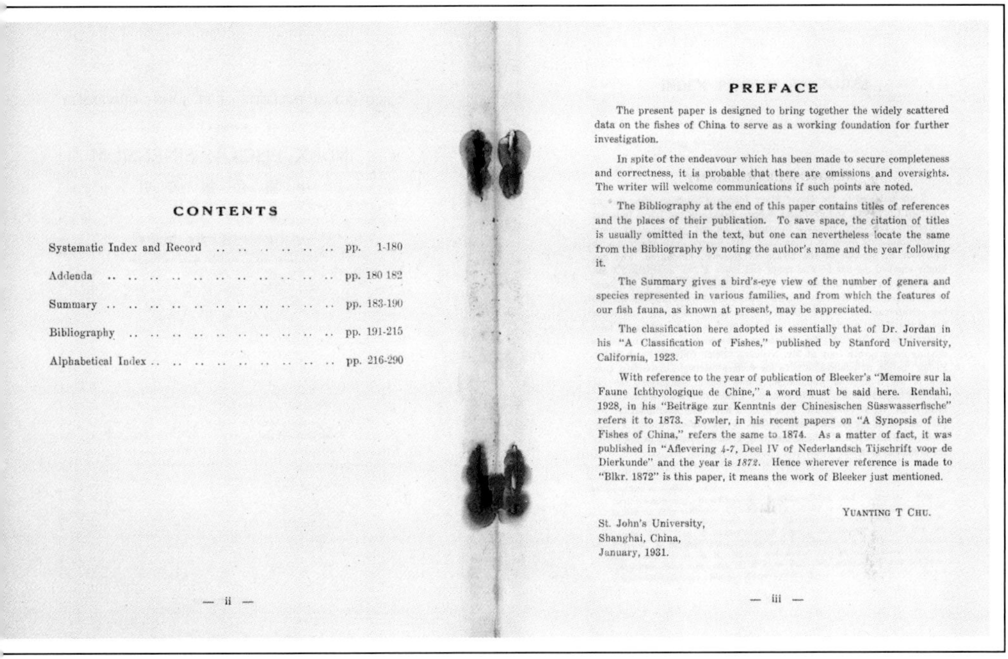

CONTENTS

— ii —

PREFACE

The present paper is designed to bring together the widely scattered data on the fishes of China to serve as a working foundation for further investigation.

In spite of the endeavour which has been made to secure completeness and correctness, it is probable that there are omissions and oversights. The writer will welcome communications if such points are noted.

The Bibliography at the end of this paper contains titles of references and the places of their publication. To save space, the citation of titles is usually omitted in the text, but one can nevertheless locate the same from the Bibliography by noting the author's name and the year following it.

The Summary gives a bird's-eye view of the number of genera and species represented in various families, and from which the features of our fish fauna, as known at present, may be appreciated.

The classification here adopted is essentially that of Dr. Jordan in his "A Classification of Fishes," published by Stanford University, California, 1923.

With reference to the year of publication of Bleeker's "Memoire sur la Faune Ichthyologique de Chine," a word must be said here. Rendahl, 1928, in his "Beiträge zur Kenntnis der Chinesischen Süsswasserfische" refers it to 1873. Fowler, in his recent papers on "A Synopsis of the Fishes of China," refers the same to 1874. As a matter of fact, it was published in "Aflevering 4-7, Deel IV of Nederlandsch Tijschrift voor de Dierkunde" and the year is *1872*. Hence wherever reference is made to "Blkr. 1872" is this paper, it means the work of Bleeker just mentioned.

YUANTING T CHU.

St. John's University,
Shanghai, China,
January, 1931.

— iii —

图 2-28 1931 年，朱元鼎编撰的中国第一部系统的鱼类学专著《中国鱼类索引》目录及前言

七、翻译苏联教学大纲

根据高等教育部要求，1955 年学校承担翻译苏联高等水产学校鱼类学及养鱼专业等教学大纲。

在 1956 年上海水产学院翻译的《苏联水产教学大纲》合订本（原文 1955 年版）目录中记载的鱼类学及养鱼专业适用的教学大纲如下：

苏联高等水产学校教学大纲翻译目录

（1）气象学 …………………………… 鱼类学及养鱼专业适用

（2）水文学 …………………………… 鱼类学及养鱼专业适用

（3）植物学 …………………………… 鱼类学及养鱼专业适用

（4）动物生理学 …………………… 鱼类学及养鱼专业适用

（5）无脊椎动物学 ………………… 鱼类学及养鱼专业适用

（6）脊椎动物学与比较解剖学……… 鱼类学及养鱼专业适用

（7）工业捕鱼 ……………………… 鱼类学及养鱼专业适用

（8）天然水面养鱼 ………………… 鱼类学及养鱼专业适用

（9）鱼病学 ………………………… 鱼类学及养鱼专业适用

（10）鱼类学 ……………………… 鱼类学及养鱼专业适用

（11）组织学与胚胎学 …………… 鱼类学及养鱼专业适用

（12）水生生物学 ………………… 鱼类学及养鱼专业适用

（13）测量与制图 ………………… 鱼类学及养鱼专业适用

（14）渔业工业原料基地…………… 鱼类学及养鱼专业适用

（15）第一次生产实习提纲 ……… 鱼类学及养鱼专业适用

图 2-29　1956 年上海水产学院翻译的《苏联水产教学大纲》合订本封面

图 2-30　苏联高等水产学校教学大纲翻译目录

八、招收副博士研究生

上海水产学院接到中华人民共和国高等教育部指示，从 1956 年开始招收副博士研究生。1956 年上海水产学院招收鱼类学、水产动物生理学专业副博士研究生各二名，导师分别由朱元鼎教授及陈子英教授担任。

1956 年 8 月 29 日《上海水产学院院刊》创刊号头版对此进行报道，具体如下：

今年招收鱼类学，水产动物生理学

副博士研究生

中华人民共和国高等教育部为了培养高等学校师资的科学研究人才，决定在部分高等学校从今年开始招收付（副）博士研究生。本院已接高等教育部指示，在今年招收鱼类学专业付（副）博士研究生二名，水产动物生理学付（副）博士研究生二名，以上付（副）博士研究生的导师并已决定由朱元鼎教授及陈子英教授分别担任，目前正在办理招考工作，预定在十月十五、十六两日举行考试，考试科目已决定报考鱼类学专业者须考，中国革命史、外国语（俄、英、法、德四种语文任选一种）、普通动物学、达尔文主义，鱼类学等，报考水产动物生理学专业者须考中国革命史、外国语、（俄、英、法、德四种语文任选一种）。普通动物，达尔文主义动物生理学。

今年招收魚類學，水產動物生理學 副博士研究生

中華人民共和國高等教育部爲了培養高等學校師資的科學研究人才，決定在部分高等學校從今年開始招收付博士研究生。本院已接高等教育部指示，在今年招收魚類學專業付博士研究生二名，水產動物生理學付博士研究生二名，以上付博士研究生的導師并已決定由朱元鼎教授及陳子英教授分別担任，目前正在辦理招考工作，預定在十月十五、十六兩日舉行考試，考試科目已決定報考魚類學專業者須考，中國革命史、外國語（俄、英、法、德四種語文任選一種）、普通動物學、達爾文主義，魚類學等，報考水產動物生理學專業者須考中國革命史、外國語、（俄、英、法、德四種語文任選一種）。普通動物，達爾文主義動物生理學。

图 2-31　《今年招收鱼类学，水产动物生理学　副博士研究生》，
《上海水产学院院刊》创刊号（1956 年 8 月 29 日）

九、《上海水产学院学报》创刊号上发表的养殖学相关文章

1960 年，《上海水产学院学报》创刊。1960 至 1991 年 32 年间仅出版创刊号一期。1992 年复刊，国内外公开发行。

上海海洋大学档案馆馆藏的 1960 年《上海水产学院学报》创刊号上共发表文章 9 篇，其中养殖学相关文章 5 篇，分别为：

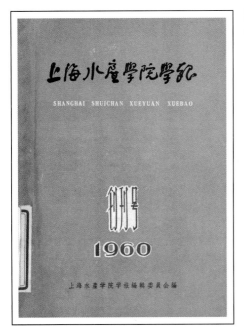

图 2-33　1960 年《上海水产学院学报》
创刊号目录

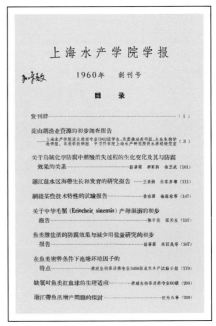

图 2-32　1960 年《上海水产学院学报》
创刊号封面

（一）题名：《淀山湖渔业资源的初步调查报告》

作者：上海水产学院淡水养殖专业 1962 级学生、鱼类养殖教研组、

水生生物学教研组、鱼类学教研组、中国科学院、

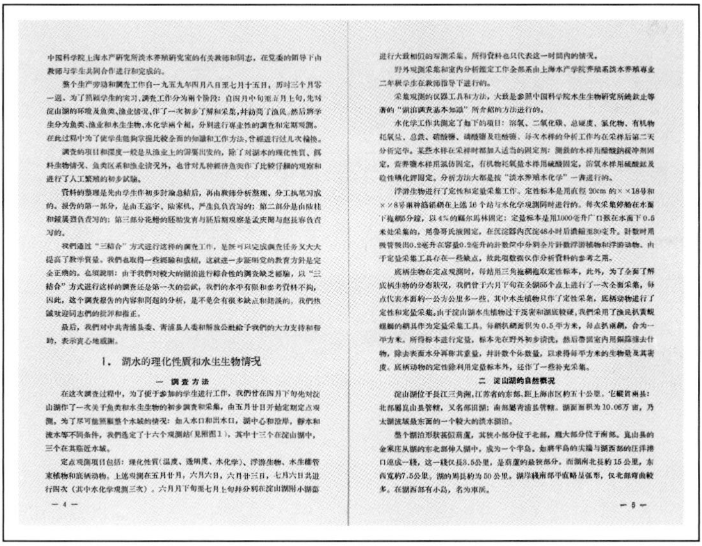

上海水产研究所淡水养殖教研室

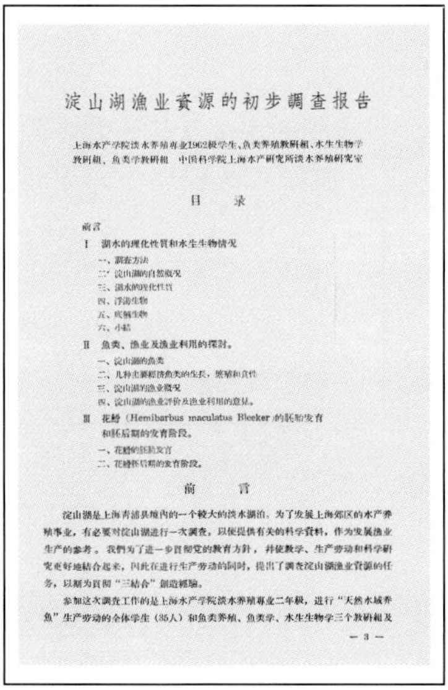

图 2-34 《淀山湖渔业资源的初步调查报告》

图 2-35 《淀山湖渔业资源的初步调查报告》

（二）题名：《浙江混水区海带生长和发育的研究报告》

作者：王素娟、朱家彦及海水养殖专业59级60级全体学生

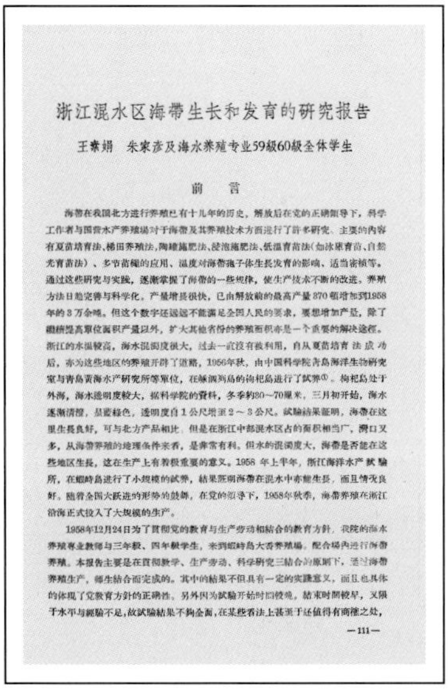

浙江混水区海帶生长和发育的研究报告

王素娟 朱家彦及海水养殖专业59級60級全体学生

前 言

海带在我国北方进行养殖已有十几年的历史，解放后在党的正确領导下，科学工作者与国营水产养殖場对于海带及其养殖技术方面进行了許多研究，主要的內容有夏苗培育法、楠田养殖法，陶罐施肥法、浸泡施肥法、低温育苗法（如冰渠育苗、自然光育苗法）、多节苗繩的应用、温度对海带孢子体生長发育的影响、适当密植等。通过这些研究与实践，逐渐掌握了海带的一些规律，使生产技术不断的改进，养殖方法日趋完善与科学化，产量增長很快，已由解放前的最高产量870噸增加到1958年的3万余噸。但这个数字还远远不能滿足全国人民的要求，要想增加产量，除了繼續提高單位面积产量以外，扩大其他省份的养殖面积亦是一个重要的解决途徑。浙江的水温較高，海水混濁度很大，过去一直沒有被利用，自从夏苗培育法成功后，亦为这些地区的养殖开辟了道路，1956年秋，由中国科学院青島海洋生物研究室与青島黃海水产研究所等單位，在嵊泗列島的枸杞島进行了試养①。枸杞島处于外海，海水透明度較大，据科学院的資料，冬季約30～70厘米，三月初开始，海水逐渐清澄，呈蓝綠色，透明度自1公尺增至2～3公尺。試驗結果証明，海带在这里生長良好，可与北方产品相比。但是在浙江中部混水区占的面积相当广，港口又多，从海带养殖的地理条件来看，是非常有利。但水的混濁度大，海带是否能在这些地区生長，这在生产上有着积极重要的意义。1958年上半年，浙江海洋水产試驗所，在蝦峙島进行了小規模的試养，結果証明海带在混水中亦能生長，而且情况良好。随着全国大跃进的形势的鼓舞，在党的領导下，1958年秋季，海带养殖在浙江沿海正式投入了大規模的生产。

1958年12月24日为了貫徹党的教育与生产劳动相結合的教育方針，我院的海水养殖專业教师与三年級、四年級学生，来到蝦峙島大岙养殖場，配合場內进行海带养殖。本报告主要是在貫徹教学、生产劳动、科学研究三結合的原則下，通过海带养殖生产，师生結合而完成的。其中的結果不但具有一定的实踐意义，而且也具体的体现了党教育方針的正确性。另外因为試驗开始时間較晚，結束时間較早，又限于水平与經驗不足，故試驗結果不夠全面，在某些看法上甚至于还值得有商榷之处，

—111—

图 2-36 《浙江混水区海带生长和发育的研究报告》

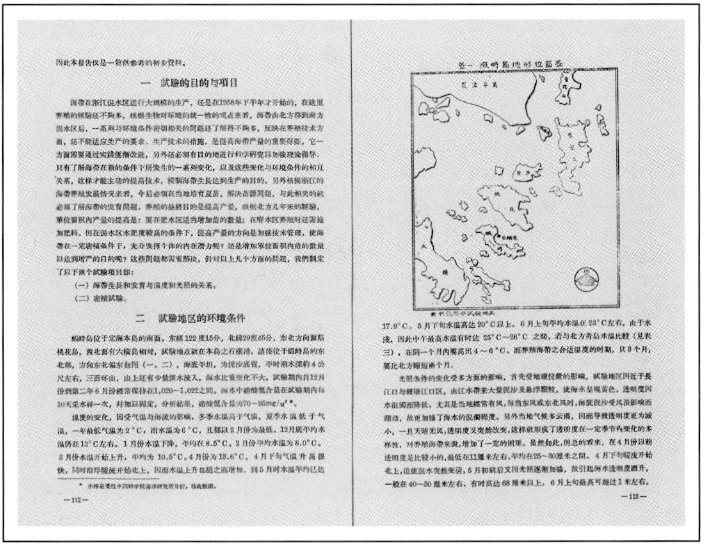

因此本报告仅是一篇供參考的初步資料。

一 試驗的目的与項目

海带在浙江混水区进行大規模的生产，还是在1958年下半年才开始的，在这里养殖的經驗还不夠多，根据生物对环境的統一性的观点来看，海带由北方移到南方混水区后，一系列与环境条件密切相关的問題还了解得不夠多，反映在养殖技术方面，还不能适应生产的要求。生产技术的措施，是提高海带产量的重要保証，它一方面需要通过实踐逐渐改进，另外还必須有目的地进行科学研究以加强理論指导。只有了解海带在新的条件下所发生的一系列变化，以及这些变化与环境条件的相互关系，这样才能主动的提高技术，控制海带生長达到生产的目的。另外根据浙江的海带养殖发展情况来看，今后必須在当地培育夏苗，解决苗源問題，与此相关的就必須了解海带的发育問題。养殖的最終目的是提高产量，根据北方几年来的經驗，單位面积内产量的提高是：要在肥水区适当增加苗的数量；在瘠水区养殖时还需施加肥料。但在混水区水肥度較高的条件下，提高产量的方向是加强技术管理，使海带在一定密植条件下，充分发揮个体的內在潛力呢？还是增加單位面积內苗的数量以达到增产的目的呢？这些問題都需要解决，針对以上几个方面的問題，我們制定了以下兩个試驗項目即：

（一）海带生長和发育与温度和光照的关系。

（二）密植試驗。

二 試驗地区的环境条件

蝦峙島位于定海本島的南面，东經122度15分，北緯29度45分，东北方向面临桃花島，西北面有六横島相对，試驗地点就在本島之石棚港。該港位于蝦峙島的东北部，方向东北偏东如图（一、二），海底平坦，为泥沙底質，平时潮水深約4公尺左右，三面环山，山上还有少量淡水流入，海水比重变化不大，試驗期內自12月份到第二年6月份經常保持在1,020～1,022之間。海水中硝酸氮含量在試驗期內每10天采水样一次，并加以固定，分析結果，硝酸氮含量为70～95mg/m³*。

温度的变化，因受气温与海流的影响，冬季水温高于气温，夏季水温低于气温，一年最低气温为2°C，而水温为6°C，且都以2月份为最低。12月底平均水温仍在13°C左右。1月份水温下降，平均在8.5°C。2月份平均水温为8.0°C。3月份水温开始上升，平均为10.5°C。4月份为13.6°C。4月下旬气温升高很快，同时沿岸暖流开始北上，因而水温上升也随之而增加，到5月时水温平均已达

* 水样是委托中国科学院海洋研究所分析，特此致謝。

—112—

图一 蝦峙島地形位置图

17.9°C。5月下旬水温高达20°C以上。6月上旬平均水温在23°C左右，由于水淺，因此中午最高水温有时达25°C～26°C之間。若与北方青島水温比較（見表三），在同一个月內要高出4～6°C。而养殖海带之合适温度的时期，只3个月，要比北方縮短兩个月。

光照条件的变化受多方面的影响，首先受地理位置的影响，試驗地区因近于長江口与錢塘江口区，由江水帶来大量泥沙及悬浮顆粒，使海水呈现黄色。透明度因水混濁而降低，尤其是当地經常有风，每当东风或东北风时，海底泥沙受风浪影响而翻动，故更加强了海水的混濁程度。另外当地气候多云雨，因而导致透明度更为減小，一旦天晴无风，透明度又突然改变，这样就形成了透明度在一定季节內变化的多样性，对养殖海带来說，增加了一定的困难。虽然如此，但总的看来，在4月份以前透明度是比較小的，最低在11厘米左右，平均在25～30厘米之間。4月下旬暖流开始北上，迫使混水突然变清，5月初前后又因光照逐渐加強，故引起海水透明度上升，一般在40～50厘米左右，有时高达68厘米以上，6月上旬最高可超过1米左右。

—113—

图 2-37 《浙江混水区海带生长和发育的研究报告》

（三）题名：《关于中华毛蟹（Eriocheir，sinensis）产卵洄游的初步报告》

作者：陈子英、汪天生

关于中华毛蟹（Eriocheir sinensis）产卵洄游的初步报告

陈子英 汪天生

（一）前 言

这是多年前进行的一項工作，后来因故停頓。在1958年工农业生产和科学技术大跃进的启发与鼓舞下，就把以前获得的材料加以整理写了这篇初步报告。

毛蟹可供食用，是一样經济价值較高的水产品。在生物学的教学上牠又是一种重要的实驗标本，在国內无脊椎动物实驗所选用的甲壳类材料，往往都是海产的对蝦或淡水蝦。我們为了充实教学的內容提高教学質量，在早几年就增加毛蟹的实驗內容，以观察外形及附肢，也进行了內部的系統解剖。在这过程中，我們发觉关于毛蟹的許多知識还沒有詳細报告的文献，如毛蟹是如何生殖的？毛蟹的生殖过程，产卵期、产卵場、幼蟹的发生等等一系列的問題还是不夠清楚的。在过去我們知道，毛蟹在我国分布甚广，产量也多，是我国丰富的水产資源之一。而且牠还被移殖到了外国，在德国安家落戶了，先在萊茵河流域，后来由于牠繁殖力強，德人又不諳毛蟹可供食用，捕杀不多，以致遍布欧洲北部。但关于毛蟹的生物学問題，課本上却无記載，德人 Peter and Panning (1935) 及沈嘉瑞都說中华毛蟹是到海中产卵。德人的記載虽較詳細，但那只是德国的情况，沈氏的記載似乎沒有具体而直接地提出証明。为了解决这許多問題，我們迫切地要求得到我国的第一手材料，最好亲自到产卵場去直接观察和了解情况。一个偶然的机会，使我們在旧水产杂志上发現了一張註明吳淞口外捕蟹船的照片，这算給予我們一条綫索。經与前吳淞漁业生产合作社接洽，蒙他們大力协助，我們得有机会在1954年12月21日至25日进行了現場的实地观察：1954年12月21日我們在吳淞漁业生产合作社观察了捕得的毛蟹，22日随捕蟹船至吳淞口外的横沙島，調查了捕蟹船和吳淞口特有的捕蟹拖網，23日在产卵場实地观察了捕捉毛蟹的过程，获得抱卵的毛蟹兩只。24日作了产卵場自然环境的測定，25日訪問了捕蟹的老漁民后返回学院。这过程中我們得到了一些初步的資料，但很不夠滿意，本拟次年再去产卵場观察，由于陈子英得了一种慢性疾病，汪天生轉移了工作崗位，因此未能繼續，只得改用通信的方式，与吳淞漁业合作社及其它

— 157 —

图 2-38 《关于中华毛蟹（Eriocheir，sinensis）产卵洄游的初步报告》

（四）题名:《在鱼类密养条件下池塘环境因子的特点》

作者：养殖生物系淡养专业 1959 级成鱼丰产试验水组

在魚类密养条件下池塘环境因子的特點

淡水养殖專業1959級成魚丰产試驗小組*

前　言

在过去，池塘魚产量达到千斤就被認為是到頂了，但大跃进以来，亩产千斤已是一般的产量。但要把單位面积产量再提高一步，目前还存在着一些关键問題有待解決。全国各地都在根据自己不同的自然条件，水質狀况等摸索着，企图来解決这些問題：什么样的密度最合理？多深的池塘最适当？如何能使魚长得更快等等。我們这个小組的工作也正是为了这一目的，我們的工作从3月15日开始，至6月20日結束，总結了一些資料，并对目前存在着的問題提出了自己的初步看法。但我們的工作時間是很短的，因而資料也是比較片面的，在討論問題時就难免有不正确的地方，希讀者指正。

本文只是就池塘环境因子（包括O_2 CO_2 浮游生物等）的特点着重討論，关于飼养上的經驗及其他方面將另行总結报导。

一、試驗塘概况和試驗方法

試驗池在上海水产学院荞魚試驗場，是在1958年11月份开挖的，高水位時面积1.66亩，一般經常水位是1.5亩，高水位時水深10.4尺，一般是9尺。底質为黑色流砂，經常有沼气（CH_4）从池底逸出。

水源为黄浦江一小支流（走馬塘），在低潮時有黑臭的城市污水，涨潮時將水用抽水机注入池塘，水源中的含氧量是极低的（$0.0\sim1.241\mathrm{mg/L}$）。由于水源条件不良江水不直接引入試驗塘，而先引入另一池塘（西大池）当試驗塘缺氧時，通过和西大池相連的水溝經抽水机將水引入試驗池。

为了节省水量所以試驗塘的排水重新流入水溝，（水溝与西大池間有水泥管相通，但水的交換不大），由于水溝储水量小，所以經常发生水溝与試驗塘的氧气相同，尤其在严重缺氧的情况下。

故在試驗塘缺氧加水時并未注入氧气充足的水，只是靠水从高处冲下時增加水中含氧量，由于魚类大量集聚在注水处周围，所以倂管水中氧很少（有時也达0.3毫

*参加本工作的有毕东川、俞郁民、刁詩三、孙素暉、林国爱、宁夢梧、姜仁眞。
本文稈蒙熊僧先生查閱，并提供不少宝貴意見，特此致謝。

—179—

图 2-39 《在鱼类密养条件下池塘环境因子的特点》

（五）题名：《缺氧时鱼类红血球的生理适应》

作者：养殖生物系淡养专业 60 级

缺氧时魚类紅血球的生理适应

养殖系淡养專业60級
汪鑅鈞、俞土剛、施正峯、陈錦富、周仲利、郭輝文、
徐周娥、曹育麟、馮家鶴、何曲峯、齐頻芳、陈馬康、

引 言

生活在水中的魚类，藉鰓部薄壁組織，使溶于水中的游离氧气扩散到鰓部微血管与血球中血紅蛋白結合，而循环到体内，以保証組織代謝活动的进行。

在实践中，池水往往由于生物活动及有机物質分解，能使水中的含氧量发生劇烈的变化。当水中含氧量降低到不能使魚类获得足夠需要的时候魚类往往并不立即死亡，而出现了一个适应过程，这种适应如果能堅持到外界含氧量升高时就可避免窒息死亡。如果氧环境繼續恶化，机体内部的适应力无法与环境繼續取得适应时，机体内部就发生紊乱，而使机体死亡。

为了闡明魚体在缺氧时适应过程的主要生理机能，故而进行了这次試验。

从水中的氧分压来看魚类紅血球与相应的血紅素等方面的变化情况，这方面的資料，很少看見国內外有人报导过。在1926年什里赫尔（Schlicher）曾有过关于“水中含氧量降低时最初会引起魚类血液中血紅素增加”的报导。在近年苏联 T.И. 普利沃里涅夫博士在談“魚类对于新的生活条件的生理适应”的問題他曾提到过血紅素与魚类呼吸的关系等与这方面有关的材料。除此之外，其他有关这方面更詳細的問題和家魚这方面情况的研究工作就未有人做过，故我們对这問題作了一些初步研究。

材料与方法

Ⅰ材料：我們采用的材料是經过实验室子养阶段的健康白鰱（Hypophthalmichthys molitrix）。按大小划分成二組，二令魚平均体重152克；一令魚平均体重94克（下称大魚，小魚）。

Ⅱ方法：試驗时，將魚置于玻璃箱內，水面用1～2cm 厚流动白腊封面以严密隔絕大气。按魚类在密閉水体中活动情况分阶段进行測定，用 Helllige 法計数紅血球，用 Sahji 法測定血紅素，用溫克勒法測定水中含氧量。

試驗結果

—203—

图 2-40 《缺氧时鱼类红血球的生理适应》

	魚体 長cm	魚体 重g	水中O_2 mg/L	水中CO_2 mg/L	水中pH值	紅血球 万/MM³	血紅素 g/100ml	魚在水中活动情况	备註
二令魚	22.2	180	1.76	8.6	7.5	250	5.8	安宁狀态（一）	水溫22°C
	22.0	180	0.35	17.2	7.3	265	7.2	第二次回轉性昏迷（二）	
	19.0	125	0.35	17.2	7.4	295	7.5	不回性昏迷（三）	
	23.5	124	0.25	21.5	7.2	315	7.8	死亡（四）	
一令魚	8.0	15.0	1.76	8.6	7.5	260	6.1	安宁	
	8.5	6.5	1.25	8.6	7.6	270	6.4	〃〃	
	8.6	10.0	0.35	17.2	7.3	328	—	不回性昏迷	
	10.0	8.5	0.35	17.2	7.3	320	7.3	第二次回轉昏迷	
	10.0	8.5	0.35	21.5	7.2	340	7.5	死亡	

註：該試驗共进行三次，报告係第二次全部數据。共測定魚30条。
（一）安宁狀态——活动正常，呼吸頻率为76～95次/分。
（二）回轉性昏迷——指昏迷后不久就清醒的。呼吸頻率增加到120次/分。
（三）不回性昏迷——即昏迷后不可清醒。体仰臥。呼吸頻率急降到40次/分。
（四）死亡——即不回性昏迷达30分鐘以上，呼吸頻率降低到15次/分以下。出水后不活动。

討 論

通过以上試驗，我們发表如下意見：

(1) 白鰱适应性的紅血球递增現象：

根据以上材料可清楚看出当水中含氧量降低到白鰱在保持安宁生活时的含氧量极限以下时，白鰱体內出現了紅血球数量劇烈增加的現象。

在安宁狀态下，水中含氧量为1.76mg/L时：

大魚紅血球数量为250×10⁴个/MM³。

小魚紅血球数量为260×10⁴个/MM³。

当出現第二回轉性昏迷时，水中含氧量降低到0.35mg/L时：

大魚紅血球数量由250×10⁴个/MM³，增加到280×10⁴个/MM³。

小魚紅血球数量由260×10⁴个/MM³，增加到320×10⁴个/MM³。

在死亡狀态时，（即进入不回轉性昏迷到阶段时）。水中含氧量由0.35降低到0.25mg/L。

大魚紅血球数量由280×10⁴个/MM³，增加到300×10⁴个/MM³。

小魚紅血球数量由320×10⁴个/MM³，增加到340×10⁴个/MM³。

从以上資料分析，我們完全可以得出这样的想法：当水中缺氧时，由于氧分压的降低（即減少了水中游离的氧分子数），而減低了氧与血紅蛋白的結合量，因而魚类在單位时間內就不能获得一定須量的氧气，而組織代謝的繼續进行，血液中CO_2不断增加，因此間接或直接刺激魚体的造血器官（脾臟）使其中释放出大批紅

—204—

血球的新个体，藉紅血球数量的增加而增加了与氧接触的总面积，使机体在氧分压降低的狀况下依然可以获得一定数量的氧气，以維持机体代謝的需要。

图一 缺氧时紅血球的递增現象　　說明：氧降低紅血球數量上升

因此这种現象我們認为就不單單是在高等动物中有所存在，而且在冷血动物的水生魚类中也同样存在，这种現象在白鰱的反应上就表現得如此明显与劇烈。（图一）

我們把白鰱在缺氧情况下随着氧量的繼續降低而相应的发生紅血球增加的現象称之謂“适应性的紅血球递增現象”。

同时我們还認为：这种現象的存在，在魚类中是具有一定程度上的普遍性。

(2) 白鰱适应性的紅血球增递力：

通过試驗材料可看出：

一令魚在水中含氧量降低了原含量的86%时（由1.76mg/L→0.25mg/L），其紅血球增加最大可达原数量的27%（即由260×10⁴个/MM³→340×10⁴个/MM³。）

而二令魚在氧含量降低了原含量的86%时（由1.76mg/L→0.25mg/L），其紅血球增加量最大到达原含数量的17%。

根据这些資料分析足以說明：魚体在缺氧时适应性的释放血球量可达循环管系中原有血球含量的20%左右，这一个巨大的可动因素往往保証了魚体在一般水体缺氧情况下得以适应而避免死亡。因此我們認为应当把这种巨大的可动因素看作是生物体在不断与外界环境取得适应与統一过程中的一个內在潛力。

我們把这种能力称之謂“递增力”。

这种內在潛力也就是适应性的紅血球递增力的大小是与魚体年令与个体大小有关，分析資料証明：个体小的一令魚类在缺氧相持阶段中可增加的紅血球新个体比

—205—

图 2-41 《缺氧时鱼类红血球的生理适应》

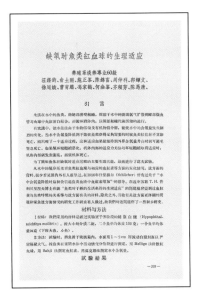

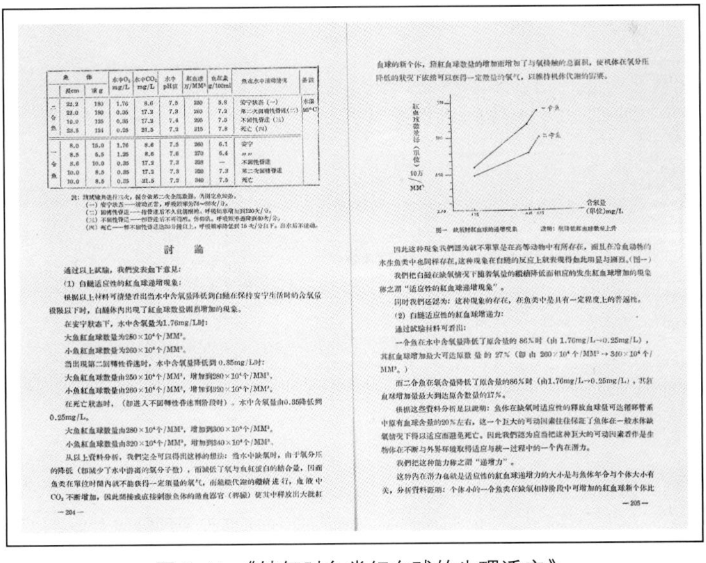

十、主编首批统编教材

1961 年，水产部成立水产部高等学校教材编审委员会，工作组设在上海水产学院。

上海水产学院主编的高等水产院校水产养殖专业用教材有《养殖土木工程》（农业出版社，1961 年）、《池塘养鱼学》（农业出版社，1961 年）、《鱼类学（上）》（农业出版社，1961 年）、《鱼类学（下）》（农业出版社，1962 年）、《水生生物学》（农业出版社，1961 年）、《鱼病学》（农业出版社，1961 年）等，上海水产学院与山东海洋学院等合编的水产养殖专业用教材有《贝类养殖学》（农业出版社，1961 年）、《鱼类生理学》（农业出版社，1961 年）等。

这是新中国成立后第一次有计划的水产类教材建设。

图 2-42、2-43　学校主编首批统编教材

图 2-44　学校主编首批统编教材

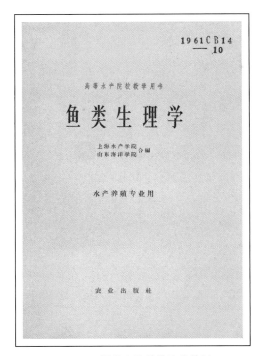

图 2-45　学校主编首批统编教材

十一、首次培育出人工插种淡水珍珠

1964 年，以郑刚、张英等教师为首，根据海水育珠原理，对生活在淡水中的三角帆蚌、褶纹冠蚌进行育珠试验。1965 年秋，试验取得成功，在国内首次培育出人工插种淡水珍珠，填补了我国珍珠养殖业一项空白。1965 年底，淡水河蚌育珠技术首先在苏州地区传授，之后这项技术逐步在全国各地得到广泛应用。

该研究成果对充分利用我国丰富的河蚌资源，开拓和发展珍珠养殖业，发挥了重要作用。1978 年 3 月获全国科学大会奖，1978 年 9 月获福建省科学技术成果奖。

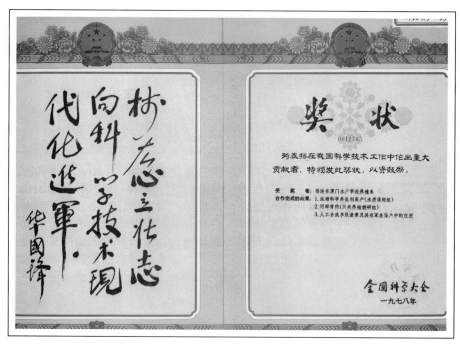

图 2-46　1978 年《河蚌育珠》项目获全国科学大会奖奖状

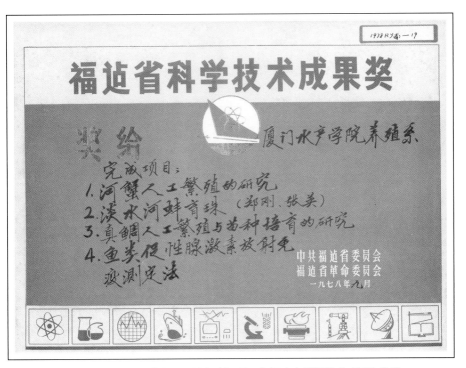

图 2-47　1978 年《淡水河蚌育珠》项目获福建省科学技术成果奖奖状

学校档案馆馆藏档案《上海海洋大学科技成果汇编》（2012 年）对《河蚌育珠》项目进行介绍。

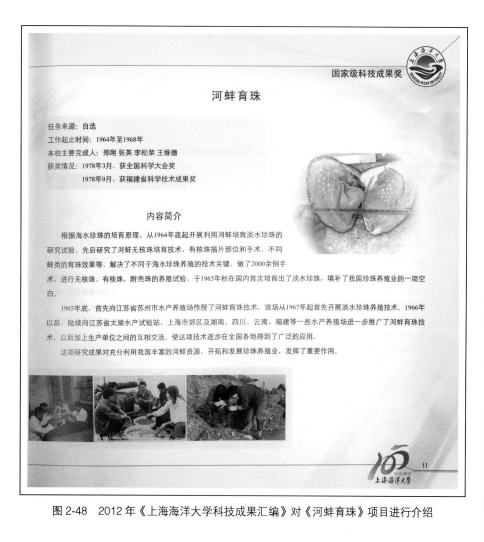

国家级科技成果奖

河蚌育珠

任务来源：自选

工作起止时间：1964年至1968年

本校主要完成人：郑刚 张英 李松荣 王维德

获奖情况：1978年3月，获全国科学大会奖

1978年9月，获福建省科学技术成果奖

内容简介

根据海水珍珠的培育原理，从1964年底起开展利用河蚌培育淡水珍珠的研究试验。先后研究了河蚌无核珠培育技术、有核珠插片部位和手术、不同蚌类的育珠效果等，解决了不同于海水珍珠养殖的技术关键，做了2000余例手术，进行无核珠、有核珠、附壳珠的养殖试验，于1965年秋在国内首次培育出了淡水珍珠，填补了我国珍珠养殖业的一项空白。

1965年底，首先向江苏省苏州市水产养殖场传授了河蚌育珠技术，该场从1967年起首先开展淡水珍珠养殖技术。1966年以后，陆续向江苏省太湖水产试验站、上海市郊区及湖南、四川、云南、福建等一些水产养殖场进一步推广了河蚌育珠技术，以后加上生产单位之间的互相交流，使这项技术逐步在全国各地得到了广泛的应用。

这项研究成果对充分利用我国丰富的河蚌资源，开拓和发展珍珠养殖业，发挥了重要作用。

图 2-48　2012 年《上海海洋大学科技成果汇编》对《河蚌育珠》项目进行介绍

十二、恢复高考后首次招收的淡水渔业专业和海水养殖专业本科生

　　1977 年秋，全国恢复高考制度，学校恢复四年制本科。1978 年春，恢复高考后学校首次招收淡水渔业专业本科生 62 人、海水养殖专业本科生 63 人。1982 年春，淡水渔业专业本科生 61 人毕业（1 人休学），海水养殖专业 61 人毕业（1 人病故、1 人退学）。毕业后，这批学生大多成为高级水产科技人才，有的还担任领导职务，如中国水产科学研究院黄海水产研究所陈松林院士、集美大学原副校长关瑞章教授等。学校馆藏档案中记载的首次招收淡水渔业专业本科生 62 人、海水养殖专业本科生 63 人名单如下：

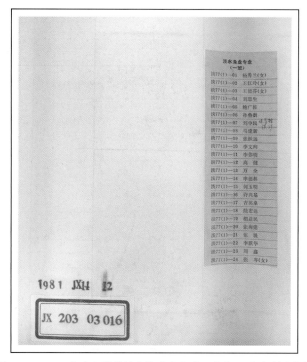

图 2-49 1978 年春入学的淡水渔业专业（一班）24 名本科生名单

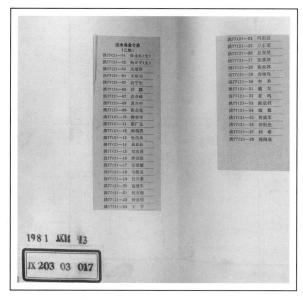

图 2-50 1978 年春入学的淡水渔业专业（二班）38 名本科生名单

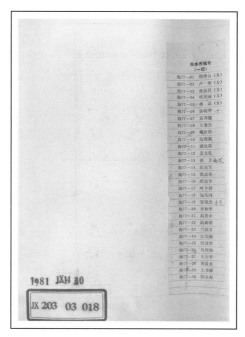

图 2-51　1978 年春入学的海水养殖专业（一班）30 名本科生名单

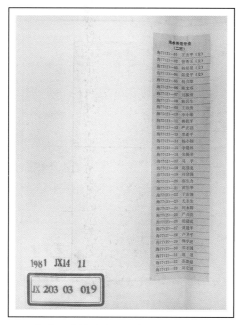

图 2-52　1978 年春入学的海水养殖专业（二班）33 名本科生名单

十三、科研成果首次获国家级奖项

1978 年，学校科研成果"池塘科学养鱼创高产""河蚌育珠""人工合成多肽激素及其在家鱼催产中的应用"获全国科学大会奖。

这是学校科研成果首次获国家级奖项。

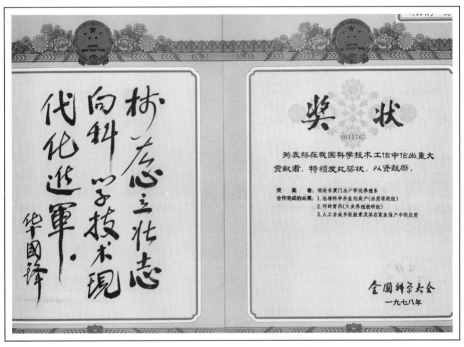

图 2-53　1978 年，"池塘科学养鱼创高产""河蚌育珠"
"人工合成多肽激素及其在家鱼催产中的应用"科研成果获全国科学大会奖奖状

十四、水产动物疾病研究和防治成绩斐然

为了适应水产养殖业的发展，学校加强水产动物疾病的研究和防治，取得了一系列成果。这些成果不仅丰富了水产动物疾病学的内容，对做好水产动物疾病防治，促进养殖生产，提高经济效益具有重要意义。

学校档案馆馆藏的依次在石斑鱼白斑病、尼罗罗非鱼溃烂病、鲤鱼棘头虫病、草鱼出血病、鲫鱼腹水病、团头鲂、鲢、鳙细菌性败血症、温室集约化养鳖疾病、中华鳖主要传染性疾病的研究和防治技术方面取得成果、获得的国家、省部级、市级奖项如下：

图 2-54 1981 年《石斑鱼白斑病的病原及防治的研究》
项目获福建省水产科技成果三等奖奖状

图 2-55　1987 年《尼罗罗非鱼溃烂病的研究》项目获农牧渔业部科技进步奖三等奖奖状

图 2-56　1990 年《鲤鱼棘头虫病的研究》项目获农业部科技进步奖二等奖奖状

图 2-57　1990 年《鲤鱼棘头虫病的研究》项目获国家科技进步奖三等奖证书

图 2-58　1991 年《草鱼出血病防治技术》项目获农业部科技进步奖一等奖奖状

图 2-59　1993 年《草鱼出血病防治技术》项目获国家科技进步奖一等奖证书

图 2-60　1995 年《鲫鱼腹水病的研究》项目获上海市科技进步奖二等奖奖状

图 2-61　1997 年《团头鲂、鲢、鳙细菌性败血症的研究》项目获上海市科技进步奖三等奖奖状

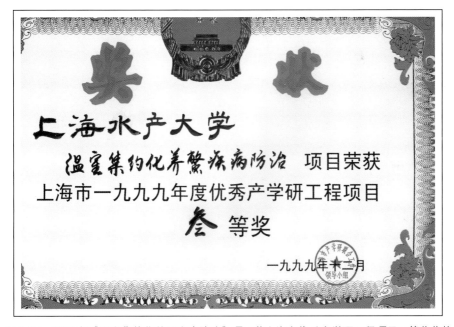

图 2-62　1999 年《温室集约化养鳖疾病防治》项目获上海市优秀产学研工程项目三等奖奖状

图 2-63　2005 年《中华鳖主要传染性疾病防治技术的研究》项目
获中国水产科学研究院科技进步奖三等奖奖状

十五、举办养鱼技工培训班
培养大批一线养鱼技工

1982 年，中共中央、国务院发布四十四号文件，号召大力发展淡水渔业，全国各地掀起了发展淡水渔业的高潮，开发了一大批商品鱼基地。这些新渔区缺的不是大学生，而是养鱼技工。

为了适应全国各地大力发展淡水养鱼的需要，针对养鱼生产第一线急需熟练技术工的现状，学校淡水渔业科技服务所与无锡市河埒淡水渔业服务公司从 1983 年起联合举办"无锡淡水养鱼技工培训班"。学校谭玉钧教授任培训班主任，组织有关教师编写培训教材，养殖系每年派 10 多位教师轮流去无锡授课。

培训班为全国各省、市、自治区有关单位培训大批养鱼技工，许多培训班学员成为各地养殖单位的骨干或大中型养殖场负责人。

图 2-64、2-65　1983 年上海水产学院《池塘养鱼培训教材》封面、前言

1983 年 3 月 28 日，"淡水养鱼技工培训班"第一期在无锡市郊区开学。举办这种形式的培训班是全国首次，受到了上级部门的重视，农牧渔业部门水产局、水科院、《中国水产》编辑部、江苏省水产局和无锡市政府等部门与单位都派负责同志参加了开学典礼。

1983 年 4 月 19 日《上海水产学院院刊》第 107 期头版，对"淡水养鱼技工培训班"第一期开班情况进行了报道，原文如下：

淡水养鱼技工培训班第一期开学

由无锡市河埒淡水渔业服务公司和我院淡水渔业科技服务所联合举办的"淡水养鱼技工培训班"第一期，已于 3 月 28 日，在无锡市郊区开学。

143 名学员分别来自京、津、沪、黑龙江、内蒙、江西、广东等十五个省、市、自治区，平均年龄 25.3 岁，具有高中文化水平的占 54%，其余的亦有初中毕业程度。学员中有许多人具有淡水渔业生产的实践经验，他们学习热情很高，纷纷表示要把池塘养鱼的科学知识和操作技能学到手，并应用到本地区的工作中去。

按计划课堂教学全部由我院有关教师承担。讲课三十五周，学习的课程有《池塘养鱼》、《鱼病防治》、《养鱼经营管理》、《鱼类学概论》、《淡水生物学基础》等。教材是针对培训目标编写的。除了上课，学员们还要参加生产实践和回原地作调查研究，模拟制订本单位明年生产计划，使理论和实际更好地结合起来。

举办这种形式的培训班，还是第一次，因此受到了上级部门的重视，农牧渔业部门水产局、水科院、《中国水产》编辑部、江苏省水产局和无锡市政府等部门与单位都派负责同志参加了开学典礼，我院党政领导人胡友庭、刘金鼎、骆肇荛等同志亦出席了大会，骆副院长代表我院向大会致辞。

（林济时）

淡水养鱼技工培训班第一期开学

由无锡市河埒淡水渔业服务公司和我院淡水渔业科技服务所联合举办的"淡水养鱼技工培训班"第一期，已于3月28日，在无锡郊区开学。

143名学员分别来自京、津、沪、黑龙江、内蒙、江西、广东等十五个省、市、自治区，平均年龄25.3岁，具有高中文化水平的占54%，其余的亦有初中毕业程度。学员中有许多人具有淡水渔业生产的实践经验，他们学习热情很高，纷纷表示要把池塘养鱼的科学知识和操作技能学到手，并应用到本地区的工作中去。

按计划课堂教学全部由我院有关教师承担。讲课三十五周，学习的课程有《池塘养鱼》、《鱼病防治》、《养鱼经营管理》、《鱼类学概论》、《淡水生物学基础》等。教材是针对培训目标编写的。除了上课，学员们还要参加生产实践和回原地作调查研究，模拟制订本单位明年生产计划，使理论和实际更好地结合起来。

举办这种形式的培训班，还是第一次，因此受到了上级部门的重视，农牧渔业部水产局、水科院、《中国水产》编辑部、江苏省水产局和无锡市政府等部门与单位都派负责同志参加了开学典礼，我院党政领导人胡友庭、刘金鼎、骆肇荛等同志亦出席了大会，骆副院长代表我院向大会致词。

（林济时）

图 2-66 《淡水养鱼技工培训班第一期开学》，
《上海水产学院院刊》第 107 期（1983 年 4 月 19 日）

1987 年 12 月 31 日《上海水产大学》第 142 期第 2 版，对无锡淡水养鱼技工培训班取得的成绩进行报道，原文如下：

无锡淡水养鱼技工培训班
为提高养鱼工人素质取得间（可）喜成绩

适应全国各地大力发展淡水养鱼的需要，我校科技服务部与无锡市河埒养鱼技术服务公司从 1983 年起联合创办了"无锡淡水养鱼技工培训班"，五年来为全国 26 个省市自治区的 190 多个县 500 多个单位和部队培养了近 600 名生产第一线急需的养鱼技术人员，其中 66% 分布在新开发养鱼的东北、华北、西北地区和江苏的苏北地区新办或低产养殖单位，有力地促进了这些单位养鱼产量的迅速提高。

这个培训班以具有初中以上文化和2～3年养鱼工龄的人员为主要培养对象，每期培训时间按一个养鱼生产周期定为每年3～11月；在教学上坚持两个结合：理论教学与操作训练相结合，传授养鱼基本知识与推广池塘养高产科技成果和无锡养鱼先进经验相结合。我校谭玉钧教授任培训班主任，养殖系每年派10多位教师轮流去无锡上课，五年内先后上过课的28位教师中，有10位讲师、15位正副教授。无锡市郊区河埒乡作为全国著名的淡水养鱼高产地区，为培训班提供了良好的实习基地。目前，这个培训班已开始招收第6期学员。

（毛震华）

▷※◁ 无锡淡水养鱼技工培训班 ▷※◁

为提高养鱼工人素质取得间喜成绩

适应全国各地大力发展淡水养鱼的需要，我校科技服务部与无锡市河埒养鱼技术服务公司从1983年起联合创办了"无锡淡水养鱼技工培训班"，五年来为全国26个省市自治区的190多个县500多个单位和部队培养了近600名生产第一线急需的养鱼技术人员，其中66%分布在新开发养鱼的东北、华北、西北地区和江苏的苏北地区新办或低产养殖单位，有力地促进了这些单位养鱼产量的迅速提高。

这个培训班以具有初中以上文化和2～3年养鱼工龄的人员为主要培养对象，每期培训时间按一个养鱼生产周期定为每年3～11月；在教学上坚持两个结合：理论教学与操作训练相结合，传授养鱼基本知识与推广池塘养高产科技成果和无锡养鱼先进经验相结合。我校谭玉钧教授任培训班主任，养殖系每年派10多位教师轮流去无锡上课，五年内先后上过课的28位教师中，有10位讲师，15位正副教授。无锡市郊区河埒乡作为全国著名的淡水养鱼高产地区，为培训班提供了良好的实习基地。目前，这个培训班已开始招收第6期学员。　（毛震华）

图 2-67 《无锡淡水养鱼技工培训班　为提高养鱼工人素质取得可喜成绩》，《上海水产大学》第 142 期（1987 年 12 月 31 日）

十六、试行学分制

为深入贯彻《中共中央关于教育体制改革的决定》，1986 年 1 月，学校颁布《上海水产大学水产养殖系试行学分制方案》，在水产养殖系 85 级试行学分制。

图 2-68　1986 年《上海水产大学水产养
殖系试行学分制方案》封面

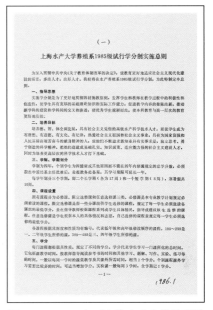

图 2-69　1986 年《上海水产大学养殖系
1985 级试行学分制实施总则》

在 1986 年 3 月 14 日《上海水产大学》第 129 期头版，报道了学校水产养殖系 85 级试行学分制的情况。原文如下：

我校水产养殖系 85 级本学期起试行学分制

为深入贯彻《中共中央关于教育体制改革的决定》，在水产养殖系 85 级试行学分制，学校在去年九月成立了领导小组。经过半年多的酝酿讨论，准备工作已经基本就绪。今年 1 月 17 日水产养殖系召开了淡水渔业专业和海水养殖专业 85 级全体学生大会，乐美龙校长在会上就试行学分制问题作了讲话，养殖系主任在会上宣布了"学分制实施总则"、"学分制学籍管理办法"，并介绍了这两个专业的学分制课程体系和开课计划。本学期起养殖系 85 级两个专业的三个班级，开始试行学分制。

目前对实行学分制已经取得了比较一致的认识。师生们认为，为了多出人才、出好人才，现行的教育制度必须进行改革。实行学分制首先可以改变以往教学工作过分划一化的弊病，有利于发挥学生的积极性、主动性和贯彻因材施教的原则；同时它能使优秀学生脱颖而出，使一般学生保证教学质量，有利于增强基础知识教学，扩大专业知识面；并加强对学生实际工作能力的培养，实施学分制还有利于调动教师的积极性，有利于新学科的建设和各学科知识的交错和渗透；使本科教育与高一层次的教育更好地衔接。

在研究养殖系 85 级学分制试行方案过程中，教师们根据培养目标的要求，反复研究本科学生的合理知识结构，同时参考国外水产大学有关资料，结合我国的具体情况，在这个基础上制订了一个新的课程体系。全部课程按它们在知识结构中的地位可以分为四个类型，第一类是大学生必须具备的基础知识，包括数、理、化、生物、政治、外语等一些必修课程；第二类是专业的基础技术课程；第三类是专业课程；第四类是反映现代科学进展及先进技术的课程。按照这个方案，设置的课程有 80 门，其中三分之一左右是过去教学计划中没有的新课。这些课程分为三类：一是必修课，包括一些基础课和专业课程；二是限定选修课，将专业基础课和一部分专业课分为若干课组，限定每个学生必须修读各课组的最低学分；三是任选课，其中包括一些反映现代科学成就的新课和讲座。为了扩大专业知识，基础课和专业基础课不再按海水养殖、淡水渔业两个专业分别开设。使教学质量得到保证。学分制教学计划规定了每个学生必须取得最低的总学分数和每个学年必须取得的最低学分数。

为了做好学分制教学的管理工作，在继续贯彻执行原教育部关于全日制普通高等学校学生学籍管理办法的同时，养殖系还制订了"学分制学籍管理试行办法"，作为原教育部条例的补充。"学籍管理试行办法"在课程的选修、免修、退修，成绩考核及考勤等方面作了明确规定。为了更好地安排实践环节、军训等活动和今后全校各系的统一安排教学，决定实行每学年三学期制，即包括两个长学期和一个短学期。

为了做好学生的选课指导工作，养殖系对85级每个班级指定了一名指导教师，具体指导和审核学生的选课工作，并由这几位指导教师组成一工作小组，协助系里实施和总结学分制的工作。

（秉）

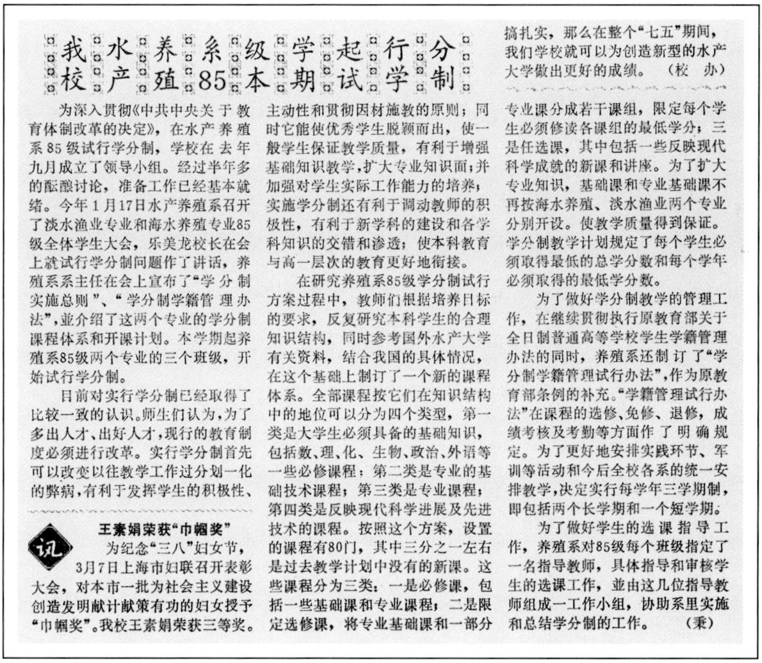

图 2-70 《我校水产养殖系 85 级本学期起试行学分制》，
《上海水产大学》第 129 期（1986 年 3 月 14 日）

十七、首届水产养殖学硕士研究生

1983 年、1984 年，学校先后获水产养殖专业硕士生招生权和硕士学位授予权。1986 年，学校首届水产养殖学硕士研究生唐宇平、康春晓毕业。

唐宇平撰写的硕士学位论文题目为《团头鲂的器官发育》，指导教师孟庆闻。

康春晓撰写的硕士学位论文题目为《LRH-A 和 HCG 诱导鲢鱼排卵前后血清中性类固醇激素变化的研究》，指导教师谭玉钧、赵维信、姜仁良。

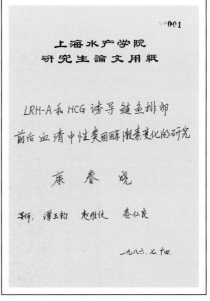

图 2-71　唐宇平硕士学位论文封面　　　图 2-72　康春晓硕士学位论文封面

十八、首次获国家科技进步奖

　　由王素娟教授承担的"坛紫菜营养细胞直接育苗和养殖研究"项目，于1987年7月获国家科学技术进步奖三等奖。

　　这是学校科研成果第一次获国家科技进步奖。

图 2-73　1987 年《坛紫菜营养细胞直接育苗和养殖研究》项目
获国家科学技术进步奖三等奖证书

　　1987 年 10 月 10 日《上海水产大学》第 140 期头版对此进行报道如下：

我校科研成果首次获国家级科技进步奖

　　根据《科技日报》公布，我校王素娟教授进行的"坛紫菜营养细胞直接育苗和养殖研究"成果，已通过评审获 1987 年国家级科学技术进步奖三等奖。

自 1985 年国家实行科技进步奖制度以来，我校在 1985、1986 两年内，已获农牧渔业部部级科技进步奖 6 项（二等奖 4 项，三等奖 2 项），获上海市科技进步奖 3 项（一等奖 1 项，三等奖 2 项）。坛紫菜营养细胞直接育苗和养殖研究成果于去年获农牧渔业部部级科技进步奖二等奖，这次又在我校第一个获得国家级科技进步奖。

（毛震华）

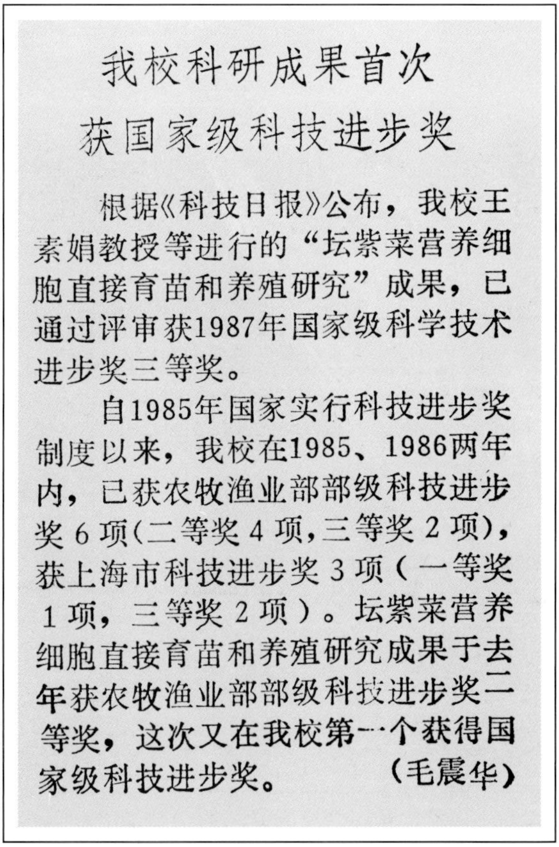

我校科研成果首次
获国家级科技进步奖

根据《科技日报》公布，我校王素娟教授等进行的"坛紫菜营养细胞直接育苗和养殖研究"成果，已通过评审获 1987 年国家级科学技术进步奖三等奖。

自 1985 年国家实行科技进步奖制度以来，我校在 1985、1986 两年内，已获农牧渔业部部级科技进步奖 6 项（二等奖 4 项，三等奖 2 项），获上海市科技进步奖 3 项（一等奖 1 项，三等奖 2 项）。坛紫菜营养细胞直接育苗和养殖研究成果于去年获农牧渔业部部级科技进步奖二等奖，这次又在我校第一个获得国家级科技进步奖。　　（毛震华）

图 2-74 《我校科研成果首次获国家级科技进步奖》，
《上海水产大学》第 140 期（1987 年 10 月 10 日）

十九、首次获国家自然科学奖

由朱元鼎教授与孟庆闻教授共同研究、撰写的鱼类学专著《中国软骨鱼类的侧线管系统及罗伦翁和罗伦管系统的研究》于 1988 年 8 月 28 日获 1987 年国家自然科学奖三等奖。

这是学校科研成果第一次获国家自然科学奖。

图 2-75 《中国软骨鱼类的侧线管系统及罗伦翁和罗伦管系统的研究》
项目获 1987 年国家自然科学奖三等奖证书

图 2-76　朱元鼎、孟庆闻著，上海科学技术出版社出版的
《中国软骨鱼类的侧线管系统及罗伦翁和罗伦管系统的研究》封面

1988 年 4 月 29 日《上海水产大学》第 144 期、1989 年 3 月 18 日《上海水产大学》第 150 期分别在头版进行报道，原文如下：

我校一项科研成果获国家自然科学奖

据《科技日报》1988 年 3 月 18 日公布，经国家自然科学奖励委员会评定，已故著名鱼类学家朱元鼎教授生前与孟庆闻教授共同研究、撰写的鱼类学专著《中国软骨鱼类的侧线管系统及罗伦翁和罗伦管系统的研究》获 1987 年国家自然科学奖三等奖。这是我校获得的第一项国家自然科学奖，也是继去年"坛紫菜营养细胞直接育苗和养殖的研究"成果获国家科学技术进步奖以后的第二项国家级奖。

这项研究开始于 1974 年至 1979 年完成，曾获福建省科学技术成果奖。1979 年由上海科学技术出版社出版的专著《中国软骨鱼类的侧线管系统及罗伦翁和罗伦管系统的研究》，分总论、各论、结论三部分，综合地详细描述了分隶于 2 亚纲、13 目、2 亚目、30 科、46 属的 73 种中国软骨鱼类，并附插图 13 幅、彩图 71 幅；讨论了两个系统的变化性质与种类的形态和生态的密切关系，综合地叙述了软骨鱼类各分类单元的主要形态特征，并探索了中国软骨鱼类的分类系统。由于该专著具有较高的学术水平，受到了国内外同行的好评。

（毛震华）

孟庆闻教授出席授奖仪式载誉归来

第三次国家自然科学奖授奖仪式，于 2 月 15 日在首都人民大会堂举行。我校孟庆闻教授作为获奖项目代表光荣出席，并受到赵紫阳、李鹏、胡启立、田纪云、李铁映等党和国家领导人的接见。

《中国软骨鱼类的侧线管系统及罗伦翁和罗伦管系统的研究》是由我校已故著名鱼类学家朱元鼎教授与孟庆闻教授长期悉心研

究的重要成果。通过对73种中国软骨鱼类的这两个系统结构的比较解剖、变化性质、形态特征等分析研究，结合古鱼类学的资料，提出了一个新的软骨鱼类的分类系统，具有重要学术意义，达到同类研究的国际先进水平。

这次全国共有936位科技工作者获得了第三次国家自然科学奖。属于原农业部的共申报了21项研究成果，经过严格评选，获奖3项，其中就有我校的1项，开创了我校第一个获得国家自然科学奖的记录。

（科研处）

我校一项科研成果获国家自然科学奖

据《科技日报》1988年3月18日公布，经国家自然科学奖励委员会评定，已故著名鱼类学家朱元鼎教授生前与孟庆闻教授共同研究、撰写的鱼类学专著《中国软骨鱼类的侧线管系统及罗伦瓮和罗伦管系统的研究》获1987年国家自然科学奖三等奖。这是我校获得的第一项国家自然科学奖，也是继去年"坛紫菜营养细胞直接育苗和养殖的研究"成果获国家科学技术进步奖以后的第二项国家级奖。

这项研究开始于1974年至1979年完成，曾获福建省科学技术成果奖。1979年由上海科学技术出版社出版的专著《中国软骨鱼类的侧线管系统及罗伦瓮和罗伦管系统的研究》，分总论、各论、结论三部分，综合地详细描述了分隶于2亚纲、13目、2亚目、30科、46属的73种中国软骨鱼类，并附插图13幅、彩图71幅；讨论了两个系统的变化性质与种类的形态和生态的密切关系，综合地叙述了软骨鱼类各分类单元的主要形态特征，并探索了中国软骨鱼类的系统演化，提出了新的中国软骨鱼类的分类系统。由于该专著具有较高的学术水平，受到了国内外同行的好评。

（毛震华）

图 2-77 《我校一项科研成果获国家自然科学奖》，
《上海水产大学》第 144 期（1988 年 4 月 29 日）

孟庆闻教授出席授奖仪式载誉归来

第三次国家自然科学奖授奖仪式，于2月15日在首都人民大会堂举行。我校孟庆闻教授作为获奖项目代表光荣出席，并受到赵紫阳、李鹏、胡启立、田纪云、李铁映等党和国家领导人的接见。

《中国软骨鱼类的侧线管系统及罗伦瓮和罗伦管系统的研究》是是由我国已故著名鱼类学家朱元鼎教授与孟庆闻教授长期悉心研究的重要成果。通过对73种中国软骨鱼类的这两个系统结构的比较解剖、变化性质、形态特征等分析研究，结合古鱼类学的资料，提出了一个新的软骨鱼类的分类系统，具有重要学术

意义，达到同类研究的国际先进水平。

这次全国共有936位科技工作者获得了第三次国家自然科学奖。属于农业部的共申报了21项研究成果，经过严格评选，获奖3项，其中就有我校的1项，开创了我校第一个获得国家自然科学奖的记录。

（科研处）

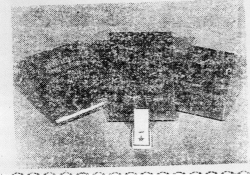

图 2-78 《孟庆闻教授出席授奖仪式载誉归来》，
《上海水产大学》第 150 期（1989 年 3 月 18 日）

二十、为解决"菜篮子"问题作贡献

1983 年前，上海淡水养鱼产量处在全国中下水平。为了迅速增加淡水鱼产量，解决上海市民"吃鱼难"问题，1983 年，学校承担了上海市科委下达的水产养殖高产技术攻关课题"上海市池塘养鱼高产与综合养鱼技术研究"，其主要任务是在上海市养鱼新开发区崇明县 1 万亩盐碱重、产量低的鱼塘试验推广池塘养鱼高产技术。针对当地鱼塘条件较差，技术和管理水平较低的现状，花了三年时间，通过改造盐碱鱼塘，推广高产技术，帮助各试验场建立和健全管理制度，开展技术培训，取得显著效果。至 1985 年，参试的 1 万亩鱼塘亩净产达到386 公斤，比原来提高了一倍多。同时，带动全县当年 2 万多亩鱼塘平均亩产量达 286 公斤，名列市郊十县的前 4 名，使该县第一次甩掉了"养鱼低产区"的帽子，并成为进入"全国淡水养鱼生产重点县"行列的四个县之一。该成果获上海市 1987 年度科技进步二等奖。

1984—1986 年，学校参加了由原国家计委下达、上海市水产局主持、上海市有关科研、生产、行政单位协同进行的工业性试验项目"上海市郊区池塘养鱼高产技术大面积综合试验"。经过三年努力，这项试验使参试的青浦、崇明、金山的 1.38 万亩鱼塘 1986 年的亩净产比试验前的 1983 年提高了 82%，由 322 公斤提高到 585 公斤；三年累计增产淡水鱼 842 万公斤，上海市淡水鱼的人均占有量，由 1983年的 1.5 公斤，上升到 1986 年的 6.4 公斤，提高了三倍多。这项综合试验的成功，为缓解上海市民"吃鱼难"发挥了重要作用。该成果获1988 年度上海市科技进步奖一等奖、1989 年 7 月获国家科技进步奖二等奖。

上海市有 150 多公里海岸线，但沿岸海水盐度偏低而且季节变化幅度大，难于进行对虾育苗和养殖。1980 年，学校与上海市水产研究所等单位共同承担了由上海市科委下达的低盐度海水对虾育苗和养殖技术研究任务。经过反复试验，该研究于 1982 年取得成功，并立即在奉贤、金山两县推广，有力地推动了本市对虾养殖业的迅速发展。上海市养殖对虾的面积由 1979 年 12 亩猛增到 1983 年 2854 亩，至 1988年已超过 2 万亩。该成果获 1985 年度上海市科技进步奖一等奖。

图 2-79 《上海市池塘养鱼高产与综合养鱼技术研究》
项目获上海市 1987 年度科技进步二等奖奖状

图 2-80 《上海市郊区池塘养鱼高产技术大面积综合试验》
项目获 1988 年度上海市科技进步奖一等奖奖状

图 2-81 《上海市郊区池塘养鱼高产技术大面积综合试验》
项目 1989 年 7 月获国家科技进步奖二等奖证书

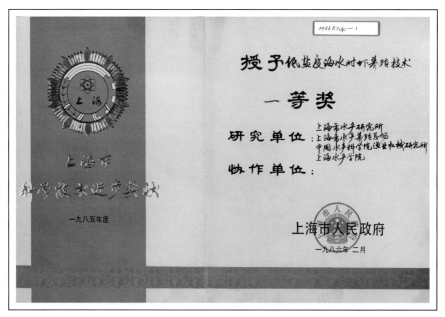

图 2-82 《低盐度海水对虾养殖技术》项目获 1985 年度上海市科技进步奖一等奖奖状

1988 年 12 月 30 日《上海水产大学》第 149 期第 2 版对学校科研为上海市解决"菜篮子"问题作出贡献，缓解上海市民"吃鱼难"及对虾养殖取得发展进行报道，原文如下：

科技促生产　市郊鱼虾多
——我校科研为本市解决"菜篮子"问题作出贡献
鱼塘大面积高产　　缓解市民"吃鱼难"

上海历来是我国重要的海洋渔业基地，相对来说，淡水养鱼在全国属于新发展区，前几年的池塘养鱼产量处在中下水平。为了迅速增加淡水鱼产量，解决市民的"吃鱼难"问题，1983 年，我校承担了上海市重点科技项目"池塘养鱼高产与综合养鱼技术研究"课题，其主要任务是在本市养鱼新开发区崇明县 1 万亩盐碱重、产量低的鱼塘试验推广池塘养鱼高产技术。试验推广工作针对当地鱼塘条件较差，技术和管理水平很低的状况，花了三年时间，通过改造盐碱鱼塘，推广高产技术，同时帮助各试验场建立和健全管理制度，开展技术培训，取得了显著的效果。至 1985 年，参试的 1 万亩鱼塘亩净产达到 386 公斤，比原来提高了一倍多；同时带动全县当年 2 万多亩鱼塘平均亩产量达 286 公斤，名列市郊十县的前 4 名，使该县第一次甩掉了"养鱼低产区"的帽子，并成为本市进入"全国淡水养鱼生产重点县"行列的四个县之一。这项成果获得了上海市 1987 年度科技进步二等奖。

1984—1986 年，我校参加了由原国家计委下达、上海市水产局主持、本市有关科研、生产、行政单位协同进行的工业性试验项目"上海市郊区池塘养鱼高产技术大面积综合试验"。这项试验的特点，一是规模大，参试鱼塘面积 1.38 万亩，分布在青浦、金山、崇明三个县的 87 个养殖场；二是投入力量多，各单位参试的科技人员共 50 多人，我校投入技术力量最多最强，共有 16 人（其中正副教授 7 人）占 1/4 以上；三是试验内容广，包括丛（从）鱼种繁育直至商品鱼上市的各个环节，重点抓鱼种、饵料、水质和饲养管理等关键技术，综合应用已有的科技成果，使之发挥更大的增产效果。经过三年努力，参试的 1.38 万亩鱼塘 1986 年的亩净产达到 585 公斤，比试验前的 322 公斤提高了 82%，超过当年全郊区平均亩产量 64%，而且优质鱼的比例由 30% 上升到了 60%；试验三年中累计增产淡水鱼 842 万公斤，加上 1986 年因将试验成果扩大推广 2.2 万亩增产的 330 万公斤，合计增产淡水鱼 1172 万公斤。这些成果对缓解市民"吃鱼难"起了很大作用，全市淡水鱼的人均占有量，1983 年只有 1.5 公斤，1986 年已上升到 6.4 公斤，提高了三倍多，去年又提高到 7.3 公斤。现在市场上淡水鱼终年不断，市民吃鱼已由以海水鱼为主转为淡水鱼为主，去年全市池塘养鱼平均亩产量已由过去的中下水平跃居全国前列。

此外，我校从 1985 年起连续四年在本市郊区推广草鱼、早繁苗育种技术，共推广早繁苗 1.3 亿尾，使一龄鱼种的规格和成活率提高一倍，产量提高 1—2 倍，草鱼的养殖周期由 3 年缩短为 2 年；近年为青浦等 6 个郊县举办池塘养鱼高产、鱼种培育、鱼病防治、水质管理等技术培训班 30 多期，培训各种技术人员近 3000 人。这些也都对促进市郊的养鱼生产产生了明显的效果。

攻克低盐养虾关　　对虾养殖大发展

随着沿海各地对虾养殖业的兴起，对虾已成为我国出口外汇的主要水产品之一。上海市有 150 多公里海岸线，可以开发利用的滩涂十分广阔，但因受长江和钱塘江径流影响，沿岸海水盐度偏低而且季节变化幅度大，难于进行对虾育苗和养殖。早在 1980 年我校刚复校回沪时，就与上海市水产研究所等单位共同承担了由市科委下达的低盐度海水对虾育苗和养殖技术研究任务。经过反复试验，这项研究于 1982 年取得成功，并立即在奉贤、金山两县推广，有力地推动了本市对虾养殖业的迅速发展。全市养殖对虾的面积，1979 年还只有 12 亩，至本研究课题完成时的 1983 年已猛增到 2854 亩，目前已超过 2 万亩，每年出口对虾 1000 多吨，创汇 500 多万美元。这项成果曾获上海市 1985 年科技进步奖一等奖。

在进行上述攻关研究的同时，我校作为项目负责单位与有关单位一起进行了上海市海岸带和海涂生物资源调查，获得的资料为有关部门研究确定奉贤县为本市对虾养殖重点县提供了科学依据。该县柘林乡从1983年起利用原有盐场养殖对虾，当时的养殖面积即达2400亩，占全市养虾总面积的84%，至今一直是本市主要的对虾养殖基地。

由于本市对虾养殖业的日益发展，虾苗供应不足又成了突出的问题。1985年上海市计委批准在本市主要对虾养殖基地奉贤县柘林乡兴建一座现代化对虾育苗场，以我校为主联合有关科研单位承担了建场设计、设备配套和育苗技术服务等任务。第一期建场工程于去年完成后今年春我校又派出有关教师与协作单位科技人员一起深入育苗场，开展了大规模育苗生产，在954立方米水体内育出了2.3亿尾虾苗，平均每立方米水体的出苗量高达24.6万尾，超出一般标准近4倍。这个育苗场的建成和今年的育苗生产大丰收，对改变上海地区养殖对虾依靠到外地购苗的局面，节约人力物力，提高养虾产量和经济效益，具有重要作用。以往本市所需虾苗全部要到江浙等地购买，数量不能满足，质量没有保证，成活率低，运输费大。去年柘林乡花去的购苗运费就达150多万元，今年该乡的虾苗大部分由新建的育苗场供应，不仅省掉了运费，而且所得虾苗时间及时，质量较好，为争取对虾稳产高产打下了良好基础。

（毛震华）

·毛黻华·

科技促生产 市郊鱼虾多
——我校科研为本市解决"菜篮子"问题作出贡献

鱼塘大面积高产 缓解市民"吃鱼难"

上海历来是我国重要的海洋渔业基地，相对来说，淡水养殖在全国属于落后发展区。近几年的池塘养殖鱼产量处在中下水平。为了迅速增加淡水鱼产品，解决市民的"吃鱼难"问题，1983年，我校承担了上海市科技项目"池塘养鱼高产与综合养鱼技术研究"课题，其主要任务是在本市养鱼新开发区崇明县1万亩盐碱滩、低产低鱼塘试验推广"池塘养鱼高产技术。试验推广工作对当地条件较差，技术和普通水平限低的状况，花了三年时间，通过改造盐碱鱼塘，推广"高产技术，同时配套各项试验建立和健全管理制度，开展技术研究，取得了显著的效益。至1985年，参试的1万亩鱼塘亩净产达到386公斤，比原来提高了一倍多，同时带动全县年2万多亩鱼塘平均亩产量达286公斤，考核市郊十县的亩4名，使该县第一次甩掉了"养鱼低产区"的帽子，并成为本市进入"全国淡水养鱼生产重点县"行列的图个县之一。这项成果赢得了上海市1987年度科技进步二等奖。

1984—1986年，我校参加了由国家计委下达、上海市水产局主持，本市有关科研、生产、行政单位协同进行的工业性试验项目"上海市郊区地塘养鱼高产技术大面积综合试验。这项试验的特点，一是规模大，多试验塘面积1.38万亩，分布在青浦、金山、崇明三个县的87个养殖场；二是投入力量多，各单位参试的科技人员共50多人，我校

投入技术力量最多最强，共有16人（其中正副教授7人）占1/4以上三是试验的容广，包括从合种整育直至商品鱼上市的各个环节，重点抓鱼种、饲料、水质和饲养管理等关键技术，综合应用已有的科技成果，使之发挥更大的增产效益。经过三年努力，参试1.38万亩鱼塘1986年的净产达到585公斤，比试验前的322公斤提高了82%，超过当年全郊区平均亩产64%，而且优质鱼的比例由30%上升到了60%。试验三年单鲜鱼增产鱼水鱼842万公斤，加上1986年润塘试验成果对大推广2.2万亩增产约330万公斤，合计增产淡水鱼1172万公斤。这些成果缓解了市区"吃鱼难"的起了很大作用，全市淡水鱼的人均占有量，1983年有1.5公斤、1986年已上升到6.4公斤，提高了三倍多，去年又专务到了7.3公斤。现在市场上淡水鱼终年不断，市民的吃鱼已由以淡水鱼为主转为淡水鱼为主，去年全市池塘养鱼平均亩产量已过去的中下平跃居全国前列。

此外，我校从1985年起连续四年在本市郊区推广草鱼、鳡鱼育种技术，加广"草繁殖1.3亿尾，使一龄鱼种的规格和成活率提高一倍，产量提高1～2倍，草鱼的养殖周期即从3年缩短为2年，近年为青浦县举办小型鳡养鱼训练班、鱼种培育、鱼病防治、水质管理等技术培训班30多期，培训各种技术人员达3000人。这些此都对促进市郊的养鱼生产产生了明显的效果。

攻克低盐养虾关 对虾养殖大发展

随着沿海各地对虾养殖业的兴起，对虾已成为我国出口创汇的主要水产品之一。上海市市150多公里海岸线，可以开发利用的滩涂十分广阔，但因受长江和钱塘江泾流影响，沿岸海水盐度偏低而且季节变化幅度大，建了进行对虾育苗和养殖。早在1980年我校刚筹组建成的洞围时，就与上海市水产研究所等单位共同承担了由上海市水产委下达的低盐度海水对虾育苗和养殖技术研究任务。经过反复试验，这项研究于1982年取得成功，并立即在奉贤、金山两县推广，有力地推动了本市对虾养殖业的迅速发展。全市养殖对虾的面积，1979年还只有12亩，至本研究课题完成时的1983年已猛增到2854亩，目前已超过2万亩，每年出口对虾1000多吨，创汇500多万美元。这项成果果然获上海市1985年科技进步奖一等奖。

在进行上述攻关研究的同时，我校作为项目负责单位与有关单位一起进行了上海市海岸带和海涂生物资源调查，获得的资料为有关部门研究确定奉贤县为本市对虾养殖重点县提供了

科学依据。该县柘林乡从1983年起利用原有盐场养殖对虾，当时的养殖面积即达2400亩，占全市养虾总面积的84%，至今一直是本市主要的对虾养殖基地。

由于本市对养养殖业的日益发展，虾苗供应不足又成了突出的问题。1985年上海市市批准在本市主要对虾养殖基地奉贤县柘林乡兴建一座现代化对虾育苗场，我校以养虾为主除合有关科研单位承担了建场设计、设备配套和育苗技术服务等任务。第一期建场工程于去年完成后今年春我校又派出有关教师与协作单位科技人员一起深入育苗场，开展了大规模育苗生产，在954立方米水体内育出了2.3亿尾虾苗，平均每立方米水体的出苗量高达24.6万尾，超出一般标准4倍。这个育苗场的建成和今年的育苗生产大丰收，对改变上海地区养殖对虾依靠到外地购苗门的局面，节约人力物力，提高养虾产量和经济效益，具有重要作用。以往本市所需虾苗全部要到江浙等地购买，数量不能满足，质量茫有保证，成活率低，运输费大。去年柘林乡花去的运虾费达150多万元，今年该乡的虾苗大部分由新建的育苗场供应，不仅省下了不少费用，节约了时间和及时，质量较好，为争取对虾稳产高产打下了良好基础。

图 2-83、2-84、2-85 《科技促生产 市郊鱼虾多——我校科研为本市解决"菜篮子"问题做出贡献》，《上海水产大学》第 149 期（1988 年 12 月 30 日）

二十一、首部内容全面特色鲜明的
池塘养鱼学专著

为总结我国池塘养鱼生产经验和科学研究成果，由原农业部水产局组织全国 40 多位具有较高理论水平和丰富实践经验的专家教授，编著《中国池塘养鱼学》一书，于 1989 年由科学出版社出版。学校谭玉钧教授是该书的主编之一。

这是中国首部内容全面而具有鲜明特色的池塘养鱼学专著。

图 2-86、2-87　1989 年科学出版社出版的《中国池塘养鱼学》封面及目录

1990 年 6 月 23 日《上海水产大学》第 165 期对此进行报道，全文如下：

内容全面　特色鲜明
我国第一部池塘养鱼学专著出版

为系统总结具有悠久历史的我国池塘养鱼生产经验和科学研究成果，进一步推动池塘养鱼事业的发展，原农业部水产局组织全国40多位有较高理论水平和丰富实践经验的专家教授，编著了《中国池塘养鱼学》一书，已由科学出版社出版。

《中国池塘养鱼学》全书共分17章，计110余万字，全面系统地介绍了我国池塘养鱼的生产技术科技成果，既总结群众传统经验，又阐述最新科学理论；既介绍池塘养鱼生产技术，又介绍养殖场建设和管理方法；既讲淡水鱼类的繁育、养殖，又讲主要鱼病的预防、治疗，集中反映了我国池塘养鱼的特点和先进水平，是我国第一部内容全面而具有鲜明特色的池塘养鱼学专著。

我校池塘养鱼教研室主任谭玉钧教授是该书的第二主编，参加编委工作的有陆桂、雷慧僧教授，王武、姜仁良、葛光华3位副教授也参加了编写。

（毛震华）

图 2-88 《内容全面　特色鲜明　我国第一部池塘养鱼学专著出版》，《上海水产大学》第 165 期（1990 年 6 月 23 日）

二十二、获奖教材拾遗

学校在水产养殖学科建设过程中，利用各种项目经费，组织相关教师编写大量专业教材，这些教材及时反映了学科建设进展和发展轨迹，许多教材获国家级、上海市级优秀教材奖。学校档案馆收藏的水产养殖学科获奖教材主要有：

（一）获奖时间：1990 年

  奖 项：国家教委全国高等学校教材优秀奖

  教材名称：《海藻栽培学》

  编 著：曾呈奎、王素娟、刘思俭、郭宣鏻、张定民、缪国荣

  出 版 社：上海科学技术出版社

  出版时间：1985 年

图 2-89

（二）获奖时间：1992 年

奖　　　项：国家教委国家级优秀教材

教材名称：《鱼类比较解剖》

著　　　者：孟庆闻、苏锦祥、李婉端

出　版　社：科学出版社

出版时间：1987 年

图 2-90

（三）获奖时间：1995 年

　　　　奖　　项：第二届全国高等农业院校优秀教材一等奖

　　教材名称：《水产动物疾病学》

　　主　　编：黄琪琰

　　出 版 社：上海科学技术出版社

　　出版时间：1993 年

图 2-91

（四）获奖时间：1997 年

奖　　项：上海市高校优秀教材二等奖

教材名称：《鱼类生态学》

编　　著：殷名称

出 版 社：中国农业出版社

出版时间：1995 年

图 2-92

（五）获奖时间：2002 年

奖　　项：上海市优秀教材奖三等奖

教材名称：《鱼类增养殖学》

主　　编：王武

出 版 社：中国农业出版社

出版时间：2000 年

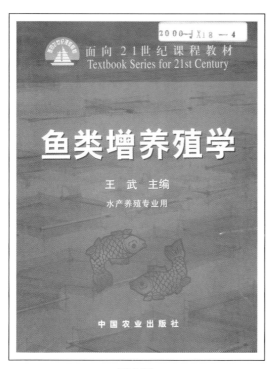

图 2-93

（六）获奖时间：2005 年

　　奖　　项：全国高等农业院校优秀教材奖

　　教材名称：《鱼类育种学》

　　主　　编：楼允东

　　出　版　社：中国农业出版社

　　出版时间：2009 年

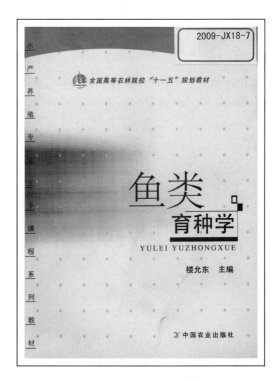

图 2-94

（七）获奖时间：2008 年

　　　奖　　　项：全国高等农业院校优秀教材奖

　　　教材名称：《生物饵料培养学》第二版

　　　主　　　编：成永旭

　　　出　版　社：中国农业出版社

　　　出版时间：2005 年

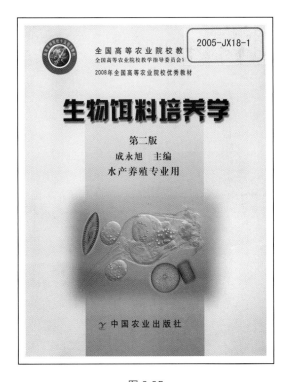

图 2-95

二十三、首位学校培养的博士

1994 年，学校取得与青岛海洋大学联合培养博士的资格。由学校李思发教授和青岛海洋大学李德尚教授共同培养的淡水养殖博士研究生李家乐，经过上海、青岛两地的轮流学习，如期完成学业，于 1997 年获得博士学位。

李家乐是学校自 1912 年建校 85 年以来，历史上第一个自己培养的博士。

1997 年 9 月 10 日《上海水产大学》第 240 期头版对此进行报道，原文如下：

我校第一位自己培养的博士李家乐毕业

本报讯　由我校与青岛海洋大学联合培养的第一位博士研究生李家乐最近获得了博士学位，标志着我校结束了自己不能培养博士的历史。1994 年我校取得了与青岛海洋大学联合培养博士的资格，由青岛海洋大学水产学院李德尚教授与我校李思发教授共同培养，经过上海、青岛两地的轮流学习，在上海水产大学获得硕士学位的李家乐如期完成了学业。李家乐是我校 85 年历史中第一个由学校自己培养的博士。

我校第一位自己培养的博士李家乐毕业

作出了重要贡献。 （夏伯平）

本报讯 由我校与青岛海洋大学联合培养的第一位博士研究生李家乐最近获得了博士学位，标志着我校结束了自己不能培养博士的历史。1994年我校取得了与青岛海洋大学联合培养博士的资格，由青岛海洋大学水产学院李德尚教授与我校李思发教授共同培养，经过上海、青岛两地的轮流学习，在上海水产大学获得硕士学位的李家乐如期完成了学业。李家乐是我校85年历史中第一个由学校自己培养的博士。

图 2-96 《我校第一位自己培养的博士李家乐毕业》，《上海水产大学》第 240 期（1997 年 9 月 10 日）

二十四、上海第一个鱼类良种
——团头鲂"浦江1号"

团头鲂俗称武昌鱼，因毛泽东诗句"才饮长沙水，又食武昌鱼"而闻名遐迩。团头鲂是我国特产淡水鱼类，原产于长江中游的一些大中型湖泊，1995年被发现，并逐渐成为我国主要养殖对象之一。

学校李思发教授率领研究小组，从1985年开始，历时15年，进行团头鲂群体系统选育，于1999年成功培育出第6代生长优势明显、遗传性状稳定的团头鲂品系，定名为"浦江1号"。2000年全国水产原种和良种审定委员会审定为选育良种（GS-1-001-2000），原农业部公告推广。李思团队成功培育出的团头鲂"浦江1号"，使上海拥有了第一个鱼类良种。

团头鲂"浦江1号"具有生长快，味道美的特点，是日常消费佳品。"浦江1号"的研制成功和推广应用，为养殖户增产、增收提供了梦寐以求的良种。

李思发教授主持的《团头鲂良种选育和开发利用"浦江1号"》项目获2002年度上海市科技进步一等奖，李思发教授主持的《团头鲂"浦江1号"选育和推广应用》项目获2004年度国家科技进步二等奖。

2003年3月31日《上海水产大学报》第323期头版，对团头鲂"浦江1号"项目获上海市科技进步一等奖进行报道，原文如下：

团头鲂"浦江1号"获上海市科技进步一等奖

近日，由我校首席教授李思发主持的项目《团头鲂良种选育和开发利用"浦江1号"》获2002年度上海市科技进步一等奖。

李思发教授主持的项目组在数量遗传学理论的指导下，采用群体选育的方法，历时15年终于取得了团头鲂选育良种。它具有生长快，体型好，纯度高的特点。现在已在上海郊区和江苏建成苗种基地3处，2002年"浦江1号"覆盖全国团头鲂鱼苗供应量的24%，其苗种推广至全国二十个省市。"浦江1号"选育的理论基础和技术路线对其他鱼类的遗传改良方面具有指导意义，现已申请专利。目前该课题组正着手对该品种种质进行进一步的创新。

另悉：最新出版的《上海画报》（2003年第三期）对团头鲂"浦江1号"进行了详细的报道，并附有课题组的照片资料。

（邵露）

本报讯 近日，由我校首席教授李思发主持的项目《团头鲂良种选育和开发利用"浦江1号"》获2002年度上海市科技进步一等奖。

李思发教授主持的项目组在数量遗传学理论的指导下，采用群体选育的方法，历时15年终于取得了团头鲂选育良种。它具有生长快、体型好、纯度高的特点。现在已在上海郊区和江苏建成苗种基地3处，2002年"浦江1号"覆盖全国团头鲂鱼苗供应量的24%，其苗种推广至全国近二十个省市。"浦江1号"选育的理论基础和技术路线对其他鱼类的遗传改良方面具有指导意义，现已申请专利。目前该课题组正着手对该品种种质进行进一步的创新。

另悉：最新出版的《上海画报》（2003年第3期）对团头鲂"浦江1号"进行了详细的报道，并附有课题组的照片资料。

（邵露）

团头鲂"浦江一号"获上海市科技进步一等奖

图 2-97 《团头鲂"浦江1号"获上海市科技进步一等奖》，《上海水产大学报》第323期（2003年3月31日）

图 2-98 《团头鲂良种选育和开发利用"浦江 1 号"》项目
获 2002 年度上海市科技进步一等奖

2005 年 3 月 31 日《上海水产大学报》第 362 期头版，对团头鲂
"浦江 1 号"项目获国家科技进步二等奖进行报道，原文如下：

历时 20 余年研究与推广

我校团头鲂"浦江 1 号"项目荣获国家科技进步二等奖

本报讯 3 月 27 日上午，国家科学技术奖励大会在北京举
行，我校申报的《团头鲂良种选育和开发利用——"浦江 1 号"》
项目荣获 2004 年度国家科技进步二等奖。该项目负责人李思发教
授代表我校上台领奖。

《团头鲂良种选育和开发利用——"浦江 1 号"》项目始于
1985 年，1985—1992 年为加拿大国际发展研究中心（IDRC）合
作课题，1986 年为原农业部重点项目，1997—2000 年为亚洲开发

银行（ADB）和国际水生生物资源管理中心（ICLAMR）资助课题，1998—2000 年为上海市农委重点攻关课题。2000 年原农业部审定"浦江 1 号"为良种，并公告全国推广。2001 年被鉴定为国际先进水平。2002 年获上海市科技进步一等奖，今天再获国家2004 年科技进步二等奖。

"浦江 1 号"的研制成功和推广应用，为养殖户增产、尤其是增收提供了梦寐以求的良种。现已推广到新疆、四川、内蒙古、甘肃、陕西、山西、宁夏、黑龙江、吉林、辽宁、河北、江苏、浙江、广东、北京、天津、上海等 20 多个省市，效益显著。

（宣传部）

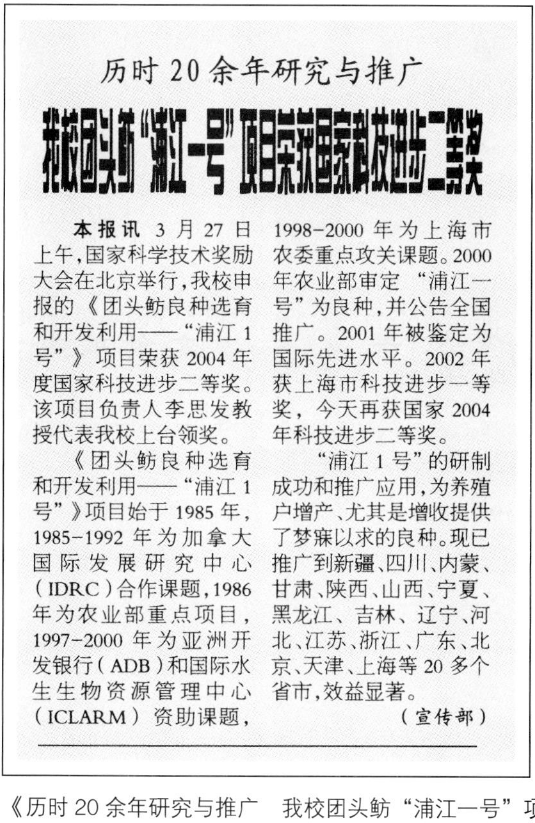

图 2-99 《历时 20 余年研究与推广　我校团头鲂"浦江一号"项目荣获国家科技进步二等奖，《上海水产大学报》第 362 期（2005 年 3 月 31 日）

图 2-100 《团头鲂"浦江 1 号"选育和推广应用》项目
获 2004 年度国家科技进步二等奖证书

二十五、首届博士研究生

1998年，学校获水产养殖专业博士学位授予权。2002年，学校首届水产养殖学博士研究生王成辉、陈再忠毕业。

王成辉撰写的博士学位论文题目为《中国红鲤遗传多样性研究》，指导教师李思发。

陈再忠撰写的博士学位论文题目为《中华绒螯蟹性早熟及其机理的研究》，指导教师王武。

王成辉、陈再忠是学校自1912年建校以来授予的首届博士学位获得者。

图 2-101　王成辉博士学位论文封面

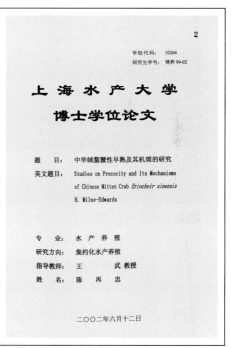

图 2-102　陈再忠博士学位论文封面

2002 年 11 月 15 日《上海水产大学报》第 315 期第 3 版，对学校首届博士学位授予仪式进行报道，原文如下：

研究生教育的新篇章
我校首届博士学位授予仪式隆重举行

本报讯 10 月 30 日下午，首届博士学位授予仪式和 2001—2002 学年奖学金颁奖仪式在培训中心多功能厅隆重举行。仪式由研究生部主任施志仪博士主持。党委书记叶骏、校长周应祺、副书记吴嘉敏、副校长顾乃达、曹德超、黄硕琳出席了本次仪式。

博士学位授予仪式在庄严的国歌声中开始，校学位评定委员会副主席黄硕琳副校长宣布授予博士学位人员名单。校学位评定委员会主席周应祺校长为首届博士研究生颁发毕业证书和博士学位证书。在欢快的乐曲声中，博士生王成辉、陈再忠向敬爱的导师李思发和王武教授献上美丽的鲜花，真诚感谢导师对自己的殷切关怀和辛勤培育。

博士生导师代表李思发教授在发言中无比感慨地说：我校经过 90 年建设，研究生教育经过近 20 年发展，今天终于培育出了第一届博士生。这是学校老一辈水产科学教育家打下的根基，是很多老师及博士生指导小组共同培养的结果。在经济全球化、人才竞争激烈的今天，我感到肩上的担子很重，要与全校导师共同努力，加快我校研究生教育步伐，为培养高层次人才作贡献。博士生代表陈再忠同学在发言中无限深情地感谢校、院领导和研究生部老师为他们的学习和生活创造了有利条件，衷心感谢导师 3 年来为他们呕心沥血，以高尚的师德、严谨的科研作风、忘我的敬业精神教会了他们如何做人，决心在新的岗位上勤奋工作，以优异成绩回报母校。

党委书记叶骏在致辞中指出了教育创新对 4 个不同层次的要求：“首先是对政府的要求，坚持党的教育方针，研究并帮助解决学校面临的新情况新问题；其次是对学校的要求，深化改革，转变观念，创造条件，使各类人才能够脱颖而出；再次是对老师的要求，运用新方法传授新知识，培养新本领；同时也是对大学生特别是研究生的要求，你们接受的是精英教育，应该立志为所学专业的创新，在生产实践中的运用作出贡献。"叶书记对创新的精彩分析与论述，使师生们倍受启发和鼓舞。

在同学们热烈的掌声中，校领导与博士生导师一一亲切握手，向为我校博士生教育付出辛勤劳动的导师们表示感谢。感谢他们为翻开我校博士研究生教育新篇章做出的重要贡献。

在随后进行的奖学金颁奖仪式上，曹德超副校长宣读了朱元鼎和侯朝海奖学金获奖名单，黄硕琳副校长宣读了研究生奖学金获奖名单；学校领导为奖学金获得者颁发了证书并合影。

（王星）

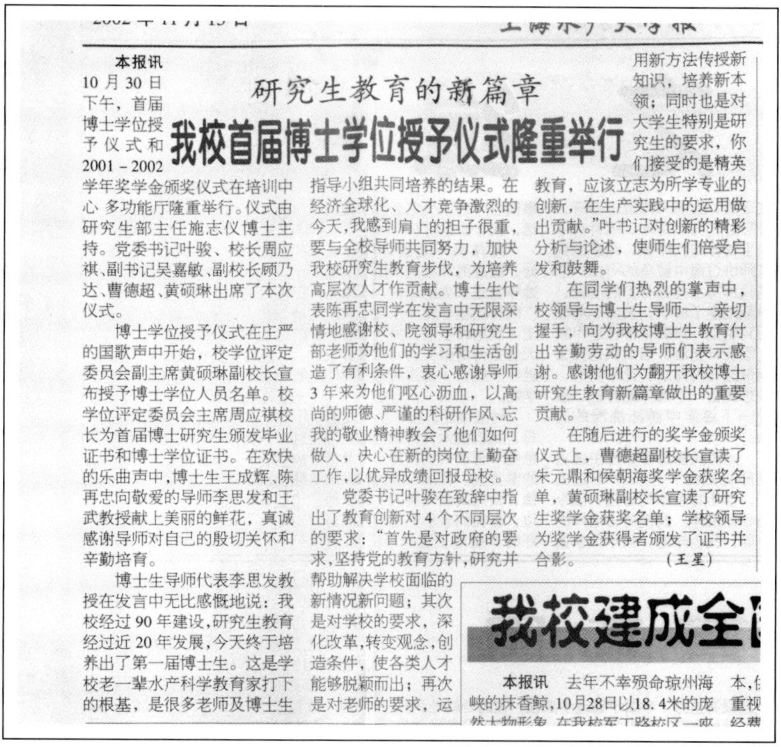

图 2-103 《研究生教育的新篇章 我校首届博士学位授予仪式隆重举行》，
《上海水产大学报》第 315 期（2002 年 11 月 15 日）

图 2-104　2002 年首届博士学位授予仪式合影

二十六、首次获上海市和国家精品课程

在水产养殖学科建设中，学校加大学科内涵建设力度，不断完善课程体系，加强课程建设，对水产养殖专业的养殖水化学、水生生物学、鱼类学、鱼类增养殖学、生物饵料培养、水产动物营养与饲料学等重点课程进行专项建设，取得显著成效，分别于2003、2004、2005、2006、2009和2018年被评为上海市精品课程，其中鱼类学、鱼类增养殖学分别于2006、2008年成为国家精品课程。

由臧维玲教授、江敏副教授负责的养殖水化学本科课程2003年被评为上海市精品课程，这是学校水产养殖专业重点课程首次获上海市精品课程，同年，由学校王锡昌教授负责的食品加工学、孙满昌教授负责的海洋渔业技术学课程被评为上海市精品课程，实现学校创建上海市级精品课程"零"的突破。

由唐文乔教授、龚小玲副教授负责的鱼类学本科课程2006年被评为国家精品课程，这是学校水产养殖专业重点课程首次获国家精品课程，实现学校创建国家级精品课程"零"的突破。

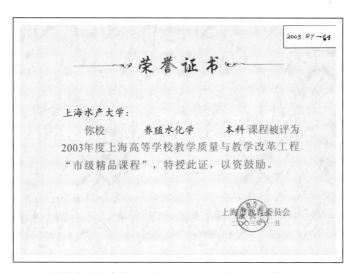

图 2-105 养殖水化学本科课程被评为 2003 年度上海市精品课程荣誉证书

二十七、"教授博士服务团"助力脱贫致富

水产养殖学科是一门应用性极强的学科，科技服务贯穿于学科建设和发展过程中，通过科技服务不断丰富水产养殖学科的研究内容，并在科技服务中形成系列特色活动，如现已成为学校为渔业服务特色品牌的上海海洋大学"教授博士服务团"。

2004年，原农业部下发《关于推进农业科技入户工作的意见》，标志着以提升农户科技示范能力建设为重点的"科技入户工程"正式拉开序幕。2005年，学校王武教授被聘为原农业部渔业科技入户首席专家，为贯彻原农业部《关于推进农业科技入户工作的意见》文件精神，2005年7月22日，以"把水产技术教给农民，让农民脱贫，让农民致富"为初心，以"扶贫先扶智，兴业先兴技"为指导思想和总要求，学校组织10位专家组成党员教授服务团，赴全国渔业科技示范县——江苏高淳渔区，开展渔业生产指导与培训服务活动。此后利用暑假，学校组织相关教授和博士，由党员带头，组建"教授博士服务团"，深入农业生产一线，为农民提供科技服务，足迹遍及上海、江苏、安徽、浙江、辽宁、云南、贵州、四川、陕西、宁夏、新疆和西藏等省、市、自治区，取得良好社会效益，涌现出"当涂模式""高淳路线""鱼跃亚东""邂逅宝岛"等感人事迹，探索出"建成一片基地、攻克一批难题、传授一批技术、培养一批人才、支撑一项产业、脱贫一方民众"的扶贫致富成功之路。

2020年，团中央和中国青年报社联合开展2020年暑期"三下乡"社会实践优秀成果遴选活动，学校"四史"教育——教授博士服务团助力脱贫攻坚专访行动团队荣获"优秀团队"奖。2021年教授博士服务团获上海市五四青年奖章集体，2022年获全国志愿者服务大赛金奖。

2011年9月16日《上海海洋大学》第727期第2版、2019年6月30日《上海海洋大学》第843期第2版、2020年10月31日《上海海洋大学》第863期头版，分别对教授博士服务团赴各地开展科技

服务、出征仪式及获全国"优秀团队"奖进行报道，原文依次如下：

暑期忙碌的海大人
我校教授博士服务团赴各地科技服务

本报讯　今年暑期，"梅超风"刚过，正值养鱼虾、河蟹的关键时机。我校组织了八支教授博士服务团，分别赴上海郊区，江苏高邮、东台、大丰，安徽宣城，浙江湖州、宁波等地，开展科技下乡服务活动。

在青浦区，王武教授和马旭洲博士分别作了《河蟹生态养殖新技术》和《水草的栽培与管理》的讲座。服务团从河蟹放养密度、放养规格、水草种植、混养搭配鱼的种类，到病害防治知识，在池塘边现场讲授养殖技术，答疑解难。

在江苏高淳，服务团现场解答了养殖户关于成蟹养殖的问题。有养殖户从南京市江宁区赶来，带来病蟹请陆宏达教授现场解剖。陆教授认真解剖后初步认定该病很可能是前些年给河蟹养殖造成重大损失的"抖抖病"。陆教授反复讲解控制"抖抖病"时，年底要对河蟹池塘进行清塘的必要性及清塘的方法。

在江苏泰州，服务团驱车刚下高速，几个养蟹大户已等候在路口。成永旭教授和他们打过招呼后说："走，我们直接去塘上！"教授们冒雨赶往塘边。随后，大家又来到仓库检查饲料的营养情况。从事河蟹营养研究多年的成永旭教授一看，脸色变得凝重了。饲料的脂类成分太低了，现在是河蟹育肥的关键期，在这个阶段一定要加大脂类供给，否则河蟹不但不肥而且品质也较差。一旁的养殖户急切地问道，还有什么补救措施吗？成永旭教授指出现在就是"亡羊补牢"，买一些鱼油、豆油混合，按照3%—5%的比例添加。

目前，各地的河蟹已逐步由湖泊转向池塘生态养殖，由传统天然饵料喂养过渡到以配合饲料为主的生态养殖模式。但饲料质量参差不齐，营养成分相差悬殊。应进一步提高养殖户对高营养、高品质饲料的鉴别力。二是河蟹养殖逐步走向规模化、品牌化、

暑期忙碌的海大人
我校教授博士服务团赴各地科技服务

本报讯 今年暑期，"梅超风"刚过，正值养鱼虾、河蟹的关键时期。我校组织了八支教授博士服务团分赴上海郊区、江苏高邮、东台、大丰，安徽宣城、浙江湖州、宁波等地，开展科技下乡服务活动。

在青浦区，王武教授和马厚洲博士分别作了《河蟹生态养殖新技术》和《水草的栽培与管理》的讲座。服务团从河蟹放养密度、放养规格、水草种植、混养搭配鱼的种类，到病害防治知识，在池塘边现场讲授养殖技术，答疑解难。

在江苏高淳，服务团现场解答了养殖户关于成蟹养殖的问题。有养殖户从南京市江宁区赶来，带来病蟹请陆宏达教授现场解剖。陆教授认真解剖后初步认定该病很可能是前些年给河蟹养殖造成重大损失的"抖抖病"。陆教授反复讲解控制"抖抖病"时，年底要对河蟹池塘进行清塘的必要性及清塘的方法。

在江苏泰州，服务团驱车刚下高速，几个养蟹大户已等候在路口。成永旭教授和他们打过招呼后说："走，我们直接去塘上！"教授们冒雨赶往塘边。随后，大家又来到仓库检查饲料的营养情况。从事河蟹营养研究多年的成永旭教授一看，脸色变得凝重了。饲料的脂类成分太低了，现在是河蟹育肥的关键期，在这个阶段一定要加大脂类供给，否则河蟹不但不肥而且品质也较差。一旁的养殖户急切地问道，还有什么补救措施吗？(下转第 2、3 版中缝)

图 2-106、2-107 《暑期忙碌的海大人 我校教授博士服务团赴各地科技服务》，《上海海洋大学》第 727 期（2011 年 9 月 16 日）

加工销售一体化趋势。河蟹养殖逐步由单一农户经营到合作社、公司以及公司集团化经营。这种趋势要求科研单位适应这种趋势和发展的要求，在养殖技术体系的集成和养殖模式的标准化方面开拓创新，积极有效地服务于养殖企业。

服务团每到一处，受到当地政府、农业（水产）主管部门、各乡镇的技术指导员及广大养殖户的热烈欢迎。服务团也了解到生产一线对科技的渴望，明确了今后科研教学的方向。这也是对解决实际问题能力的一次检验与提升。

（金彪 胡鲲 习林 文博 宏达）

暑期忙碌的海大人

（上接第 2 版）成永旭教授指出现在就是"亡羊补牢"，买一些鱼油、豆油混合，按照 3～5% 的比例添加。

目前，各地的河蟹已逐步由湖泊转向池塘生态养殖，由传统天然饵料喂养过渡到以配合饵料为主的生态养殖模式。但饵料质量参差不齐，营养成分相差悬殊，应进一步提高养殖户对高营养、高品质饵料的鉴别力。二是河蟹养殖逐步走向规模化、品牌化、加工销售一体化趋势。河蟹养殖逐步由单一农户经营到合作社、公司以及公司集团化经营。这种趋势要求科研单位适应这种趋势和发展的要求，在养殖技术体系的集成和养殖模式的标准化方面开拓创新，积极有效地服务于养殖企业。

服务团每到一处，受到当地政府、农业(水产)主管部门、各乡镇的技术指导员及广大养殖户的热烈欢迎。服务团也了解到生产一线对技术的渴望，明确了今后科研教学的方向。这也是对解决实际问题能力的一次检验与提升。

（金彪 胡鲲 习林 文博 宏达）

2019 年暑期教授博士服务团出征仪式举行

本报讯 6 月 25 日上午,2019 年上海海洋大学暑期教授博士服务团出征仪式在水产与生命学院 B102 会议室举行。副校长李家乐,科技处副处长李辉华,水产与生命学院院长谭洪新、副院长黄旭雄和杨金龙以及教授博士服务团代表参加。谭洪新主持会议。

李家乐指出,今年是教授博士服务团的第 15 个年头,教授博士服务团是宣传党的方针和政策的服务团,不仅考验教师教学科研能力,还考验教师的服务社会能力,要切实提高服务渔业基层的能力,按照农业农村部等 10 部委印发《关于加快推进水产养殖业绿色发展的若干意见》宣传水产养殖绿色发展理念。同时,他要求教授博士服务团今年任务结束后,认真总结 15 年的服务社会经验。

谭洪新介绍了暑期教授博士服务团总体情况,指出教授博士服务团是学校的品牌,通过架构的调整突出聚焦的重点,希望各分团制定各自的实施方案。教授博士服务团代表黄旭雄、吴旭干、刘其根分别对本次服务团的工作做了具体安排。

教授博士服务团共 9 个团队,由 4 个水产专业团队、5 个特色团队组成,以水产与生命学院为主,联合食品学院、经济管理学院等教师共同开展,深入基层一线,为企业和用户解决生产实践难题,切实解决老百姓的困难。服务团主要通过与对接单位座谈调研、实地走访基层现场,与一线从业者交流沟通,解决生产难题,与企业进行技术成果对接等方式进行暑期服务。

自 2005 年上海海洋大学首次组建党员教授服务团,赴全国渔业科技示范县江苏高淳渔区开展科技服务以来,我校连续第 15 年在暑假期间组织有关方面的教授和博士,由党员带头,通过组建科技服务团或校地党建联建的形式下到农业生产一线为农民服务,足迹遍及上海、江苏、安徽、浙江、辽宁、云南、贵州、四川、陕西、宁夏、新疆和西藏等多个省市自治区,取得良好的社会效益,并已形成"扎根中国大地,瞄准渔区老区,促进校地合作,深化产教融合，在科技服务和精准扶贫中传播'红色基因'，彰显一流特色"的党建和服务理念。

（赵利娜）

2019 年暑期教授博士服务团出征仪式举行

本报讯 6 月 25 日上午，2019 年上海海洋大学暑期教授博士服务团出征仪式在水产与生命学院 B102 会议室举行。副校长李家乐、科技处副处长李辉华，水产与生命学院院长谭洪新、副院长黄旭雄和杨金龙以及教授博士服务团代表参加。谭洪新主持会议。

李家乐指出，今年是教授博士服务团的第 15 个年头，教授博士服务团是宣传党的方针和政策的服务团，不仅考验教师教学科研能力，还考验教师的服务社会能力，要切实提高服务渔业基层的能力，按照农业农村部等 10 部委印发《关于加快推进水产养殖业绿色发展的若干意见》宣传水产养殖绿色发展理念。同时，他要求教授博士服务团今年任务结束后，认真总结 15 年的服务社会经验。

谭洪新介绍了暑期教授博士服务团总体情况，指出教授博士服务团是学校的品牌，通过架构的调整突出聚焦的重点，希望各分团制定各自的实施方案。教授博士服务团代表黄旭雄、吴旭干、刘其根分别对本次服务团的工作做了具体安排。

教授博士服务团共 9 个团队，由 4 个水产专业团队、5 个特色团队组成，以水产与生命学院为主，联合食品学院、经济管理学院等教师共同开展，深入基层一线，为企业和用户解决生产实践难题，切实解决老百姓的困难。服务团主要通过与对接单位座谈调研、实地走访基层现场，与一线从业者交流沟通，解决生产难题，与企业进行技术成果对接等方式进行暑期服务。

自 2005 年上海海洋大学首次组建党员教授服务团，赴全国渔业科技示范县江苏高淳渔区开展科技服务以来，我校连续第 15 年在暑假期间组织有关方面的教授和博士，由党员带头，通过组建科技服务团或校地党建联建的形式下到农业生产一线为农民服务，足迹遍及上海、江苏、安徽、浙江、辽宁、云南、贵州、四川、陕西、宁夏、新疆和西藏等多个省市自治区，取得良好的社会效益，并已形成"扎根中国大地，瞄准渔区老区，促进校地合作，深化产教融合，在科技服务和精准扶贫中传播'红色基因'，彰显一流特色"的党建和服务理念。

（赵利娜）

图 2-108 《2019 年暑期教授博士服务团出征仪式举行》，《上海海洋大学》第 843 期（2019 年 6 月 30 日）

水产与生命学院暑期社会实践团队获 2020 年全国"优秀团队"奖

本报讯 日前，在团中央和中国青年报社联合开展的 2020 年暑期"三下乡"社会实践优秀成果遴选活动中，水产与生命学院"四史"教育——教授博士服务团助力脱贫攻坚专访行动团队荣获"优秀团队"奖。

此项专访行动于 2020 年暑期开始，通过"四史"主题教育、结合学院近百年历史，以"教授博士服务团"为主线，由 20 余位学生组成的"四史"教育专项实践团，在教师翟斯凡、蔡霞、刘倩的指导下，以挖掘学院老一辈"水产人"在党的建设、国家建设、改革开放、社会主义发展建设中的感人事迹和先进典型为素材开展口述史研究。最终形成口述史素材 25 篇、采访视频 35 个、整理教授博士服务团成果册近 13 万字。

"教授博士服务团"初建于 2005 年 7 月 22 日，以"把水产技术教给农民，让农民脱贫，让农民致富"为初心，以"扶贫先扶智，兴业先兴技"为指导思想和总要求，成功探索形成了"建成一片基地、攻克一批难题、传授一批技术、培养一批人才、支撑一项产业、脱贫一方民众"的精准扶贫可持续发展之路，涌现出了"当涂模式""高淳路线""鱼跃亚东""邂逅宝岛"等感人事迹。

此次获奖是对我校大学生暑期"三下乡"社会实践活动的肯定，更是对今后工作的激励和鞭策。

（水产与生命学院）

水产与生命学院暑期
社会实践团队获2020年全国"优秀团队"奖

本报讯 日前,在团中央和中国青年报社联合开展的 2020 年暑期"三下乡"社会实践优秀成果遴选活动中,水产与生命学院"四史"教育——教授博士服务团助力脱贫攻坚专访行动团队荣获"优秀团队"奖。

此项专访行动于 2020 年暑期开始,通过"四史"主题教育、结合学院近百年历史,以"教授博士服务团"为主线,由 20 余位学生组成的"四史"教育专项实践团,在教师翟斯凡、蔡霞、刘倩的指导下,以挖掘学院老一辈"水产人"在党的建设、国家建设、改革开放、社会主义发展建设中的感人事迹和先进典型为素材开展口述史研究。最终形成口述史素材 25 篇、采访视频 35 个、整理教授博士服务团成果册近 13 万字。

"教授博士服务团"初建于 2005 年 7 月 22 日,以"把水产技术教给农民,让农民脱贫,让农民致富"为初心,以"扶贫先扶智,兴业先兴技"为指导思想和总要求,成功探索形成了"建成一片基地、攻克一批难题、传授一批技术、培养一批人才、支撑一项产业、脱贫一方民众"的精准扶贫可持续发展之路,涌现出了"当涂模式""高淳路线""鱼跃亚东""邂逅宝岛"等感人事迹。

此次获奖是对我校大学生暑期"三下乡"社会实践活动的肯定,更是对今后工作的激励和鞭策。 (水产与生命学院)

图 2-109 《水产与生命学院暑期社会实践团队获 2020 年全国"优秀团队"奖》,
《上海海洋大学》第 863 期 (2020 年 10 月 31 日)

二十八、首个具有自主知识产权的
珍珠贝类新品种
——"康乐蚌"

我国淡水珍珠产量高、产值低的主要原因是大规格、高质量的珍珠比例很低，而关键技术没有突破是主要原因。

由李家乐教授领导的课题组对淡水珍珠蚌种质资源与品种改良进行研发，培育出我国淡水珍珠蚌良种，并攻克养殖技术难关，2007年，被原农业部原种和良种审定委员会认定为新品种，命名为"康乐蚌"。"康乐蚌"是我国第一个具有自主知识产权的珍珠贝类新品种。

"康乐蚌"是以三角帆蚌选育群体为父本，池蝶蚌选育群体为母本，杂交而获得。该品种比父、母亲本有显著的杂交优势，具有壳间距大、贝壳厚、成活率高、育珠周期短、优质珠比例高等优点。该成果结束了我国无淡水珍珠蚌良种的历史，为淡水珍珠产业的可持续发展提供了有力的技术支撑。《淡水珍珠蚌新品种选育和养殖关键技术》项目获2008年上海市科技进步奖一等奖。

学校档案馆馆藏档案《上海海洋大学科技成果汇编》（2012年）中对《淡水珍珠蚌新品种选育和养殖关键技术》项目进行了介绍。

上海市科技成果奖

淡水珍珠蚌新品种选育和养殖关键技术

课题来源： 上海市科委基础重点项目（03JC14063）、浙江省科技攻关重点项目(2004C22024)、上海高校"水产养殖学E研究院"建设项目(E03009)、国家科技部农业科技成果转化基金项目(04EFN213300112)、农业部农业结构调整重大技术研究专项项目(06-05-05B)、国家科技支撑计划项目课题（2006BAD01A13）

工作起止时间： 1998年至2008年

完成单位： 上海海洋大学，金华市开发区威旺养殖新技术有限公司，
　　　　　　浙江七大洲珠宝有限公司，诸暨市王家井珍珠养殖场

本校主要完成人： 李家乐　汪桂玲　李应森　白志毅　刘承初　陈蓝荪　刘其根

获奖情况： 2008年度上海市科技进步一等奖

内容简介

　　我国淡水珍珠产量高产值低的主要原因是大规格、高质量的珍珠比例很低，而关键技术没有突破是主要原因。本研究首次系统开展了三角帆蚌种质资源评价和筛选，获得了种质最好的鄱阳湖群体三角帆蚌，以及鄱阳湖群体为母本、洞庭湖群体为父本的最佳杂交组合，在此基础上构建了三角帆蚌配套系。引进并筛选出池蝶蚌配套系。首次开展三角帆蚌和池蝶蚌杂交工作，并对其F1进行了系统的比较研究，发现反交组合[池碟蚌（♀）×三角帆蚌（♂）]具有显著的杂种优势，插珠3年后，较三角帆蚌平均壳宽和体重分别增加25%和46%，产珠量增加30%，珍珠平均粒径增大23%，大规格优质珍珠比例提高2倍多，经全国水产原良种审定委员会审定为新品种，命名为"康乐蚌"，并列入农业部全国重点推广养殖品种，形成了三角帆蚌种质标准。在提高苗种成活率、插植无核珍珠和有核珍珠及养殖水体生态调控等养殖关键技术取得了重要进展，探索建立了培育大规格珍珠的综合养殖模式。项目成果结束了我国无淡水珍珠蚌良种的历史，为淡水珍珠产业的可持续发展提供了有力的技术支撑。

161

图 2-110　2012 年《上海海洋大学科技成果汇编》中对《淡水珍珠蚌新品种选育和养殖关键技术》
项目进行介绍

二十九、博士学位论文首次荣获
上海市研究生优秀成果

2008 年，上海市教育委员会、上海市学位委员会公布《上海市教育委员会、上海市学位委员会关于公布 2008 年上海市研究生优秀成果（学位论文）的通知》，上海海洋大学 2007 届水产养殖专业博士研究生陈晓武（指导教师：施志仪）撰写的博士学位论文《碱性磷酸酶在牙鲆发育变态中的表达图式及功能研究》、2007 届水产养殖专业博士研究生贾智英（指导教师：孙效文）撰写的博士学位论文《方正银鲫亲本遗传物质在子代中的遗传特性研究》荣获上海市研究生优秀成果（学位论文）。

这是学校水产养殖专业博士研究生学位论文首次荣获上海市研究生优秀成果（学位论文）。

图 2-111　陈晓武获 2008 年上海市研究生优秀成果（博士学位论文封面）

图 2-112　贾智英获 2008 年上海市研究生优秀成果（博士学位论文封面）

三十、倡导健康养殖　助推乡村振兴

进入 21 世纪，学校调整科研方向，倡导健康养殖。

设施渔业是 21 世纪水产养殖业的一个重要发展方向。设施渔业主要是养殖集约化、高密度化，通过运用各种最新科技手段，营造出适合鱼类生长繁殖的良好水体与环境条件，把养鱼置于人工控制状态，以科学的精养技术，实现鱼类全年的稳产、高产，实现农民增收、生态增绿、渔业增效，助推乡村振兴。

近年来，学校投入数千万，在浙江、新疆、云南、三峡库区等地建立了环保型、水资源可重复利用、全人工控制的高密度养殖"产、学、研"基地。

2000 年 6 月 12 日《上海水产大学》第 268 期头版，对学校参与西部开发的首个设施渔业科研项目启动情况进行报道，原文如下：

设施渔业　大有作为

我校参与西部开发的首项科研合作项目即将启动

本报讯（通讯员黎嘉）5 月 30、31 日，由四川省资阳地区副专员陈能刚带领的资阳地区赴上海水产大学考察团一行专程来我校洽谈科技、教育合作项目。校党委副书记吴嘉敏，副校长曹德超、黄硕琳，校长助理潘宏根及渔业学院、食品学院、科研处的有关领导和专家参加了洽谈。双方就开展全方位科教合作达成共识。资阳地区以我校作为技术依托单位，与其共同完成新近批准立项的菜篮子工程建设项目——由原农业部下达给资阳地区总经费 400 万元，用于水产名贵品种的集约化养殖（设施渔业）的项目。我校设施渔业学科点点长朱学宝教授担任该项目总负责。我校将在工程布局、名贵水产品养殖技术、水处理技术等方面与他们开展合作。

设施渔业是 21 世纪水产养殖业的一个重要发展方向。以朱学宝教授为代表的我校有关设施渔业方面的专家紧紧把握这个方向，在过去几年里与上海市青浦区成功地开展了"鱼类集约化养殖与蔬菜水培综合养殖、种植技术研究"项目等，在国内确立了我校在该领域的领先地位。

设施渔业　大有作为

我校参与西部开发的首项科研合作项目即将启动

本报讯　（通讯员黎嘉）5月30、31日，由四川省资阳地区副专员陈能刚带领的资阳地区赴上海水产大学考察团一行专程来我校洽谈科技、教育合作项目。校党委副书记吴嘉敏，副校长曹德超、黄硕琳，校长助理潘宏根及渔业学院、食品学院、科研处的有关领导和专家参加了洽谈。双方就开展全方位科教合作达成共识。资阳地区以我校作为技术依托单位，与其共同完成新近批准立项的菜篮子工程建设项目——由农业部下达给资阳地区总经费400万元，用于水产名贵品种的集约化养殖（设施渔业）的项目。我校设施渔业学科点点长朱学宝教授担任该项目总负责。我校将在工程布局、名贵水产品养殖技术、水处理技术等方面与他们开展合作。

设施渔业是21世纪水产养殖业一个重要发展方向。以朱学宝教授为代表的我校有关设施渔业方面的专家紧紧把握这个方向，在过去的几年里与上海市青浦区成功地开展了"鱼类集约化养殖与蔬菜水培综合养殖、种植技术研究"项目等，在国内确立了我校在该领域的领先地位。

图 2-113　《设施渔业　大有作为　我校参与西部开发的首项科研合作项目即将启动》，《上海水产大学》第 268 期（2000 年 6 月 12 日）

2005 年 10 月 15 日《上海水产大学报》第 373 期头版，对我校与新疆联建设施渔业产学研基地情况进行报道，原文如下：

谱写产学研合作新篇章
我校与新疆联建设施渔业产学研基地
严隽琪副市长专程赴新疆考察并为基地揭牌

本报讯 10 月 9 日，由我校和伊犁河流域开发建设管理局联合建设的设施渔业产学研基地在新疆成立，上海市副市长严隽琪率领市政府副秘书长姜平、市教委副主任王奇等一行 12 人在中共伊犁哈萨克自治州党委书记张国梁，州党委副书记、州长柯赛江及我校校长潘迎捷、副校长封金章等人的陪同下，与 10 月 9—12 日专程赴新疆考察恰甫其海水利枢纽工程并为设施渔业产学研基地揭牌，同时参观了由我校自主开发的我国西部规模最大、设施最先进、配套最完善的循环水工厂化鱼类苗种繁育车间和成鱼养殖车间，并与我校驻产学研基地的教授座谈。

在座谈会上，严副市长充分肯定了我校在产学研基地建设方面取得的成绩，并表示：上海水产大学在我国西部边陲建设产学研基地，将科技成果服务于我国西部大开发，是实践科技兴国战略的重要体现；水产大学师生在产学研基地勤奋工作，将科技成果服务于生产实践，是对校训"勤朴忠实"的具体实践；上海将进一步鼓励高校师生到生产第一线去，在实践中实现价值；进一步支持和鼓励产学研基地的建设，使上海高校的科技成果更好服务于西部建设。

（生命学院 谭洪新）

谱写产学研合作新篇章

我校与新疆联建设施渔业产学研基地

严隽琪副市长专程赴新疆考察并为基地揭牌

本报讯 10 月 9 日，由我校和伊犁河流域开发建设管理局联合建设的设施渔业产学研基地在新疆成立，上海市副市长严隽琪率领市政府副秘书长姜平、市教委副主任王奇等一行 12 人在中共伊犁哈萨克自治州党委书记张国梁、州党委副书记、州长柯赛江及我校校长潘迎捷、副校长封金章等人的陪同下，于 10 月 9 - 12 日专程赴新疆考察恰甫其海水利枢纽工程并为设施渔业产学研基地揭牌，同时参观了由我校自主开发的我国西部规模最大、设施最先进、配套最完善的循环水工厂化鱼类苗种繁育车间和成鱼养殖车间，并与我校驻产学研基地的教授座谈。

在座谈会上，严副市长充分肯定了我校在产学研基地建设方面取得的成绩，并表示：上海水产大学在我国西部边陲建设产学研基地，将科技成果服务于我国西部大开发，是实践科技兴国战略的重要体现；水产大学师生在产学研基地勤奋工作，将科技成果服务于生产实践，是对校训"勤朴忠实"的具体实践；上海将进一步鼓励高校师生到生产第一线去，在实践中实现价值；进一步支持和鼓励产学研基地的建设，使上海高校的科技成果更好服务于西部建设。（生命学院 谭洪新）

图 2-114 《谱写产学研合作新篇章　我校与新疆联建设施渔业产学研基地
严隽琪副市长专程赴新疆考察并为基地揭牌》，《上海水产大学报》第 373 期
（2005 年 10 月 15 日）

近年来，学校设施渔业技术研究和开发取得一系列成就。2006 年"循环水工厂化淡水鱼类养殖系统关键技术研究与开发"项目获上海市科学技术奖一等奖。2009 年"循环水工厂化养殖系统工艺设计与应用研究"项目获第四届中国技术市场协会金桥奖。

图 2-115　2006 年《循环水工厂化淡水鱼类养殖系统关键技术研究与开发》项目获上海市科学技术奖一等奖证书

图 2-116　2009 年《循环水工厂化养殖系统工艺设计与应用研究》项目
获第四届中国技术市场协会金桥奖

三十一、首个具有自主知识产权的紫菜新品种 ——坛紫菜"申福 1 号"

坛紫菜是我国特有品种，产量约占紫菜的 75%。过去，该产品存在栽培无良种、种质退化严重、产品粗糙、价值低等问题。

在国家"863"计划资助下，由上海海洋大学作为第一完成单位，水产与生命学院严兴洪教授为第一完成人、李琳讲师参加完成的"坛紫菜新品种选育、推广及深加工技术"，针对良种选育与推广等方面取得多项理论和技术突破，并培育出我国第一个具有自主知识产权的紫菜新品种——坛紫菜"申福 1 号"。

该成果荣获 2011 年度国家科技进步奖二等奖。

图 2-117 《坛紫菜新品种选育、推广及深加工技术》项目
获 2011 年度国家科技进步奖二等奖证书

2012 年 2 月 29 日《上海海洋大学》第 734 期头版对此进行报道，原文如下：

我校再获国家科技进步二等奖

本报讯　2 月 14 日，中共中央、国务院在北京人民大会堂隆重举行国家科学技术奖励大会，重奖在科技前沿和科技创新成果转化中取得重大突破或有卓越建树的科学家和科研项目。党和国家领导人胡锦涛、温家宝、李克强、李长春等出席大会，并为获奖代表颁奖。由上海海洋大学作为第一完成单位，水产与生命学院教授严兴洪为第一完成人、李琳讲师参加完成的"坛紫菜新品种选育、推广及深加工技术"荣获 2011 年度国家科技进步二等奖。

坛紫菜是我国特有品种，产量约占紫菜的 75%。过去，该产品存在栽培无良种、种质退化严重、产品粗糙、价值低等问题。在国家"863"计划资助下，"坛紫菜新品种选育、推广及深加工技术"针对良种选育与推广等方面取得多项理论和技术突破，并培育出我国首个紫菜新品种——坛紫菜"申福 1 号"。该品种产量高、品质好、耐高温，且单性不育，攻克了因良种成熟与其他品种发生杂交造成的形状退化、使用周期短等育种难题。"申福 1 号"等 3 个新品种（系）被推广应用后，经济增效十分显著。大大提升了该产业的核心竞争力，为产业的可持续发展提供了可靠的技术支撑。

该项目共获授权国家发明专利 6 项、实用专利 6 项，发表论文 121 篇、专著 5 部。

（王伟江）

我校再获国家科技进步二等奖

本报讯 2月14日，中共中央、国务院在北京人民大会堂隆重举行国家科学技术奖励大会，重奖在科技前沿和科技创新成果转化中取得重大突破或有卓越建树的科学家和科研项目。党和国家领导人胡锦涛、温家宝、李克强、李长春等出席大会，并为获奖代表颁奖。由上海海洋大学作为第一完成单位，水产与生命学院教授严兴洪为第一完成人、李琳讲师参加完成的"坛紫菜新品种选育、推广及深加工技术"荣获2011年度国家科技进步二等奖。

坛紫菜是我国特有品种，产量约占全国紫菜的75%。过去，该产业存在栽培无良种、种质退化严重、产品粗糙、价值低等问题。在国家"863"计划资助下，"坛紫菜新品种选育、推广及深加工技术"针对良种选育和加工这二个瓶颈问题，进行了20多年研究。在坛紫菜的基础遗传学、良种选育与推广等方面取得多项理论和技术突破，并培育出我国首个紫菜新品种——坛紫菜"申福1号"。该品种产量高、品质好、耐高温，且单性不育，攻克了因良种成熟与其它品种发生杂交造成的性状退化、使用周期短等育种难题。"申福1号"等3个新品种(系)被推广应用后，经济增效十分显著。大大提升了该产业的核心竞争力，为产业的可持续发展提供了可靠的技术支撑。

该项目共获授权国家发明专利6项，实用专利6项，发表论文121篇、专著5部。 (王伟江)

图2-118 《我校再获国家科技进步二等奖》,《上海海洋大学》第734期
(2012年2月29日)

三十二、水产养殖领域首个化学类新兽药
——"美婷"

从 20 世纪 90 年代至本世纪初，一些世界发达国家相继禁止将孔雀石绿用于水产养殖。2002 年，我国原农业部门将孔雀石绿列入《食品动物禁用的兽药及化合物清单》，禁止在食用动物中使用。

孔雀石绿作为一种禁用药，在我国被禁 15 年，却在水产品市场上屡禁不止，原因在于市场上找不到一款能完全替代孔雀石绿药效的新兽药。

2017 年 3 月，由学校杨先乐教授团队耗时 10 多年研制的孔雀石绿替代药"美婷"获批。这是我国水产养殖领域第一个化学类新兽药，它填补了世界各国在孔雀石绿禁用后长期无水霉病有效治疗药物的空白。

2017 年 4 月 28 日《上海海洋大学》第 803 期第 2 版对此进行报道，全文如下：

我国水产养殖领域迎首个化学类新兽药"美婷"
屡禁不止的孔雀石绿有了替代药

（记者　樊丽萍　通讯员　胡鲲）作为一种禁用药，孔雀石绿在我国被禁 15 年，却在水产品市场上屡禁不止，原因就在于找不到一款能完全替代其功能的新渔药。所幸，这种尴尬局面要彻底终止了。记者近日从上海海洋大学获悉，由该校杨先乐教授团队耗时 10 多年研制的孔雀石绿替代药"美婷"已经于今年 3 月获批。这是我国水产养殖领域第一个化学类新兽药，它填补了世界各国在孔雀石绿禁用后长期无水霉病有效治疗药物的空白。

孔雀石绿曾是在水产养殖业中被广泛使用的抗水霉特效药物，它对水霉病等鱼类疾病有明显疗效，但由于孔雀石绿也同时具有致畸、致癌、致突变等毒性，所以从上世纪 90 年代至本世纪初，

一些世界发达国家相继禁止其用于水产养殖。2002 年，我国农业部门将其列入《食品动物禁用的兽药及化合物清单》，禁止在食用动物中使用。

尽管如此，在食药监部门平常对水产品的抽检中，时而会发现鱼类产品中仍含有孔雀石绿。在杨先乐教授看来，之所以出现这种尴尬的情况，关键就是市场上没有一种可以完全替代孔雀石绿药效的新兽药。

水霉可在我国南北主要水产养殖区感染 100 多种水产动物，会给渔民造成重大经济损失。而在防治水霉病方面，虽然市面上也有许多宣称是"孔雀石绿替代药物"的产品，但其虚假成分居多，要么药效差，完全无法和孔雀石绿的"特效"相提并论；要么毒性高，引入了新的安全隐患；要么是用药成本太高，基本不能在养殖生产上使用。

理想的孔雀石绿替代药物制剂，须具备孔雀石绿高效和廉价的特点，同时又没有任何安全隐患。在上海海洋大学，杨先乐团队为实现这一理想目标，付出了多年的努力。团队成员从万余种物质中，挑选了 1000 多种潜在有效物质，构建药物备选库，进而利用先进的高通量筛选模型进行层层筛选，最终获得了在安全、药效、价格等方面完全可以替代孔雀石绿的抗水霉活性物质——甲霜灵。

上海海洋大学和有关企业合作，在历经 16 项药理学实验、7 项临床试验、8 年生产性验证与应用、3 年多轮新药评审后，最终获得了世界上第一个专门用于水霉病治疗的孔雀石绿替代药物制剂"美婷"。这份新兽药证书，也是国务院 2004 年发布《新兽药管理条例》后我国第一个关于水产用的有关化学的新兽药证书。

（原载于《文汇报》，2017 年 4 月 19 日）

媒体看海大

我国水产养殖领域迎
首个化学类新兽药"美婷"
屡禁不止的孔雀石绿有了替代药

（记者 樊丽萍 通讯员 胡鲲）作为一种禁用药，孔雀石绿在我国被禁15年，却在水产品市场上屡禁不止，原因就在于找不到一款能完全替代其功能的新渔药。所幸，这种尴尬局面要彻底终止了。记者近日从上海海洋大学获悉，由该校杨先乐教授团队耗时10多年研制的孔雀石绿替代药"美婷"已经于今年3月获批。这是我国水产养殖领域第一个化学类新兽药，它填补了世界各国在孔雀石绿禁用后长期无水霉病有效治疗药物的空白。

孔雀石绿曾是在水产养殖业中被广泛使用的抗水霉特效药物，它对水霉病等鱼类疾病有明显疗效，但由于孔雀石绿也同时具有致畸、致癌、致突变等毒性，所以从上世纪90年代至本世纪初，一些世界发达国家相继禁止其用于水产养殖。2002年，我国农

业部门将其列入《食品动物禁用的兽药及化合物清单》，禁止在食用动物中使用。

尽管如此，在食药监部门平常对水产品的抽检中，时而会发现鱼类产品中仍含有孔雀石绿。在杨先乐教授看来，之所以出现这种尴尬的情况，关键就是市场上没有一种可以完全替代孔雀石绿药效的新兽药。

水霉可在我国南北主要水产养殖区感染100多种水产动物，会给渔民造成重大经济损失。而在防治水霉病方面，虽然市面上也有许多宣称是"孔雀石绿替代药物"的产品，但其虚假成分居多，要么药效差，完全无法和孔雀石绿的"特效"相提并论；要么毒性高，引入了新的安全隐患；要么用药成本高，基本不能在养殖生产上使用。

理想的孔雀石绿替代药物制剂，须具备孔雀石绿高效和廉价的

特点，同时又没有任何安全隐患。在上海海洋大学，杨先乐团队为实现这一理想目标，付出了多年的努力。团队成员从万余种物质中，挑选了1000多种潜在有效物质，构建药物备选库，进而利用先进的高通量筛选模型进行层层筛选，最终获得了在安全、药效、价格等方面完全可以替代孔雀石绿的抗水霉活性物质——甲霜灵。

上海海洋大学和有关企业合作，在历经16项药理学实验、7项临床试验、8年生产性验证与应用、3年多轮新药评审后，最终获得了世界上第一个专门用于水霉病治疗的孔雀石绿替代药物制剂"美婷"。这份新兽药证书，也是国务院2004年发布《新兽药管理条例》后我国第一个关于水产用的有关化学的新兽药证书。

（原载于《文汇报》，2017年4月19日）

图 2-119 《我国水产养殖领域迎首个化学类新兽药"美婷"　屡禁不止的孔雀石绿有了替代药》，
《上海海洋大学》第 803 期（2017 年 4 月 28 日）

三十三、推动中非合作深入发展，助力国家"一带一路"建设

学校水产养殖专业办学历史悠久，在国内外享有良好的声誉。为响应国家"一带一路"倡议，2018年10月10日，学校水产与生命学院与加纳发展研究大学可再生生物资源学院达成协议，双方将开展水产养殖学本科专业2+2联合教学协议。这是学校水产养殖学本科专业第一个"海外学生走进来"的联合教学项目。2019年，学校一流学科建设中设立了一流学科一带一路"罗非鱼回故乡"项目。2019年11月19—20日，由学校水产与生命学院赵金良教授、冷向军教授、邱军强博士、唐首杰博士、赵岩博士组成代表团前往加纳，在加纳发展研究大学Nyankpala校区图书馆，开办了第一期"中国—加纳罗非鱼养殖技术"国际培训班，向非洲国家传授我国罗非鱼养殖技术，助推中非合作深入发展，助力国家"一带一路"建设。

2018年10月15日《上海海洋大学》第828期头版，对学校将与非洲加纳发展研究大学开展水产养殖学2+2联合教学项目进行报道，原文如下：

我校将与非洲加纳发展研究大学开展水产养殖学
2+2联合教学项目

本报讯　10月10日，我校水产与生命学院与加纳发展研究大学可再生生物资源学院达成协议，双方将开展水产养殖学本科专业2+2联合教学协议。这标志着我校水产养殖学本科专业在国际化道路上又迈出了重要的一步，为拓展我校水产养殖教育在非洲的影响力奠定了基础。

我校水产养殖专业办学历史悠久，在国内外有良好的声誉。为助力国家"一带一路"建设，我校自2016年开始与加纳方接洽，经过与加纳方长达两年的协商与沟通，双方在水产养殖学本

科联合培养项目的培养方案设计、课程教学大纲、合格学生选拔等方面进行了大量的磋商和对接工作，最终完成了所有技术细节的确认。在本项目协议下，加纳发展研究大学的新生入学后，同时需在我校进行注册，学生先在加纳完成前两年的基础课程的学习后，经双方选拔合格的学生将来我校学习水产养殖学本科专业后两年的专业课程。本项目是我校水产养殖学本科专业第一个"海外学生走进来"的联合教学项目。

（黄旭雄）

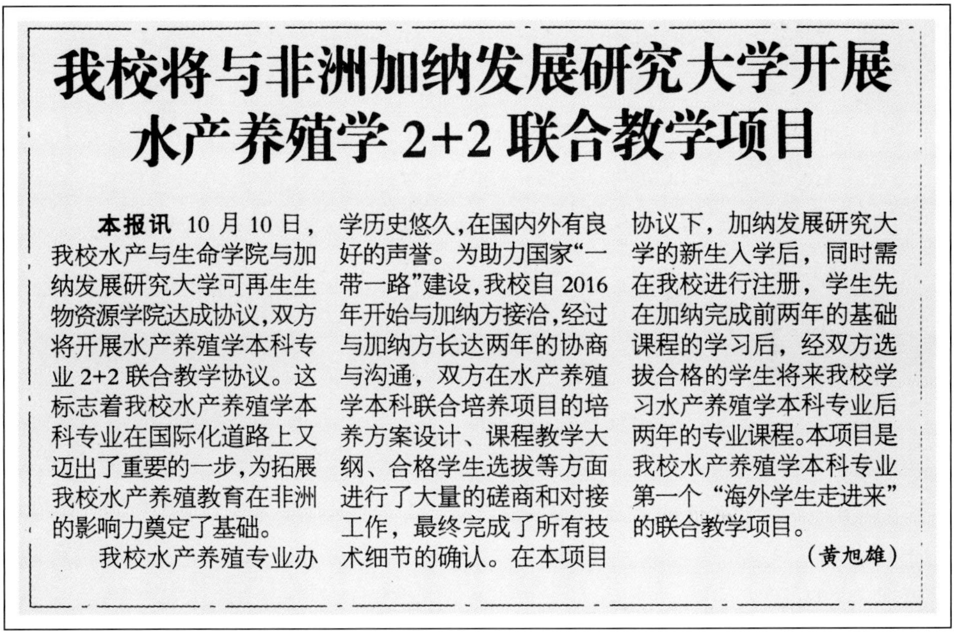

我校将与非洲加纳发展研究大学开展水产养殖学 2+2 联合教学项目

本报讯 10 月 10 日，我校水产与生命学院与加纳发展研究大学可再生生物资源学院达成协议，双方将开展水产养殖学本科专业 2+2 联合教学协议。这标志着我校水产养殖学本科专业在国际化道路上又迈出了重要的一步，为拓展我校水产养殖教育在非洲的影响力奠定了基础。

我校水产养殖专业办学历史悠久，在国内外有良好的声誉。为助力国家"一带一路"建设，我校自 2016 年开始与加纳方接洽，经过与加纳方长达两年的协商与沟通，双方在水产养殖学本科联合培养项目的培养方案设计、课程教学大纲、合格学生选拔等方面进行了大量的磋商和对接工作，最终完成了所有技术细节的确认。在本项目协议下，加纳发展研究大学的新生入学后，同时需在我校进行注册，学生先在加纳完成前两年的基础课程的学习后，经双方选拔合格的学生将来我校学习水产养殖学本科专业后两年的专业课程。本项目是我校水产养殖学本科专业第一个"海外学生走进来"的联合教学项目。

（黄旭雄）

图 2-120 《我校将与非洲加纳发展研究大学开展水产养殖学 2+2 联合教学项目》，《上海海洋大学》第 828 期（2018 年 10 月 15 日）

2019 年 11 月 30 日《上海海洋大学》第 849 期第 2 版，对第一期"中国—加纳罗非鱼养殖技术"国际培训班开班情况进行报道，原文如下：

第一期"中国—加纳罗非鱼养殖技术"国际培训班在加纳开班

本报讯　在我校一流学科一带一路"罗非鱼回故乡"项目的支持下，2019 年 11 月 19—20 日，由我校水产与生命学院赵金良教授、冷向军教授、邱军强博士、唐首杰博士、赵岩博士组成代表团前往加纳，在加纳发展研究大学 Nyankpala 校区图书馆开办了第一期"中国—加纳罗非鱼养殖技术"国际培训班。

本次培训班参与者包括加纳发展研究大学、加纳能源与自然资源大学的部分师生、加纳北方省渔业与水产部门官员，以及当地水产养殖业者，共计 72 人。

2018 年 10 月，经前期友好协商，加纳发展研究大学校长 Teye Gabriel Ayum 率团访问我校，与我校建立友好合作关系，并达成了水产养殖本科专业 2+2 合作培养意向。为响应国家"一带一路"倡议，助推中非合作深入发展，2019 年，我校一流学科建设中设立了"罗非鱼回故乡"项目，旨在向非洲国家传授我国罗非鱼养殖技术，扩大我校一流学科的国际影响力。

（水产与生命学院）

第一期"中国－加纳罗非鱼养殖技术"国际培训班在加纳开班

本报讯 在我校一流学科一带一路"罗非鱼回故乡"项目的支持下，2019 年 11 月 19-20 日，由我校水产与生命学院赵金良教授、冷向军教授、邱军强博士、唐首杰博士、赵岩博士组成代表团前往加纳，在加纳发展研究大学 Nyankpala 校区图书馆开办了第一期"中国－加纳罗非鱼养殖技术"国际培训班。

本次培训班参与者包括加纳发展研究大学、加纳能源与自然资源大学的部分师生、加纳北方省渔业与水产部门官员，以及当地水产养殖业者，共计 72 人。

2018 年 10 月，经前期友好协商，加纳发展研究大学校长 Teye Gabriel Ayum 率团访问我校，与我校建立友好合作关系，并达成了水产养殖本科专业 2+2 合作培养意向。为响应国家"一带一路"倡议，助推中非合作深入发展，2019 年，我校一流学科建设中设立了"罗非鱼回故乡"项目，旨在向非洲国家传授我国罗非鱼养殖技术，扩大我校一流学科的国际影响力。

（水产与生命学院）

图 2-121 《第一期"中国—加纳罗非鱼养殖技术"国际培训班在加纳开班》，
《上海海洋大学》第 849 期（2019 年 11 月 30 日）

三十四、绿水青山转为金山银山的成功典范
——千岛湖"保水渔业"

上海海洋大学与千岛湖有着悠久的历史渊源，先后三代教授历经几十年，对千岛湖开展鱼类资源调查、渔业科技研究和产学研合作，与千岛湖当地的渔业公司建立了深厚的友谊和良好的合作关系。

早在水库蓄水前后，学校老一辈水产专家陆桂教授和孟庆闻教授等多次赴新安江流域开展鱼类资源调查，为了解千岛湖环境提供宝贵历史资料。此后几十年里，第二代水产专家教授陈马康和童合一等带领一批批学生，前往千岛湖开展各类渔业科技研究。以刘其根教授为代表的第三代教授，致力于生态渔业领域的研究，开展千岛湖"保水渔业"探索和研究，持续研究养鱼治水 20 多年，对千岛湖的渔业方式，不仅仅为了追求渔业自身的效益，同时也为了更好地保护水质，实现渔业发展与水环境保护双赢。

图 2-122　孙要良、刘其根等著的《绿水青山就是金山银山　以千岛湖保水渔业为案例》封面（2020 年 11 月，中共中央党校出版社）

近 20 年来，千岛湖"保水渔业"产业蓬勃发展。以千岛湖为蓝本的水库保水、洁水、净水渔业模式，在长三角地区乃至全国全面开花。2020 年 11 月，孙要良、刘其根等著的《绿水青山就是金山银山　以千岛湖保水渔业为案例》由中共中央党校出版社出版，千岛湖"保水渔业"的案例，成功写进中共中央党校的教学案例中，成为我国绿水青山如何向金山银山转化的成功典范。

2019 年 4 月 15 日《上海海洋大学》第 838 期第 3 版，对千岛湖"保水渔业"促进渔业发展与水环境保护实现双赢进行了详细报道，全文如下：

让更多的鱼畅游金银山
——保水渔业，让渔业发展与水环境保护实现双赢

初春的千岛湖，风光旖旎：一湖秀水，百里松涛，千座翠岛，万尾游鱼；碧水映着蓝天，清风送来花香，飞鸟欢快歌唱。

与千岛湖畔相隔 400 公里的上海海洋大学，见证了这青山绿水的来之不易；持续近 20 年来对千岛湖的渔业指导、水质养护，是上海海洋大学科技输出的一个缩影。

蓝藻"请"来海大人

碧波荡漾的千岛湖，曾经也有严峻的水质问题。连续两年，曾经无比纯净的千岛湖局部水域水面漂浮起了一层蓝绿色的藻类，淳安县城老百姓家的自来水都喝出了从未有过的异味。按照专业的说法，这叫"蓝藻水华"。如果大面积暴发，蓝藻水华会像绿油漆一样遍布水体表面，蓝藻过多，不仅容易使水体缺氧，更可怕的是，蓝藻水华会释放出一种毒素。

千岛湖的环境保护深受当地的重视，周围的绿化保护得好，所有污染企业也都早已搬离了出去，那么为什么千岛湖还会出现"蓝藻水华"呢？

当地老百姓对这一问题百思不得其解，相关部门也觉得事出蹊跷。这时，在千岛湖工作的上海海洋大学校友第一时间想到了

自己的母校。他们风尘仆仆，带着疑问回到母校请教专家。但他们当年的老师此时都已70多岁高龄。

上海海洋大学与千岛湖有着悠久的历史渊源，先后三代教授历经几十年的研究，与千岛湖当地的渔业公司建立起了深厚的友谊和良好的合作关系。早在水库蓄水前后，学校老一辈水产专家陆桂教授和孟庆闻教授等曾先后多次赴新安江流域开展鱼类资源的调查，为了解千岛湖环境提供了宝贵的历史资料。

此后的几十年里，第二代大水面教授陈马康和童合一教授等也曾带领一批批学生，去往千岛湖开展各类渔业科技研究，对千岛湖自是有着深厚的感情。当接到千岛湖求助时，陈马康虽已退休在家多年，仍毅地担起重任，组织起学校年轻一代的学者再赴千岛湖，延续起了三代教授与千岛湖的不解之缘。

破解"鱼—水"之谜

海洋大学教授们此次对千岛湖的研究，不同于以往单纯的渔业问题，而是要解答"鱼"和"水"的关系问题，这就涉及渔业和环境两个不同学科。

由于外界一直有传言认为养鱼会污染环境，千岛湖出了蓝藻水华，难免会让人这样联想。那么千岛湖此次暴发的蓝藻水华，是否与千岛湖每年都在放养的鲢鱼和鳙鱼（胖头鱼）有关呢？

要从理论上给出系统的解答需要时日。这自然开启了以刘其根教授为代表的上海海洋大学第三代教授对千岛湖长期生态学研究的序幕。但在当时，当务之急是要弄清蓝藻水华暴发的最主要原因，然后尽可能采取一些针对性的措施来解决蓝藻暴发的问题。

要弄清"鱼"和"水"的关系，刚开始就像"盲人摸象"一样，"摸"的不是地方，得出的结论自然就不可能正确。而要能得出正确的结论，就既要知道湖中有哪些鱼类，还要知道它们的数量。

带着这些问题，上海海洋大学两代教授组成的课题组在当地渔政部门、合作的渔业公司的支持配合下，多次到湖区渔民的捕鱼船上进行实地调查。渔民们收网都要赶在天亮前，于是教授们也必须要在凌晨三四点起床，从宾馆赶到渔民船上，跟随渔民一起捕捞，辨识鱼种，将鱼类样本采集后带回实验室进行分析。研究鱼和水的关系，光知道鱼还不行，还要在全湖不同湖区采集水样，并将采集到的水样带回实验室进行检测，根据这些鱼和水的分析，建立生态模型来分析鱼类和各种水质指标的关系。

除了这些实地的调查研究，教授们还要收集大量有关蓝藻水华暴发前后的各种环境因子的历史资料，以便对这些环境因子进行综合的分析。

出乎人们预料的是，分析结果发现，蓝藻暴发时，其他的环境因子与蓝藻水华暴发前的差异都不大，而湖中鲢鳙鱼的数量却在暴发时比暴发前反而明显减少了，而不是太多了！

"如果这一发现是正确的话，那么只要增加湖中的鲢鳙数量，就能预防千岛湖蓝藻水华的再次暴发。"于是课题组又在千岛湖曾经连续暴发蓝藻水华的区域，用拦网与其他湖区隔开，由当地的渔业公司大量放养鲢鳙的鱼种，增加鲢鳙的数量，来验证是否通过放养鲢鳙使千岛湖的蓝藻水华得到控制的现场试验。

三年的试验结果令人欣慰。试验结果确实印证了：湖里的鲢鳙鱼数量增加后，千岛湖的蓝藻水华没有再发生，而且水质也得到了明显的改善。

这样的试验结果自然令当地政府也非常高兴，在明确了只要保护好湖中的鲢鳙鱼资源，就有望预防千岛湖蓝藻水华暴发的道理后，政府迅速组织了全县各乡镇领导，请刘其根讲解鲢鳙鱼保护水质的道理，从而号召淳安县全县上下都一起来保护好湖中的环保卫士——鲢鳙鱼，不让1998、1999年的事件再次发生。

"保水渔业"研究结出丰硕成果，开创了我国大水面渔业发展的新时代

千岛湖的这种渔业方式，并不是单纯地为了追求渔业自身的效益，也是为了更好地保护水质。刘其根通俗地把它称为"保水渔业"。

在取得了保水渔业的初步成功后，上海海洋大学的教授们并没有停住脚步，而是在千岛湖以及国内的其他许多湖泊、水库开展了深入和反复的研究，使保水渔业的理论得到了广泛的验证，确保了保水渔业技术的可靠性和可行性，而且通过深入研究水环境的变动规律，也成功地建立了能集渔业、水环境和水动力等指标体系于一体的综合生态管理模型，实现了渔业、环境保护和水资源利用的协调发展。

一位与中科院某研究所有长期合作的芬兰湖沼学家在一次偶然机会，了解到上海海洋大学在千岛湖开展的保水渔业研究后，非常兴奋地说："我走访了世界上的许多国家，第一次在中国碰到了也是通过渔业来保护湖泊环境的专家。"为此，她还特地从自己的项目挪出资金来邀请刘其根和相关单位前往芬兰考察他们的湖泊渔业与水环境保护工作。

千岛湖的保水渔业，也得到了全国各地同行专家们的广泛认可，每年到千岛湖来考察学习取经的不计其数。如今，保水渔业的案例，已成功写进了中央党校的教学案例中，成为我国绿水青山如何向金山银山转化的成功典范。

让更多的鱼畅游金银山

在合理的指导下，不断养鱼、不断捞鱼，这就是可持续发展。如今，千岛湖的有机鱼享誉全国。生态的渔业、生态的环境带动了千岛湖的绿色发展。从一条普通的鲢鱼到全国第一条有机鱼，一条鱼撬动了中国淡水渔业的发展，一方保水渔业理论引领全国水库渔业的健康发展。

近20年来，在以上海海洋大学为主的"保水渔业"指导下，千岛湖保水渔业产业蓬勃发展。以千岛湖为蓝本的水库保水、洁水、净水渔业模式，在长三角地区乃至全国全面开花。仅以上海海洋大学承担的国家公益性行业（农业）专项的主要课题研究为例，该课题在浙江湖州、长兴、杭州、金华、丽水等十几个水库进行了大力推广，其中3个水库获得有机鱼认证，价格上涨

30%—50%，效益提高 30% 以上。课题创建了生态渔业技术模式
1 项，建立了区域性示范推广区，面积达 20 万亩，示范区综合经
济效益提高了 20%，为长江下游水库乃至全国水库渔业发展提供
样板。

上海海洋大学对"保水渔业"的探索仍未结束。因为保水渔
业模式中还有很多问题需要不断创新和发展，保水渔业的理论也
期待着更多的研究机构给予更广泛的验证。在前不久召开的千岛
湖"保水渔业"产业发展大会上，中国科学院水生生物研究所也
在千岛湖设立了大水面生态净水研究中心，从而与上海海洋大学
携手，致力于培养更多的千岛湖渔业产业人才。

2018 年年底，刘其根被外界评为"千岛湖保水渔业产业发展
杰出贡献人物"。对他的评价很简单："他传承上海海洋大学数代
渔业科技工作者对千岛湖的产学研合作精神，致力于中国生态渔
业领域的研究，持续研究养鱼治水 20 年，推动全国保水渔业理论
研究与推广。是千岛湖保水渔业理论的首创者。"这短短不足一百
字、朴实无华的介绍，是对上海海洋大学持续多年来对国家水域
生态环境作出贡献的肯定，也践行了上海海洋大学坚持"把论文
写在世界的大洋大海和祖国的江河湖泊上"的办学传统。

2019 年年初，农业农村部等 10 部委联合发文，指明了水产
养殖业的绿色发展方向。绿水青山就是金山银山，水产养殖业绿
色发展迎来更加美好的明天。而上海海洋大学以绿色养殖技术为
基础，在保护水域生态环境、实施乡村振兴战略、建设美丽中国
方面也将更加大有所为。

（谢天　张雨晴）

让更多的鱼畅游金银山

——保水渔业，让渔业发展与水环境保护实现双赢

初春的千岛湖，风光旖旎：一湖秀水，百里松涛，千emo翠染，万尾游鱼；碧水映着蓝天，清风送来花香，飞鸟欢快歌唱。

与千岛湖畔相隔400公里的上海海洋大学，见证了这青山绿水之不易。持续近20年来对千岛湖的渔业指导，水质养护，是上海海洋大学科技输出的一个缩影。

蓝藻"请"来海大人

碧波荡漾的千岛湖，曾经也有严峻的水质问题。连续两年，曾经无比纯净的千岛湖局部水域水面漂浮起了一层蓝绿色的藻类，淳安县姥老百姓家的自来水都瓢出了从未有过的异味。按照专业的说法，这叫"蓝藻水华"。如果大面积爆发，蓝藻水华会像绿油漆一样遍布水体表面，蓝藻过多，不仅容易使水体缺氧，更可怕的是，蓝藻水华会释放出一种毒素。

千岛湖的环境保护深受当地的重视，周围的绿化保护得好，所有污染企业都早已搬离了出去，那么为什么千岛湖还会出现"蓝藻水华"呢？

当地老百姓姓对这个问题百思不得其解，相关部门也觉得事出蹊跷。这时，在千岛湖工作的上海海洋大学校友第一时间想到了自己的母校。他们这位校友们，带着疑问回到到母校请教专家，但他们当年的老师此时都已70多岁高龄了。

破解"鱼-水"之谜

海洋大学教授们此次对千岛湖的研究，不同以往单纯

的渔业问题，而是要解答"鱼"和"水"的关系问题，这就涉及渔业和环境两个不同学科。

由于外界一直有传言认为养鱼会污染环境，千岛湖出了蓝藻水华，难免会让人这样联想。持续却此次爆发的蓝藻水华，是否与千岛湖每年都在放养的鲢鱼和鳙鱼（胖头鱼）有关呢？

要从理论上给出系统的解答需要时间。这自然开启了以刘其根教授为代表的上海海洋大学第三代教授对千岛湖长期生态学研究的序幕。但在当时，当务之急是要弄清蓝藻水华爆发的最主要原因，然后尽可能采取一些针对性的措施来解决蓝藻暴发的问题。

要弄清"鱼"和"水"的关系，刚开始像像"盲人摸象"一样，"摸"的不是地方，得出的结论自然就不可能正确。而要能得出正确的结论，就既要知道湖中有哪些鱼类，还要知道它们的数量。

带着这些问题，上海海洋大学两代教授组成的课题组在当地政府部门、合作的渔业公司的支持配合下，多次到湖区渔民的渔船里去实地调查。渔民们凌晨就要赶在天亮前，于上天就得需要在凌晨三四点起床，从宾馆赶到渔船旁上，跟随渔民一起捕捞，辨识鱼种，将鱼类样本采集后带

刘其根在千岛湖与美国阿拉斯加的专家交流水库渔业研究

上海海洋大学与千岛湖有着悠久的历史渊源。先后三代教授历经几十年的研究，与千岛湖相关的渔业公司建立起了深厚的友谊和良好的合作关系。早在千岛湖蓄水前，学校老一辈水产专家伍献文教授和孟庆闻教授曾率先在新安江流域开展鱼类资源的调查，为了解千岛湖环境提供了宝贵的历史资料。

此后的几十年间，第二代大水面教授如陈马康和童合一教授等也曾带领一批批学生，去往千岛湖开展渔业科技研究。对千岛湖有着深厚的感情。当被采访的刘其根老师知道陈马康这已退休在家多年，仍毅然担起接班任后，也急忙赶赴千岛湖，延续这三代教授对千岛湖的研究工作。

海洋大学教授们此次对千岛湖的研究，不同以往单纯回实地进行分析、研究。为了弄清鱼和水的关系，光知道鱼还不行，还要在全湖不同湖区采集水样，并将采集的水样带回实验室进行检测。根据这些鱼和水的信息模型来分解鱼类和各种水质指标的关系。

出乎人们预料的是，分析结果发现，蓝藻暴发时，其他的环境因子与蓝藻暴发时的差异都不大，而唯让鲢鳙鱼的数量却在暴发期前明显减少了，而不是太多了！

"如果这一发现是正确的话，那么只要增加们中的鲢鳙数量，就能预防千岛湖蓝藻水华的再次暴发。"千岛湖随即又在曾经的继续发生蓝藻水华的区域，用拦网与其他湖区

隔开，由当地的渔业公司大量放养鲢鳙鱼，增加鲢鳙的数量，来验证是否通过放养鲢鳙使千岛湖的蓝藻水华得到控制的现场试验。

三年的试验结果令人欣慰，也证实确实印证了：湖里鲢鳙的数量增加后，千岛湖的蓝藻水华没有再发生，而且水质也得到了明显的改善。

这样的试验结果果自然令当地政府也非常高兴。在明确了只要保护好湖中的鲢鳙鱼资源，就有望预防千岛湖蓝藻水华暴发的道理后，政府迅速组织了全县各乡镇领导，请刘其根讲解鲢鳙鱼保护水质的道理，从而号召淳安县全县上下都以来保护好湖中的环保卫士——鲢鳙鱼。使1998、1999年的事件再不发生。

"保水渔业"研究结出丰硕成果，开创了我国大水面渔业发展的新时代

千岛湖的这种渔业方式，并不是单纯地为了追求渔业自身的效益，也是为了更好地保护水质。刘其根通俗地把它称为"保水渔业"。

在取得了保水渔业的初步成功后，上海海洋大学的教授们并没有停下脚步，而是在千岛湖以及国内的其他许多湖泊、水库开展了深入和反复的研究，使保水渔业的理论得到了广泛的验证，确保了保水渔业技术的可靠性和可行性，而且通过研究水环境的变动规律，也成功地建立了能集渔业、水环境和水动力等指标系于一体的综合生态管理模型，实现了渔业、环境保护与水资源利用的协调发展。

一位与中科院某研究所有长期合作的芬兰湖沼学家在一次偶然的机会，了解到上海海洋大学在千岛湖开展的保水渔业研究后，非常兴奋地说："我走访了世界的许多国家，第一次在中国遇到了也是通过水来保护湖泊环境的专家。为此，她还特地以自己的项目捐出资金来邀请刘其根和相关单位的们在芬兰考察他们的湖泊渔业和水环境保护工作。

千岛湖的保水渔业，也得到了全国各地同行专家的广泛认可和借鉴，使越来越多的水产专家来千岛湖考察学习取经的不计其数。如今，保水渔业的案例，已经写进了中央党校的教学案例中，成为了我国做水青山如何变金山银山的成功典范。

让更多的鱼畅游金银山

在合理的指导下，不断养鱼，不断捞鱼，因为保水发展。如今，千岛湖的有机鱼享誉全国。生态的渔业、生态的环境带动了千岛湖的绿色发展。从一条普通的鲢鱼到全国第一条有机鱼，一条鱼绕动了中国流水渔业的发展，一方保水渔业理论引领全国水面渔业的健康发展。

近20年来，在上海海洋大学为主的"保水渔业"指导下，千岛湖保水渔业产业蓬勃发展。以千岛湖为蓝本的水库

刘其根在千岛湖

保水、洁水、净水渔业模式，在长三角地区乃至全国全面开花。仅以上海海洋大学承担的国家公益性行业（农业）专项主要课题之一的研究为例，该课题在浙江湖0、长兴、杭州、金华、丽水等十几个_库进行了大力推广。其中3个水库获得有机鱼认证，价格上涨30%~50%，效益提高到30%以上。课题创建了生态渔业技术模式1项，建立了3个区域性示范推广区，面积达20万亩，示范区综合经济效益提高了20%，为长江下游水库乃至全国水库渔业发展提供样板。

上海海洋大学对"保水渔业模式还有很多问题需要不断创新和发展，保水渔业的推广还期待着更多的研究机构给予更广泛的验证。在前不久召开的"千岛湖保水渔业"产业发展大会上，中国科学院水生生物研究所也在千岛湖建立了大水面生态净水研究中心，从而与上海海洋大学携手，致力于培养更多的千岛湖渔业产业

人才。

2018年底，刘其根被外界评为"千岛湖保水渔业产业发展杰出的贡献人物"。对他的评价很简单："他传承上海海洋大学敬业崇崇的精神，是对千岛湖的水产学研究传承，是对中国生态渔业领域的研究，持续研究养鱼治水20年，推动全国保水渔业理论研究与推广。"是千岛湖保水渔业理论的倡创者。"这短短不是一百字，朴实无华的介绍，是对上海海洋大学师生多年来对国家水域水生环境作出贡献的肯定，也践行了上海海洋大学坚持"把论文写在世界的大洋大海和祖国的江河湖泊上"的办学传统。

2019年年初，农业农村部等10部委联合发文，指明了水产养殖业的绿色发展方向。绿水青山就是金山银山，水产养殖业绿色发展指明了美好的明天。而上海海洋大学以绿色养殖技术为基础，在保护水域生态环境，实施乡村振兴战略，建设美丽中国方面也将大有所为。

（谢天 张雨晴）

刘其根在芬兰考察湖泊渔业

图 2-123 《让更多的鱼畅游金银山——保水渔业，让渔业发展与水环境保护实现双赢》，《上海海洋大学》第 838 期（2019 年 4 月 15 日）

三十五、国际学术交流深入推进

现代高等教育的发展是一个不断走向开放和国际化的过程。长期以来，学校十分重视国际交流与合作，积极举办国际学术会议，鼓励师生参加学术研讨，促进学术交流、课题研究和科研合作，推进学科建设高质量发展。

学校档案馆馆藏档案中记载的在学校举办的水产养殖学科国际学术会议主要有："中日鱼池水生生态学学术研讨会"（1991 年）、"第三届世界华人鱼虾营养学术研讨会"（1998 年）、"第五届世界华人虾蟹类养殖研讨会"（2006 年）、"首届国际经济蟹类养殖学术研讨会"（2009 年）、"第九届亚洲渔业和水产养殖论坛"（2011 年）、"第七届海峡两岸鱼类生理与养殖研讨会"（2013 年）、"第十届世界华人虾蟹养殖研讨会"（2016 年）、"第三届中葡海洋生物科学国际联合实验室学术年会"（2019 年）、"第五届水产动物脂质营养与代谢研讨会"（2019 年）、"第五届世界罗氏沼虾国际会议"（2019 年）、"稻渔综合种养技术创新与社会效益国际研讨会"（2019 年）。近年来，水产养殖学科国际学术交流得到深入推进。

学校档案馆馆藏档案中记载的在学校举办的水产养殖学科国际学术会议情况报道选登如下：

2011 年 4 月 30 日《上海海洋大学》第 722 期头版，对第九届亚洲渔业和水产养殖论坛在学校举行情况进行报道，原文如下：

更先进的科学 更优质的鱼类 更美好的生活
第九届亚洲渔业和水产养殖论坛在我校举行

本报讯 4 月 21 日至 23 日，以"更先进的科学，更优质的鱼类，更美好的生活"为主题的第九届亚洲渔业和水产养殖论坛在我校隆重举行。本届论坛由亚洲水产学会和上海海洋大学联合主办，来自亚洲、欧洲、美洲、非洲等54个国家的888位代表出席了论坛。

本届论坛共收录了539篇摘要，进行了22个专题400余场报告、175篇墙报，创历届之最。还同期举办了第四届渔业资源增殖养护国际学术研讨会、第九届罗非鱼协会年会、第三届全球水产养殖、渔业与性别特别专题研讨会和世界粮农特别分会。

原农业部渔业局局长赵兴武在开幕式上介绍了我国水产养殖事业的历史和取得的巨大成就，并表示，中国愿意为亚洲渔业和水产养殖提供更先进的技术和更科学的方法，为亚洲提供更优质的鱼类，为亚洲人民做出新的更大的贡献。

上海市农委邵林初副主任介绍说，2010年上海的农业科技进步贡献率60%，上海农业即将迈入集约型经济增长阶段。希望各位专家和上海的科研院所加强合作，共同推进上海农业科技教育水平的提高。希望上海海洋大学以论坛的召开为契机，拓展交流合作，提高科研水平，培养更多的农业科技人才。

潘迎捷校长对亚洲水产学会的支持和信任表示衷心感谢，对各位代表的到来表示热烈欢迎。希望大家携起手来，使论坛成为交流思想、分享智慧的互动平台；务实合作、共同发展的开放平台；加强沟通、增进互信的友谊平台；立足前沿、国际知名的高端平台。

亚洲水产学会主席Ida Siason女士认为本次论坛是独一无二的，并代表学会感谢上海海洋大学为论坛做出的巨大努力。

本届论坛的贸易展览会吸引了来自日本、美国、澳大利亚、菲律宾及国内共计23家知名企业和组织展览。

论坛是首次在高校举行，创新了组织模式，组织工作得到了多方肯定和赞扬。我校有1000名志愿者为论坛提供服务，完善的组织工作得到亚洲水产学会和参会者的充分肯定。

另悉，此次亚洲水产学会还投票选举了第十届亚洲水产学会理事。我校副校长黄硕琳继担任第九届理事会理事之后，被连选为第十届亚洲水产学会理事。

（胡崇仪 钟俊生 张雅林 周婷婷）

图 2-124 《更先进的科学 更优质的鱼类 更美好的生活 第九届亚洲渔业和水产养殖论坛在我校举行》，《上海海洋大学》第 722 期（2011 年 4 月 30 日）

2019 年 9 月 15 日《上海海洋大学》第 844 期第 2 版，对第三届中葡海洋生物科学国际联合实验室学术年会在学校举办情况进行报道，原文如下：

第三届中葡海洋生物科学国际联合实验室学术年会在我校举办

本报讯 9 月 4 日，第三届中葡海洋生物科学国际联合实验室学术年会在上海海洋大学图文中心举行。来自上海海洋大学、中国海洋大学、大连海洋大学、浙江海洋大学、江苏海洋大学，及葡萄牙阿尔加夫大学、里斯本大学、亚速尔大学、阿威罗大学和葡萄牙海洋与大气研究所的教师、研究生代表参加了会议。

葡萄牙驻上海总领事伊萨瓦先生、经济商务事务领事马里奥·齐纳先生专程到会对学术年会的举办表示热烈祝贺。开幕式上，上海海洋大学副校长李家乐、葡萄牙阿尔加夫大学副校长玛丽亚·狄奥多西分别致辞。

联合实验室主任陈良标教授、阿德里诺·卡纳里奥教授分别代表中方和葡方发言，介绍了双方的基本情况以及前期合作成果，包括合作申请国家自然基金国际（地区）交流项目和国家重点研发计划政府间国际科技创新合作重点专项，以及互派学生交流等。

在中葡海洋生物研讨会上，中方严小军教授、陈良标教授、胡晓丽教授、董志国教授、杨大佐研究员、许强华教授和贾亮博士，葡方埃斯特·塞伦副教授、瑞·罗沙资深研究员、马里奥·平霍资深研究员、阿布·兰特斯资深研究员、里卡多·卡拉多资深研究员分别就水产养殖与遗传育种、极地海洋生物、海洋生物资源与利用等方面作了学术报告，与会人员围绕报告进行了热烈的学术讨论，未来有望在绿色可持续水产养殖模式上寻求技术突破。

（赵利娜　李慷）

第三届中葡海洋生物科学国际联合实验室学术年会在我校举办

本报讯 9月4日，第三届中葡海洋生物科学国际联合实验室年会在上海海洋大学图文中心举行。来自上海海洋大学、中国海洋大学、大连海洋大学、浙江海洋大学、江苏海洋大学，及葡萄牙阿尔加夫大学、里斯本大学、亚速尔大学、阿威罗大学和葡萄牙海洋与大气研究所的教师、研究生代表参加了会议。

葡萄牙驻上海总领事伊萨瓦先生、经济商务事务领事马里奥·齐纳先生专程到会对学术年会的举办表示热烈祝贺。开幕式上，上海海洋大学副校长李家乐、葡萄牙阿尔加夫大学副校长玛丽亚·狄奥多西分别致辞。

联合实验室主任陈良标教授、阿德里诺·卡纳里奥教授分别代表中方和葡方发言，介绍了双方的基本情况以及前期合作成果，包括合作申请国家自然基金国际(地区)交流项目和国家重点研发计划政府间国际科技创新合作重点专项，以及互派学生交流等。

在中葡海洋生物研讨会上，中方严小军教授、陈良标教授、胡晓丽教授、董志国教授、杨大佐研究员、许强华教授和贾亮博士，葡方埃斯特·塞伦副教授、瑞·罗沙资深研究员、马里奥·平霍资深研究员、阿布·兰特斯资深研究员、里卡多·卡拉多资深研究员分别就水产养殖与遗传育种、极地海洋生物、海洋生物资源与利用等方面作了学术报告，与会人员围绕报告进行了热烈的学术讨论，未来有望在绿色可持续水产养殖模式上寻求技术突破。

（赵利娜　李慷）

图2-125 《第三届中葡海洋生物科学国际联合实验室学术年会在我校举办》，《上海海洋大学》第844期（2019年9月15日）

2020 年 4 月 15 日《上海海洋大学》第 854 期第 2 版，对联合国粮农组织水产养殖时事通讯 FAN 专题介绍学校主办稻渔综合种养技术创新与社会效益国际研讨会情况进行报道，原文如下：

联合国粮农组织水产养殖时事通讯 FAN 专题介绍我校主办 "稻渔综合种养技术创新与社会效益国际研讨会"

本报讯　联合国粮农组织渔业及水产养殖部 2020 年 4 月发布的水产养殖时事通讯第 61 期专题介绍了 2019 年 10 月 13 日至 17 日由上海海洋大学、联合国粮食与农业组织联合国粮农组织共同主办的 "稻渔综合种养技术创新与社会效益国际研讨会"。

会议报道中介绍了有来自中国、法国、印度尼西亚、老挝、缅甸、尼泊尔、菲律宾、斯里兰卡、越南等 10 多个国家以及联合国粮农组织、世界渔业中心、亚太地区水产养殖中心网等国际组织在内的 100 多名代表参加了此次会议。2018 年 8 月 25 日至 29 日在法国蒙彼利埃举办了农业生态学指导下推进农业水产综合养殖的特别会议，同年 12 月 4 日至 8 日，在上海海洋大学举办了 "稻田养鱼社会效益国际推广计划" 国际研讨会。来自老挝、印度尼西亚、菲律宾、越南、肯尼亚、乌干达、法国、日本等国家以及联合国粮农组织、世界渔业中心、亚太地区水产养殖中心网的 50 多名代表参加了研讨会。2019 年 "稻渔综合种养技术创新与社会效益国际研讨会" 延续了之前会议对稻渔综合种养系统相关主题的系列讨论。这是我校与联合国粮农组织合作的第 2 次稻渔综合种养主题的国际会议，也是我校 2017 年以来第 6 次与联合国粮农组织渔业及水产养殖部合作国际会议。

（国际交流处　科技处水产与生命学院）

联合国粮农组织水产养殖时事通讯 FAN 专题介绍我校主办"稻渔综合种养技术创新与社会效益国际研讨会"

本报讯 联合国粮农组织渔业及水产养殖部 2020 年 4 月发布的水产养殖时事通讯第 61 期专题介绍了 2019 年 10 月 13 日至 17 日由上海海洋大学、联合国粮食与农业组织联合国粮农组织共同主办的"稻渔综合种养技术创新与社会效益国际研讨会"。

会议报道中介绍了有来自中国、法国、印度尼西亚、老挝、缅甸、尼泊尔、菲律宾、斯里兰卡、越南等 10 多个国家以及联合国粮农组织、世界渔业中心、亚太地区水产养殖中心网等国际组织在内的 100 多名代表参加了此次会议。2018 年 8 月 25 日至 29 日在法国蒙彼利埃举办了农业生态学指导下推进农业水产综合养殖的特别会议，同年 12 月 4 日至 8 日，在上海海洋大学举办了"稻田养鱼社会效益国际推广计划"国际研讨会。来自老挝、印度尼西亚、菲律宾、越南、肯尼亚、乌干达、法国、日本等国家以及联合国粮农组织、世界渔业中心、亚太地区水产养殖中心网的 50 多名代表参加了研讨会。2019 年"稻渔综合种养技术创新与社会效益国际研讨会"延续了之前会议对稻渔综合种养系统相关主题的系列讨论。这是我校与联合国粮农组织合作的第 2 次稻渔综合种养主题的国际会议，也是我校 2017 年以来第 6 次与联合国粮农组织渔业及水产养殖部合作国际会议。(国际交流处 科技处 水产与生命学院)

图 2-126 《联合国粮农组织水产养殖时事通讯 FAN 专题介绍我校主办
"稻渔综合种养技术创新与社会效益国际研讨会"》，
《上海海洋大学》第 854 期（2020 年 4 月 15 日）

學藝

水產學是什麼

馮立民

「水產」「水產」的聲浪，一天一天的鬧得大起來了；這果然是很可喜的現象。可是

「水產學」是什他的定義和界說到底是怎樣？——這問題當然是一個很重要的問

題現在我先把他的意見寫出來和大家討論討論：

　　　　※　　　※　　　※

我們人類的捕捉水中生物的起源，恐怕總在有史以前的石器時代。因為為人類

體的主要成分且不時從軀體排泄出來的是『水』那時原始的蠻人被此本能的慾

望所驅策所以大家都遷到水濱去過活。但是那時魚類介類充滿水中舉手可得人類

又為求食的自然慾望所逼迫遂不免和水中生物發生關係；這就是人類捕捉水中

物的起源我們雖不能讀那時候的歷史可是根據科學大概可以斷定的。

石器時代的人類捕捉水中生物不能稱之為『業』因為那時候他們這種行為，完

一、《水产》(第一期)(摘选)

调查养殖报告

伍瑞林

本文原载于江苏省立水产学校校友会发行的《水产》第一期,民国六年十二月(1917 年 12 月)

民国六年四月。瑞林受校长之委托。赴本省苏常一带调查养鱼业。往来昆山常熟苏州东山等处。期近一月。既无向导之指教。又乏有识者之详述。秖乡民为言成法。不能详得底蕴。深以为憾。姑将各处所得。略述如下。以备有志养殖者之研究。

总　言

本省养鱼之业。凤称发达。奈养鱼者类多乡民。墨守成规。绝鲜改良。鱼池并无特别设置。概以埂面种桑。池心养鱼。所养之鱼。以草鱼为正宗。次及白鲢血鲢。再次为青鱼鳊鱼鲤鱼。而以养青鱼者为最少。因青鱼嗜食螺蛳。成本较大。往往得不偿失。以鱼池之大小。定养鱼之多少。池有新车池宿池之分。第一年新开之池为新车池。第二年为宿池。新车池有全养春花者。有略养过池而加春花者。何谓过池。上年之鱼养至下年。名曰过池。何谓春花。春间由卖鱼秧者装运小草白鲢等到各处贩卖者。名曰春花。池之大。数百亩者颇不多遘。概为十余亩或七八亩者。小至一二亩者亦有之。每亩池约养草鱼二三百尾。白鲢一二百尾。血鲢百余尾。青鱼百余尾。鲤鱼及鳊鱼各数十尾。如有过池鱼秧。则稍减之。过池草鱼。则当年出池。春花则须迟一年。青鱼鳊鱼及鲤鱼。三四年后方能出池。惟春花白鲢血鲢。至秋末冬初。则尽可出池。间亦有不及出池者。十中无二三也。池以一二年车干一次。扫除池底。迟至三年。所养鲤鱼鳊鱼。均在车水时出池。又有鲫鱼杂鱼虾蚌等。此类非预先下种者。乃尽由鱼草上带子入池。自由长大。故名曰野鱼。不食家食。所食者惟荒草。不费成本。以所得之野鱼。抵偿车池之费用。此为各地之概况也。

昆　山

鱼秧来源　多由长江一带而来。

鱼秧种类　青鱼鲢鱼草鱼鳊鱼鲤鱼五种。鲢鱼又分白鲢花鲢二种。

鱼秧价格　青鱼秧愈大则价愈贱。愈小愈贵。小者长约二三分。大者二三寸。其他价格无定例。视秧之大小及优劣而定。今就二三寸长者普通之价格列下。　青鱼每千条十七八元。　草鱼六七百条十六七元。　鲢鱼六七百条十七八元。　鲤鱼五六百条五六元。　鳊鱼五百条六七元。

鱼秧买入法　由买鱼秧者通信卖鱼秧者。或预约每年一送。或间年一送某种鱼秧若干。乃由卖者以船载运来此。凭鱼优劣定价。先付卖价十分之三或五。余俟立夏后再行支付。以防鱼秧之不佳。及僵毙太多之意外。便与交涉。减少其值。

鱼秧贩卖期　分为三期。（一）夏历正二月。（二）五六月。（三）九十月。

鱼池位置　距昆山十数里外。沿苏州塘及太仓塘边。附设各垦牧公司内。

鱼池深浅　池之深浅。以地势之高低为转移。高则深。低则浅。普通深六七尺。

鱼池进出水　鱼池内筑水门一二。通太仓塘或苏州塘。水之进出。皆由此门。

水门之构造　无特别构造方法。不过于通水源处。掘一形似小沟。阔约一尺。高约二尺。许以便水之流通。不用时以泥土塞断。用时去其泥土。

鱼池之大小　池之最大者十数亩。小者一二亩。

筑池法　法甚简单。选择适宜空地若干亩。预定长阔尺寸。自雇工人开池。或包于工头。均可。上大下小。方圆不一。底平成锅形式。掘出泥土。挑于池之四周。填高为埂。以防大水冲入。埂阔二步。其左右脚各步半。（每步二尺五）池旁筑水门一二。埂面种桑。埂脚种山芋蚕豆等。池之四周。泥土十分坚实。不易坍倒。

　　鱼池价格　池价。即计算其开池之工资。及地亩之价值。每亩地约三四元。（低地）开池工资约费百元。共百余元。池之大小。以地亩之多少。按上所记而类推之。

　　新池与旧池之关系　池之新旧。大有关于鱼之生长迟速。凡新池之泥土。滋养分少。鱼因之不甚长大。故开新池者。每填无数牛羊马等粪于池底。俾之肥沃。而旧池则有鱼之排泄物沉于池底。及天然发生之动植物。均为鱼之补助品。且能促进鱼类生长之迅速。故养鱼者无不注意也。

　　池底扫除法及其关系　鱼池之所以扫除。为驱除一种喜食鱼秧之鱼类。（鲤鲚鲈等）及沉于池底之残渣（螺壳鱼粪等）如不驱除。鱼秧为其所食。残渣堆积。池为之浅。每逢炎夏。热气上升。鱼易致病。此种有害鱼类。非养殖者有意放入。乃其自发生。或鱼秧检查不清。误投池内。或随食料而入池中。此种鱼多。则所养鱼少。扫除池底。所以为养鱼者不可少之事也。法将池鱼先行网起。用水车由水门车出池中所有之水。然后入池捕捉。（因此种鱼栖身泥中且不上网）挑去残渣。擎实池周泥土。最妙每年扫除一次。普通间年一次。然三五年一次者亦有之。

　　预防有害鱼类发生法　扫除不过为减少有害鱼类之一种方法。今可预防该种鱼之发生。及毒死其已成长之鱼与未发生之鱼子。该鱼多栖于泥中。捕捉难清。其子尤不易除去。法购巴豆若干。碾磨成粉。池水车干后。以粉末平铺池底。将水重行车入。无论何种动物。一触此味。无不死者。此味能渗入泥土三尺以外。鱼子触味。竟可破裂而死。非独有害鱼能毒死。即其他动物亦不能生存。所以三五日内。不可将养鱼放入。否则亦必尽死。三五日后放入。则无妨碍。因此味只有三五日之能力。逾期即无形消灭矣。

　　鱼池面积与鱼数配合　鱼秧（俗名火皮）初买入时。先放入小池

（约一二亩地）内养之。鱼数不论一二万或数万均可。养之至二三寸后。乃以网网起。分鱼之种类而分配各池中。每亩池可养七八百条。池之大者以此类推。各种鱼之分配数如下。　草鱼每亩池三百条。　鲢鱼二百条。　鳊鱼鲤鱼各数十条。　青鱼百余条。

　　五种鱼共育一池之原因　凡一种鱼类。必备一种食料饲之。又有一种鱼类。喜食他种鱼类之排泄物。所以养鱼者知其嗜好而共育之。既省经费。又获佳果。如青鱼食螺蛳。草鱼食稗草。而鲢鱼则嗜食青鱼草鱼之排泄物。鳊鱼又好食青鱼草鱼腮内喷出之水。所以青鱼草鱼前游时。见无数鳊鱼鲤鱼尾随其后。鲤鱼性喜动。好窜泥土。而鳊鱼又得食池底松泥。养鱼者以是之故。均与共育于一池中也。

　　食料种类及其价格　鱼之食料甚多。依时饲之。普通于鱼秧时代。多饲以豆腐浆。及稍成长。乃换适当饵料。但不可尽其所欲。须自加斟酌耳。如青鱼幼稚时代。不可饲以大螺蛳。因其齿小而钝。不能破壳食肉。虽给以多数无益。当易以小者。有数种普通食料。凡为鱼类。均喜食之。不过发育较迟。而其价稍廉。养殖者多乐用之。今将其种类及其价格约举于下。　螺蛳每担七八分。　稗草每担三四分。　麦麸每斤三四分。　豆饼每斤二三分。　菜饼每斤一二分。　黄豆每升四五分。（以黄豆浸水中俟其膨胀磨成豆浆）　糖渣每斤二三分。

　　大中小三种鱼类应与之分量　先计鱼数若干。衡其重量。乃饲以应与食料。譬鱼之大者。每早与食料若干。至晚检查尚余若干。即得假定应与分量。今以每亩池鱼约计其应与分量列表于左。

品名	重量	食料名称	数量
青鱼	十余斤	螺蛳	一桶
草鱼	十余斤	稗草	三担
鳊鱼	十余斤	菜饼	三斤
鲤鱼	十余斤	豆饼	三斤
鲢鱼	十余斤	豆饼	三斤

　　上表为大鱼应与分量数。四五斤重者。依前表减半。一二斤之小

者。又半减之。除青鱼外。其他概养至一二斤或四五斤重。即行出池贩卖。

买食料之特约　食料皆由贫民放船外出采取。如螺蛳稗草等。买者与贫民立有特约。无论多少。均归买主。不可代他人采取。其价视料之肥瘠优劣大小及通行之值而定。万一采取不敷鱼食。买主亦可宽容。但须竭其力量而后已。

食料与时期之关系　春季饲鱼之食料不可过多。否易致病。因十月后鱼已不食饵料。以数月不食之鱼。一旦予以过分食料。则不消化。停滞腹内。或生鱼油。小则发育不速。大则致死。立夏后与以充分之食料。即无害矣。八九月后。又须略减其食料。

鱼之年龄与食料种类之关系　凡鱼于鱼秧之际。不可与以嗜好食料。如青鱼之食螺蛳草鱼之食稗草。均不能食之。一律当饲以豆腐浆。及稍成长。乃以菜饼豆饼糖渣等。或投小螺蛳细稗草。待有半斤重后。即无甚关系也。

鱼病之原因　鱼病概由池水之过浊。天气之不顺。池之过浅。春季食料食之过多等因。

治法　池水过浊。以黄泥加入。可以澄清。池浅则每逢炎热。地气上升。鱼栖池中。易生体热症。只得略加开深。春季食料略加节制。夏季偶降暴雨。热气向下。鱼因之昏迷。速以清水车入可免。

检别鱼病法　春季食料。是否饲之过多。及鱼之有无病状。网起剖腹。视腹内油之有无。定鱼之有病与否。如因水之混浊。或池之过浅。鱼体上必发生一种白点。特别之现象。最易识别也。

贩卖地点　视鱼之多寡。而定出卖地点。多则销与上海苏州常州无锡等处。少则卖与本城太仓常熟以及附近小镇等处。

运搬法　贩卖各地。有一种渔船专备运鱼之用。名曰活水船。其构造亦与通常船异。船头及船身之左右皆凿穿一洞。以便水之流通。水由前入。自左右流出。鱼藉此活水。殆不即死。船舱上面铺板。以便坐人。及至贩卖地。十中约死去一二。资本大者。多自备活水船。小者亦可租借。其运费。以路之远近鱼之多少定价若干。或计卖去鱼价之总数中抽几分之几。

成长鱼之价格 <u>鱼之大小及市价之高低</u>。均有关鱼之贵贱。今就普通价格列下。

青鱼每担十六七元。 草鱼十一二元。 鲢鱼六七元。 鳊鱼八九元。 鲤鱼十元左右。

鱼秧与成长年龄之比较 <u>鱼之成长迟速</u>。与食料之适当与否大有高下。今就普通情形列下。 青鱼第一年四五两。第二年一二斤。第三年三四斤。第四年八九斤。第五年十数斤。（青鱼非三四年后不可出池）

鲢鱼第一年一二斤。第二年三四斤（概于一二年出池）。 草鱼第一年五六两。第二年一斤余。第三年三四斤。第四年五六斤。第五年九十斤。 鳊鱼二三年后。大者不过一二斤。小者十数两。 鲤鱼四五年后。大者五六斤。（此二种鱼非不易大实为该养鱼者不与以适当食料故也）

鱼之能卖期 青鱼三四年。 草鱼三四年。 鲢鱼一二年。 鳊鱼二三年。 鲤鱼二三年。

鱼秧之折耗 虽施预防有害养鱼法。而其无形死灭者。亦所不免。其折耗数各各不同。约举于下。 青鱼四五折。 鲢鱼六七折。 草鱼六七折。 鳊鱼七八折。 鲤鱼九折。

水之清浊与鱼之关系 水浊则鱼易致病。上已略述。水若过清。则为不肥之特征。亦难速长。当时泼人粪而混合之。以肥水质。但须新鲜者。一逢盛夏。则不可用。盖粪中含有一种热性体。有碍鱼之生育也。

鱼池深浅之关系 池之深浅。与鱼生长之迟速病之多少均有莫大之关系。若深至丈外之鱼池。鱼于池内上下游泳。活泼体态。运动血脉。理宜生长倍速。然池深地温下降。鱼性喜温者。所受之益反不敌害。池之浅者。每届夏季。热气上升。过鱼所欲之温度。则易致病。深浅均非所宜。求其适当。非研究鱼性不为功也。

检别鱼秧法 鱼秧一二寸后。即须分配各池。检别鱼种。事殊不易。有以鱼性而认定其为何种鱼类。如草鱼喜游于水之上层。鲢鱼栖于中层。而鲤鱼则居下层。一望而知其为草鱼鲢鱼鲤鱼矣。又有专恃经验而检别之者。二者之中。以恃经验检别法为较可靠。

附志　本省养殖法。概多相似。同者不赘。今将其异点及前所未得者略述如下。

常　熟

鱼秧来源　苏州菱湖无锡常州等处。

鱼秧种类　草鱼鲢鱼鲤鱼鳊鱼四种。

鱼秧价格　其价格以鱼之种类及鱼之大小重量而定。有以手势计其大小。如拇指大、中指大、一手大等名称。以重量计其大小。如七百担头、五百担头、三百担头等名称。（即几百条一担重之谓也）或以尾数。或以斗量。而定其价者亦有之。今就三四寸长之小鱼价格列下。　草鱼每百条三四元。　鲢鱼二三元。　鳊鱼二三元。　鲤鱼一二元。

鱼池位置　距常熟二十余里。沿侍浜河及北市桥。

鱼池深浅　八九尺深。

鱼池进出水　由筑成之水门进出。

水源　侍浜河及横泾塘。

水门之构造　距池四五尺间。开一长方形小沟。附以长方石。用木板为门。以便启闭。

鱼病　（一）夏季鱼食饱后。若降暴雨。则有性命之忧。（二）鳃内偶生瘰瘤。则不易生长。（原因不详）

治法　（一）速以清水车入可免。（二）以菜油脚和草饲之可愈。

鱼之能卖期　视买来时之大小及饵料之适当否。方能定其能卖期。普通如鲤鱼每担约千条者。二三年后。青鱼每担约二三百条者。一二年后。草鱼鲤鱼鳊鱼各每担约五六百条者。一二年后可也。

采卵法及孵化法　青鲢草鳊鲤等鱼之产卵期。在二三月间。业此者预先运船前去。（九江以上）见白沫上升处。即知产卵地。乃以麻布袋张其处。经数小时取上。将卵放入缸中。约五日后。发生极小鱼形。乃饲以煮熟之鸡蛋黄。但须掐碎。经二十日后。其形稍大。再饲以豆腐浆。一二月后。间以豆饼菜饼饲之。据云青草鲢鳊等鱼。本省虽养之至数十斤后。终不能产卵孵化。须至九江以上采卵而后可。惟鲤鱼可能养之产卵孵化。其采卵法。与前不同。法用杨树根晒干。结为一束。待届产卵期。放入池内。雌者先附上产卵。雄者后亦附上射精。既已。速须取上。迟则为其所食。孵化法同上。又鳊鱼鱼秧。他处所无。买者须往常州芙蓉圩。因其产卵地只为该县人所知。究不知是否属实。

　　鱼之发育最盛期　七八月间。

　　苏州东山

　　鱼秧来源　湖州菱湖等处。

　　鱼秧种类　草鱼鲢鱼二种。

　　鱼秧价格　长约四五寸之草鱼。每千条价三十余元。白鲢十数元。花鲢七八元。

　　卖买方法　养鱼者通知本地鱼行。由该行转告卖鱼秧者。装运到山。论定价值。鱼行于中取利。（俗称行用）法有多端。因日期之远近而减原价之多少。如正月来卖鱼秧者。当时取价每百元仅得六十六元。谷雨后取六十八元。五六月内取七十元。七八月内取七十五元。寒季来取八十元。而买者当时付价。只交七十五元。谷雨后八十元。五六月后八十五元。七八月内九十元。寒节后又增五元。养鱼者俟鱼至能卖期。又告知鱼行。待有买鱼者来。该行伴同看鱼之大小市价之高低而定价格。每百元买主另加七元付行。（行用）装运等费均与卖主无关。

　　鱼池位置　东山分为三段。即中段东段西段。而以中段养鱼者为尤最。（下六村）赖此谋生者十居八九。

　　鱼池水源　太湖及裹湖。

　　鱼池价格　鱼池概由地主雇工开池。每亩池约价五十余元。自不养鱼。租与佃户。藉收租资。但地有优劣。池有新旧。租资亦因之不等。旧而优者。每亩年可得租洋五元。旧而劣者。则可三元余。远太湖近裹河者为优。反是者为劣。因太湖泥土。坚硬成块。不适养鱼。若新池租与佃户。第一年只收原价二成半。第二年收对成。第三年则完全收租。

　　鱼池面积与鱼数配合　其配合数不甚注意。随意配合。多少不论。不过多不易大。普通十数亩之鱼池。养草鱼二千条。白鲢七八百条。血鲢百余条。

　　血鲢少养之原因　血鲢口内含有苦质。日久池水亦为之染有苦味。有害他鱼之发育。销路又不广。所以不多养之。

　　食料　采太湖水上之浮草及杂草等饲之。

　　经济　山地养鱼。每年均获厚利。既无鱼税。成本又小。鱼池概系租来。埂面种桑。埂下种山芋蚕豆等。每年所得。可抵鱼池租资。食料又自采取。每逢扫除池底。一切费用以所得杂鱼出卖。除偿之外。或可盈余。据上所述。为得亏本。故山地乡民养鱼者十居八九也。

　　无　锡

　　无锡自仙蠡墩起。经河垾口荣巷。至大徐巷。以及溪河两旁。居民业多养鱼。其方法与昆山大概相同。池心养鱼。埂面种桑。其所养鱼类。为青鱼草鱼鲢鱼鳊鱼鲤鱼五种。鱼秧或买。或自备船采子孵化。惟青鱼须往菱湖去购。而自不能孵化。因青鱼孵化法与他鱼不同。锡地人民。不谙其法。仅有菱湖养鱼者深得其妙。但秘而不宣。凡各地之青鱼秧。俱出其地。其池底四周。建造与他处稍异。乃开成沟性。中略高起。深约丈余。鱼秧初来时。放小池内养之。青鱼约至十数两。草鱼五六两。其他一二寸长。然后分配大池中。青鱼养二年。草鲢鱼一年。可以出池贩卖。鲤鳊鱼均于扫除池底时出池。每届夏季。有一种鸟类。入池食鱼。其防卫法。以竹或木插入池内。其端缚以蒲扇。或以麻绳系于岸之二段。风吹摇动。为因之惧却不前。养鱼赖此而得保无恙矣。

　　通　州

　　鱼秧来源　鱼秧由大通芜湖等而来。

　　鱼秧种类　青鱼草鱼鲢鱼三种。

　　鱼秧价格　不以鱼之种类而高下其价。亦不论尾数若干而计其值。乃以一篓（油篓）鱼花定价几何。普通一篓值洋十六元左右。约七八百万条。极细之鱼秧。养得其法。可得五六万条。反是则可二三万条。

鱼秧运搬法　由长江轮或帆船但沿途日须换清水一二次。法以细网遮于篓口而下倾。但不可尽行泼出。约去十分之三四。补以清水。及至通地。放入小池中养之。约隔数日后。即以网网起而仍放下。盖日久鱼体上发生黏液。藉网绳而擦去之。否则不易生长也。

池之深浅　约六七尺。

进出水　池之小者。筑水门一二。大者以竹编成竹排。于通水源处隔断。水可流通。鱼不得出入。

水源　通运河。

树木与鱼之关系　池周不可多种树木。盖树木多。日光为之遮荫。日光少。池水温度降。则鱼之发育不速。因上种鱼类。概喜池水稍温故也。

预防有害鱼发生之别法　鲤鲦鲈鳜鱼等。为有害鱼之鱼类。前用巴豆粉末药死法。今将池底之草。以竹竿二根卷拔其根而尽去之。因有害鱼产子多附于池底草上也。

忌食品及自益品　无论何种鱼类。最忌为油类食料。剩饭残粥。最为有益食品。

贩卖法　每届鱼至成长期。养殖者通知附近鱼贩。及该地鱼行。乃由该行率偕鱼贩。同带网具。来池捕鱼。养鱼者监督过秤。其价依市价而定。认鱼行计算取值。鱼行乃向各鱼贩限期交款。养鱼者将收入款中提十分一给鱼行。作为酬劳费。（行用）

给食料法　鱼于幼小时代。食料放在池边。鱼可自来取食。待至数斤后。池边水浅。鱼不能游到取食。法于池心以竹搭成四方形架。投食料于其上。以便鱼食。

图 3-1 江苏省立水产学校校友会发行的《水产》第一期封面（1917 年 12 月）

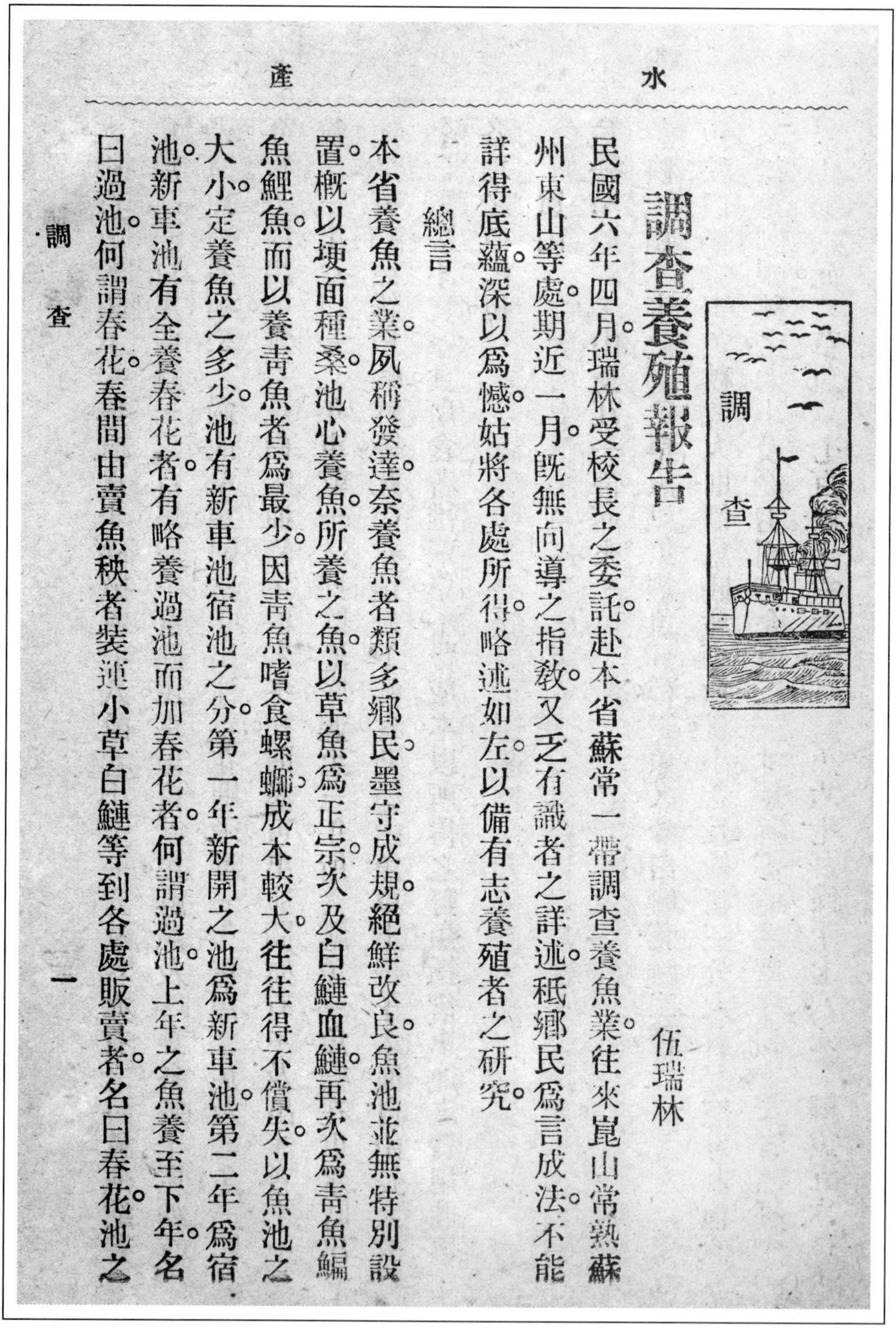

水產

調查養殖報告

伍瑞林

民國六年四月。瑞林受校長之委託。赴本省蘇常一帶調查養魚業。往來崑山常熟蘇州東山等處。期近一月。既無向導之指敎。又乏有識者之詳述。秪鄉民爲言成法。不能詳得底蘊。深以爲憾。姑將各處所得略述如左。以備有志養殖者之研究。

總言

本省養魚之業。夙稱發達。奈養魚者類多鄉民。墨守成規。絕鮮改良。魚池並無特別設置。概以埂面種桑。池心養魚。所養之魚。以草魚爲正宗。次及白鰱血鰱。再次爲青魚鯿魚鯉魚。而以養青魚者爲最少。因青魚嗜食螺螄。成本較大。往往得不償失。以魚池之大小。定養魚之多少。池有新車池宿池之分。第一年新開之池爲新車池。第二年爲宿池。新車池有全養春花者。有略養過池而加春花者。何謂過池。上年之魚養至下年。名曰過池。何謂春花。春間由賣魚秧者裝運小草白鰱等到各處販賣者。名曰春花。池之

調查 一

图 3-2 《调查养殖报告》,《水产》第一期（1917 年 12 月）

期　　一　　第

調查

大數百畝者頗不多遘概爲十餘畝或七八畝者小至一二畝者亦有之每畝池約養

草魚二三百尾白鰱一二百尾血鰱百餘尾青魚百餘尾鯉魚及鯿魚各數十尾如有

過池魚秧則稍減之過池草魚則當年出池春花則須遲一年青魚鯿魚及鯉魚三四

年後方能出池惟春花白鰱血鰱至秋末冬初則盡可出池間亦有不及出池者十中

無二三也池以一二年車乾一次掃除池底遲至三年所養鯉魚鯿魚均在車水時出

池又有鯽魚雜魚蝦蚌等此類非預先下種者乃盡由魚草上帶子入池自由長大故

名曰野魚不食家食所食者惟荒草不費成本以所得之野魚抵償車池之費用此爲

各地之概況也

　崑山

魚秧來源　多由長江一帶而來。

魚秧種類　青魚鰱魚草魚鯿魚鯉魚五種。鰱魚又分白鰱花鰱二種。

魚秧價格　青魚秧愈大則價愈賤愈小愈貴小者長約二三分大者二三寸其他價

格無定例視秧之大小及優劣而定今就二三寸長者普通之價格列下：　青魚每千

條十七八元。　草魚六七百條十六七元。　鰱魚六七百條十七八元。　鯉魚五六百

二

图 3-3 《调查养殖报告》，《水产》第一期（1917 年 12 月）

水　　　　　產

條五六元。編魚五百條六七元。

魚秧買入法　由買魚秧者通信賣魚秧者或預約每年一送或間年一送某種魚秧

若干乃由賣者以船載運來此憑魚優劣定價先付賣價十分之三或五餘俟立夏後

再行支付以防魚秧之不佳及僵斃太多之意外便與交涉減少其值

魚秧販賣期　分爲三期（一）夏歷正二月（二）五六月（三）九十月。

魚池位置　距崑山十數里外沿蘇州塘及太倉塘邊附設各墾牧公司內。

魚池深淺　池之深淺以地勢之高低爲轉移高則深低則淺普通深六七尺。

魚池進出水　魚池內築水門一二通太倉塘或蘇州塘水之進出皆由此門。

水門之構造　無特別構造方法不過於通水源處掘一形似小溝濶約一尺高約二

尺許以便水之流通不用時以泥土塞斷用時去其泥土。

魚池之大小　池之最大者十數畝小者一二畝。

築池法　法甚簡單選擇適宜空地若干畝預定長濶尺寸自雇工人開池或包於工

頭均可。上大下小方圓不一底平成鍋形式掘出泥土挑於池之四週塡高爲埂以防

大水沖入埂濶二步其左右脚各步半（每步二尺五）池旁築水門一二埂面種桑埂

調查

三

图3-4　《调查养殖报告》，《水产》第一期（1917年12月）

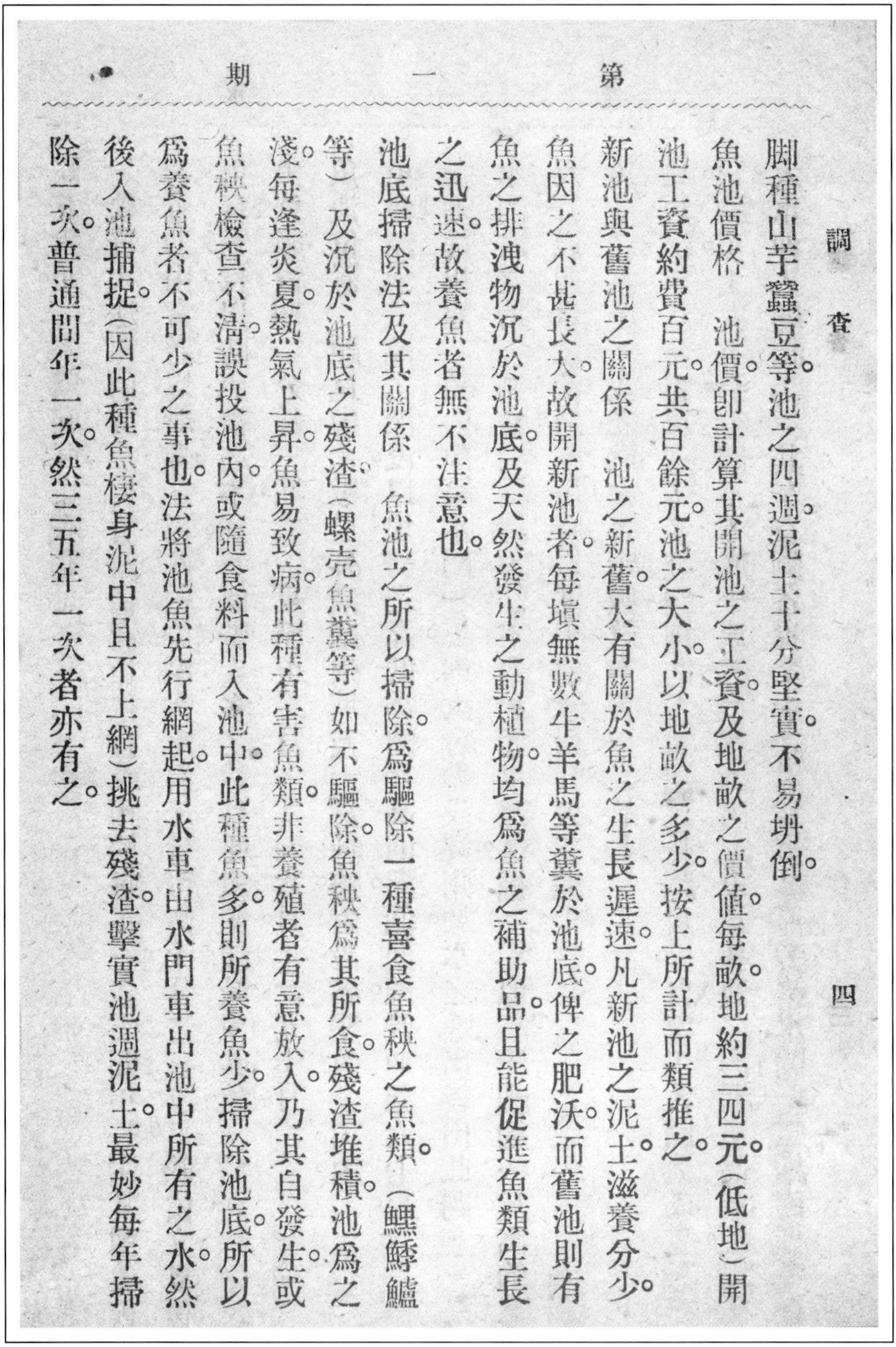

調查

四

脚種山芋蠶豆等池之四週泥土十分堅實不易坍倒。

魚池價格　池價即計算其開池之工資及地畝之價值每畝地約三四元（低地）開

池工資約費百餘元池之大小以地畝之多少按上所計而類推之

新池與舊池之關係　池之新舊大有關於魚之生長遲速凡新池之泥土滋養分少。

魚因之不甚長大故開新池者每填無數牛羊馬等糞於池底俾之肥沃而舊池則有

魚之排洩物沉於池底及天然發生之動植物均爲魚之補助品且能促進魚類生長

之迅速故養魚者無不注意也。

池底掃除法及其關係　魚池之所以掃除爲驅除一種喜食魚秧之魚類。（鱧鰞鱸

等）及沉於池底之殘渣（螺壳魚糞等）如不驅除魚秧爲其所食殘渣堆積池爲之

淺每逢炎熱氣上昇魚易致病此種有害魚類非養殖者有意放入乃其自發生或

魚秧檢查不淸誤投池內或隨食料而入池中此種魚多則所養魚少掃除池底所以

爲養魚者不可少之事也法將池魚先行網起用水車出水門車出池中所有之水然

後入池捕捉（因此種魚棲身泥中且不上網）挑去殘渣擊實池週泥土最妙每年掃

除一次。普通間年一次然三五年一次者亦有之。

图3-5 《调查养殖报告》,《水产》第一期（1917年12月）

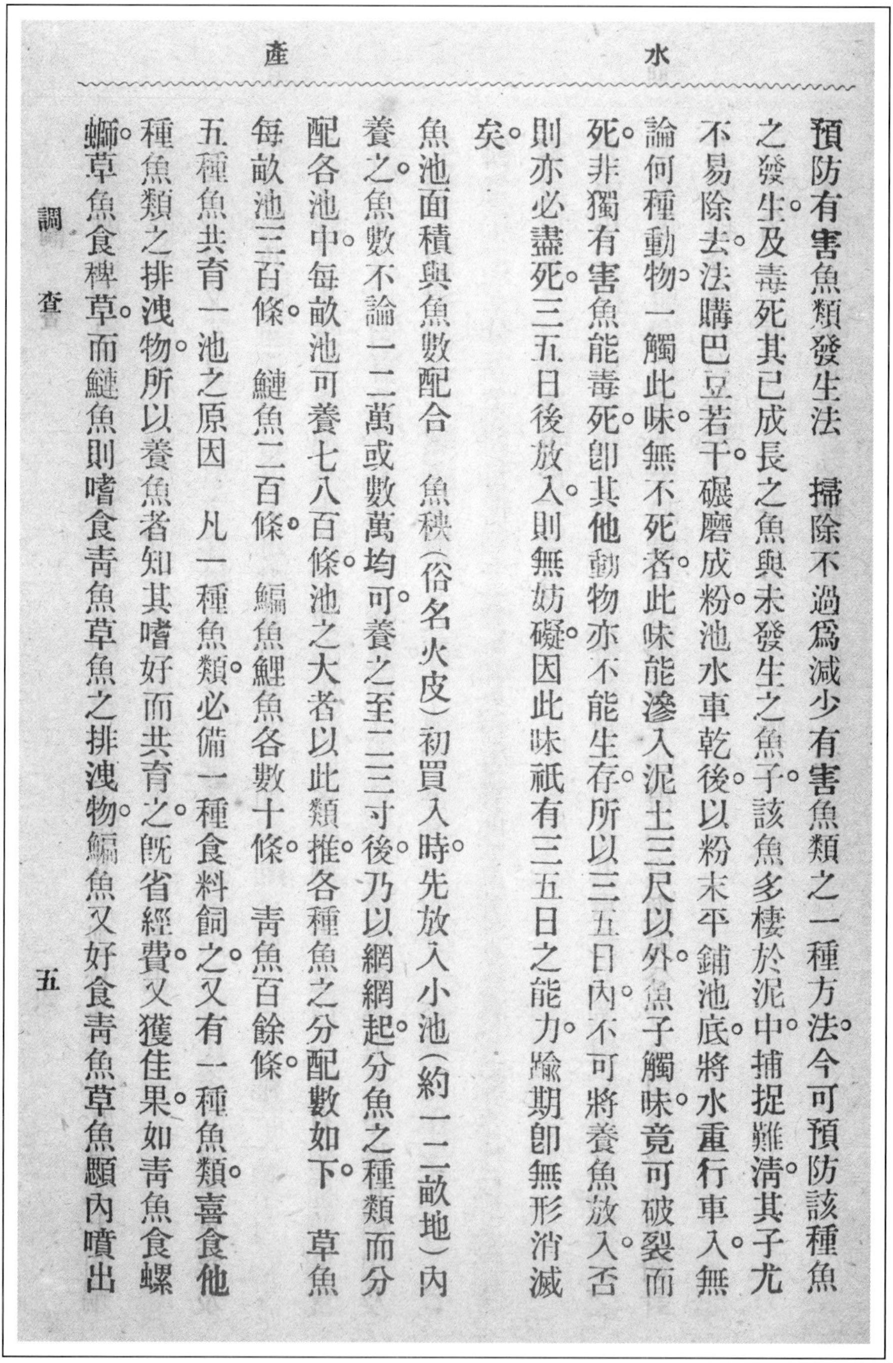

預防有害魚類發生法　掃除不過爲減少有害魚類之一種方法今可預防該種魚

之發生及毒死其已成長之魚與未發生之魚子該魚多棲於泥中捕捉難淸其子尤

不易除去法購巴豆若干礦磨成粉池水車乾後以粉末平鋪池底將水重行車入無

論何種動物一觸此味無不死者此味能滲入泥土三尺以外魚子觸味竟可破裂而

死非獨有害魚能毒死卽其他動物亦不能生存所以三五日內不可將養魚放入否

則亦必盡死三五日後放入則無妨礙因此味祇有三五日之能力踰期卽無形消滅

矣。

魚池面積與魚數配合　魚秧（俗名火皮）初買入時先放入小池（約一二畝地）內

養之魚數不論一二萬或數萬均可養之至二三寸後乃以網網起分魚之種類而分

配各池中每畝池可養七八百條池之大者以此類推各種魚之分配數如下　草魚

每畝池三百條。　鰱魚二百條。　鯿魚鯉魚各數十條。　青魚百餘條。

五種魚共育一池之原因　凡一種魚類必備一種食料飼之又有一種魚類喜食他

種魚類之排洩物所以養魚者知其嗜好而共育之旣省經費又獲佳果如靑魚食螺

蜥草魚食稗草而鰱魚則嗜食靑魚草魚之排洩物鯿魚又好食靑魚草魚顯內噴出

調查

五

图3-6 《调查养殖报告》,《水产》第一期（1917年12月）

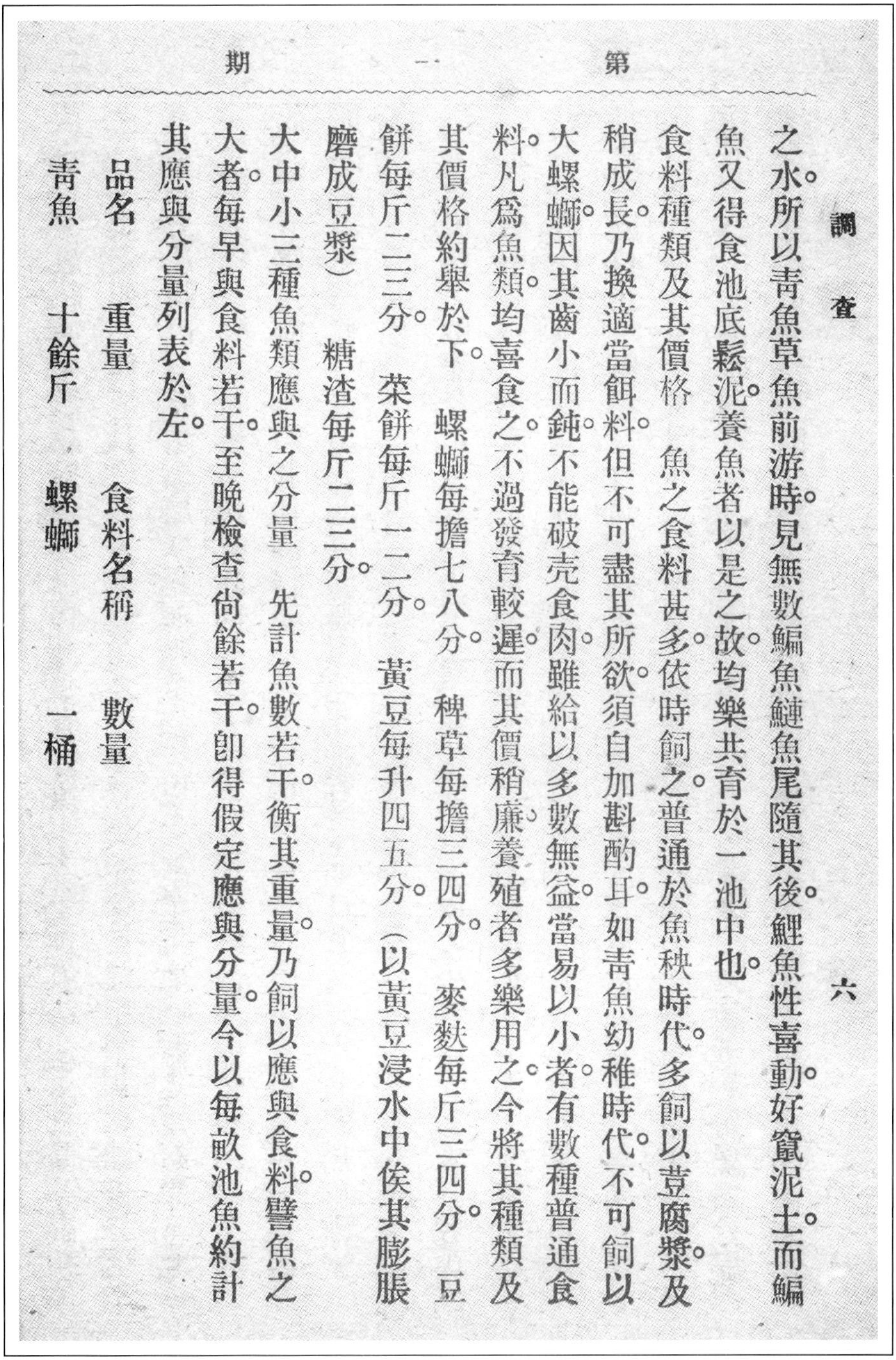

調查

六

之水所以青魚草魚前游時見無數鯿魚鰱魚尾隨其後鯉魚性喜動好鑽泥土而鯿

魚又得食池底鬆泥養魚者以是之故均樂共育於一池中也

食料種類及其價格　魚之食料甚多依時飼之普通於魚秧時代多飼以荳腐漿及

稍成長乃換適當餌料但不可盡其所欲須自加斟酌耳如青魚幼稚時代不可飼以

大螺螄因其齒小而鈍不能破殻食肉雖給以多數無益當易以小者有數種普通食

料凡為魚類均喜食之不過發育較遲而其價稍廉養殖者多樂用之今將其種類及

其價格約舉於下　螺螄每擔七八分。　稗草每擔三四分。　麥麩每斤三四分。　豆

餅每斤二三分。　菜餅每斤一二分。　黃豆每升四五分。（以黃豆浸水中俟其膨脹

磨成豆漿）　糖渣每斤二三分。

大中小三種魚類應與之分量　先計魚數若干衡其重量乃飼以應與食料譬魚之

大者每早與食料若干至晚檢查尚餘若干即得假定應與分量今以每畝池魚約計

其應與分量列表於左

品　名	重　量	食料名稱	數量
青魚	十餘斤	螺螄	一桶

图 3-7　《调查养殖报告》,《水产》第一期（1917 年 12 月）

產　　　　　　　　　　　　　　水

草魚　十餘斤　稗草　三擔
鯿魚　十餘斤　菜餅　三斤
鯉魚　十餘斤　豆餅　三斤
鰱魚　十餘斤　豆餅　三斤

上表為大魚應與分量數四五斤重者依前表減半一二斤之小者又半減之除青魚外其他概養至一二斤或四五斤重即行出池販賣

買食料之特約　食料皆由貧民放船外出採取如螺螄稗草等買者與貧民立有特約無論多少均歸買主不可代他人採取其價視料之肥瘠優劣大小及通行之值而定萬一採取不敷魚食買主亦可寬容但須竭其力量而後已

食料與時期之關係　春季飼魚之食料不可過多否易致病因十月後魚已不食餌料以數月不食之魚一日與以過分食料則不消化停滯腹內或生魚油小則發育不速大則致死立夏後與以充分之食料即無害矣八九月後又須略減其食料

魚之年齡與食料種類之關係　凡魚於魚秧之際不可與以嗜好食料如青魚之食螺螄草魚之食稗草均不能食之一律當飼以豆腐漿及稍成長乃以菜餅豆餅糖渣

調查　七

图 3-8 《调查养殖报告》,《水产》第一期（1917 年 12 月）

調查

八

等或投小螺蛳細稗草待有半斤重後卽無甚關係也。

魚病之原因　魚病概由池水之過濁天氣之不順池之過淺春季食料食之過多等

因。

治法　池水過濁以黃泥加入可以澄清池淺則每逢炎熱地氣上昇魚樓池中易生

體熱症祗得略加開深春季食料略加節制夏季偶降暴雨熱氣向下魚因之昏迷遲

以清水車入可免

檢別魚病法　春季食料是否飼之過多及魚之有無病狀綱起剖腹視腹內油之有

無定魚之有病與否如因水之混濁或池之過淺魚體上必發生一種白點特別之現

象最易識別也。

販賣地點　視魚之多寡而定出賣地點多則銷與上海蘇州常州無錫等處少則賣

與本城太倉常熟以及附近小鎮等處。

運搬法　販賣各地有一種魚船專備運魚之用名曰活水船其構造亦與通常船異

船頭及船身之左右皆鑿穿一洞以便水之流通水由前入自左右流出魚藉此活水

殆不卽死船艙上面鋪板以便坐人及至販賣地十中約死去一二資本大者多自備

图3-9　《调查养殖报告》,《水产》第一期（1917年12月）

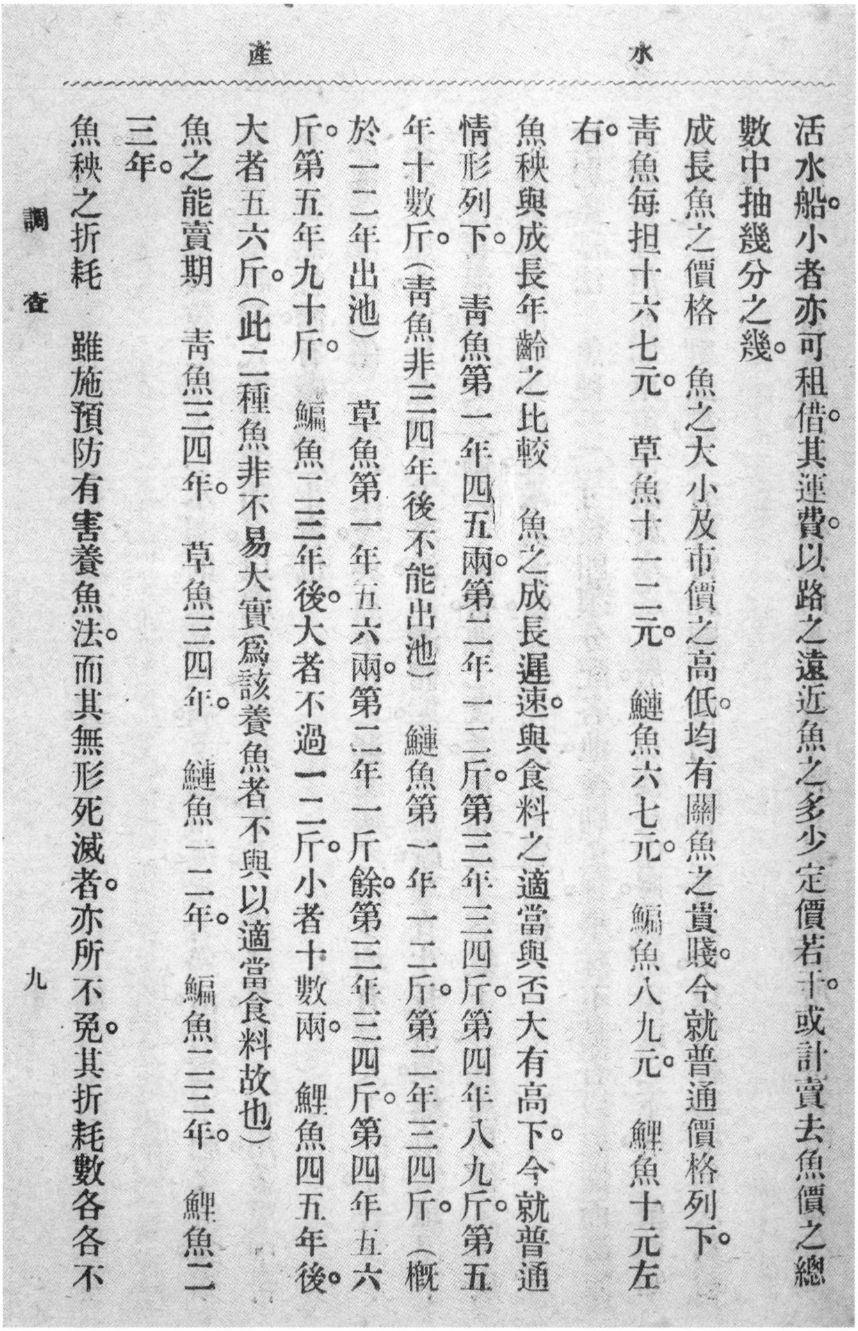

水　　　　産

活水船小者亦可租借其運費以路之遠近魚之多少定價若干或計賣去魚價之總

數中抽幾分之幾。

成長魚之價格　魚之大小及市價之高低均有關魚之貴賤今就普通價格列下

青魚每担十六七元　草魚十一二元　鰱魚六七元　鰞魚八九元　鯉魚十元左

右。

魚秧與成長年齡之比較　魚之成長遲速與食料之適當與否大有高下今就普通

情形列下。　青魚第一年四五兩第二年一二斤第三年三四斤第四年八九斤第五

年十數斤。(青魚非三四年後不能出池)　鰱魚第一年一二斤第二年三四斤(概

於一二年出池)　草魚第一年五六兩第二年一斤餘第三年三四斤第四年五六

斤。第五年九十斤。　鰞魚二三年後大者不過一二斤小者十數兩　鯉魚四五年後。

大者五六斤(此二種魚非不易大實爲該養魚者不與以適當食料故也)

魚之能賣期　青魚三四年。　草魚三四年。　鰱魚一二年。　鰞魚二三年。　鯉魚二

三年。

魚秧之折耗　雖施預防有害養魚法。而其無形死滅者亦所不免其折耗數各各不

調查

九

图 3-10　《调查养殖报告》,《水产》第一期（1917 年 12 月）

第　一　期

調查

同。約舉於下。　青魚四五折。　鰱魚六七折。　草魚六七折。　鯿魚七八折。　鯉魚九

折。

水之清濁與魚之關係　水濁則魚易致病上已略述。水若過清則爲不肥之特證亦
難速長當時潑人糞而混和之以肥水質但須新鮮者一逢盛夏則不可用蓋糞中含
有一種熱性體有礙魚之生育也

魚池深淺之關係　池之深淺與魚生長之遲速病之多少均有莫大之關係若深至
丈外之魚池魚於池內上下游泳活潑體態運動血脈理宜生長倍速然池深地溫下
降魚性喜溫者所受之益反不敵害池之淺者每屆夏季熱氣上昇過魚所欲之溫度
則易致病深淺均非所宜求其適當非研究魚性不爲功也

檢別魚秧法　魚秧一二寸後卽須分配各池檢別魚種事殊不易有以魚性而認定
其爲何種魚類如草魚喜游於水之上層鰱魚樓於中層而鯉魚則居下層一望而知
其爲草魚鰱魚鯉魚矣又有專恃經驗而檢別之者二者之中以恃經驗檢別法爲較
可靠。

附誌　本省養殖法概多相似同者不贅今將其異點及前所未得者略述如左。

十

图 3-11 《调查养殖报告》,《水产》第一期（1917 年 12 月）

水　　產

常熟

魚秧來源　蘇州菱湖無錫常州等處。

魚秧種類　草魚鰱魚鯉魚編魚四種。

魚秧價格　其價格以魚之種類及魚之大小重量而定有以手勢計其大小如母指大中指大●一手大等名稱以重量計其大小如七百擔頭五百擔頭三百擔頭等名稱（即幾百條一擔重之謂也）或以尾數或以斗量而定其價者亦有之今就三四寸長之小魚價格列下　草魚每百條三四元　鰱魚二三元　編魚二三元　鯉魚一二元。

魚池位置　距常熟二十餘里沿侍浜河及北市橋。

魚池深淺　八九尺深

魚池進出水　由築成之水門進出

水源　侍浜河及橫涇塘

水門之構造　距池四五尺間開一長方形小溝附以長方石用木板爲門以便啓閉。

魚病　（一）夏季魚食飽後若降暴雨則有性命之憂（二）鰓內偶生瘰瘤則不易生

調查

十一

图 3-12　《调查养殖报告》,《水产》第一期（1917 年 12 月）

第　一　期

調査

十二

長。（原因不詳）

治法　（一）速以清水車入可免（二）以菜油腳和草飼之可愈。

魚之能賣期　視買來時之大小及餌料之適當否方能定其能賣期普通如鯉魚每擔約千條者二三年後青魚每擔約二三百條者一二年後草魚鯉魚鯿魚各每擔約五六百條者一二年後可也

採卵法及孵化法　青鰱草鯿鯉等魚之產卵期在二三月間業此者預先運船前去（九江以上）見白沫上昇處即知產卵地乃以麻布袋張其處經數小時取上將卵放入缸中約五日後發生極小魚形乃飼以煮熟之雞蛋黃但須拈碎經二十日後其形稍大再飼以豆腐漿一二月後間以豆餅菜餅飼之據云青草鰱鯿等魚本省雖養之至數十斤後終不能產卵孵化須至九江以上採卵而後可惟鯉魚可能養之產卵孵化其採卵法與前不同法用楊樹根曬乾結爲一束待屆產卵期放入池內雌者先附上產卵雄者後亦附上射精既已速須取上遲則爲其所食孵化法同上又鯿魚魚秧他處所無買者須往常州芙蓉圩因其產卵地祇爲該縣人所知究不知是否屬實

魚之發育最盛期　七八月間

图 3-13 《调查养殖报告》，《水产》第一期（1917 年 12 月）

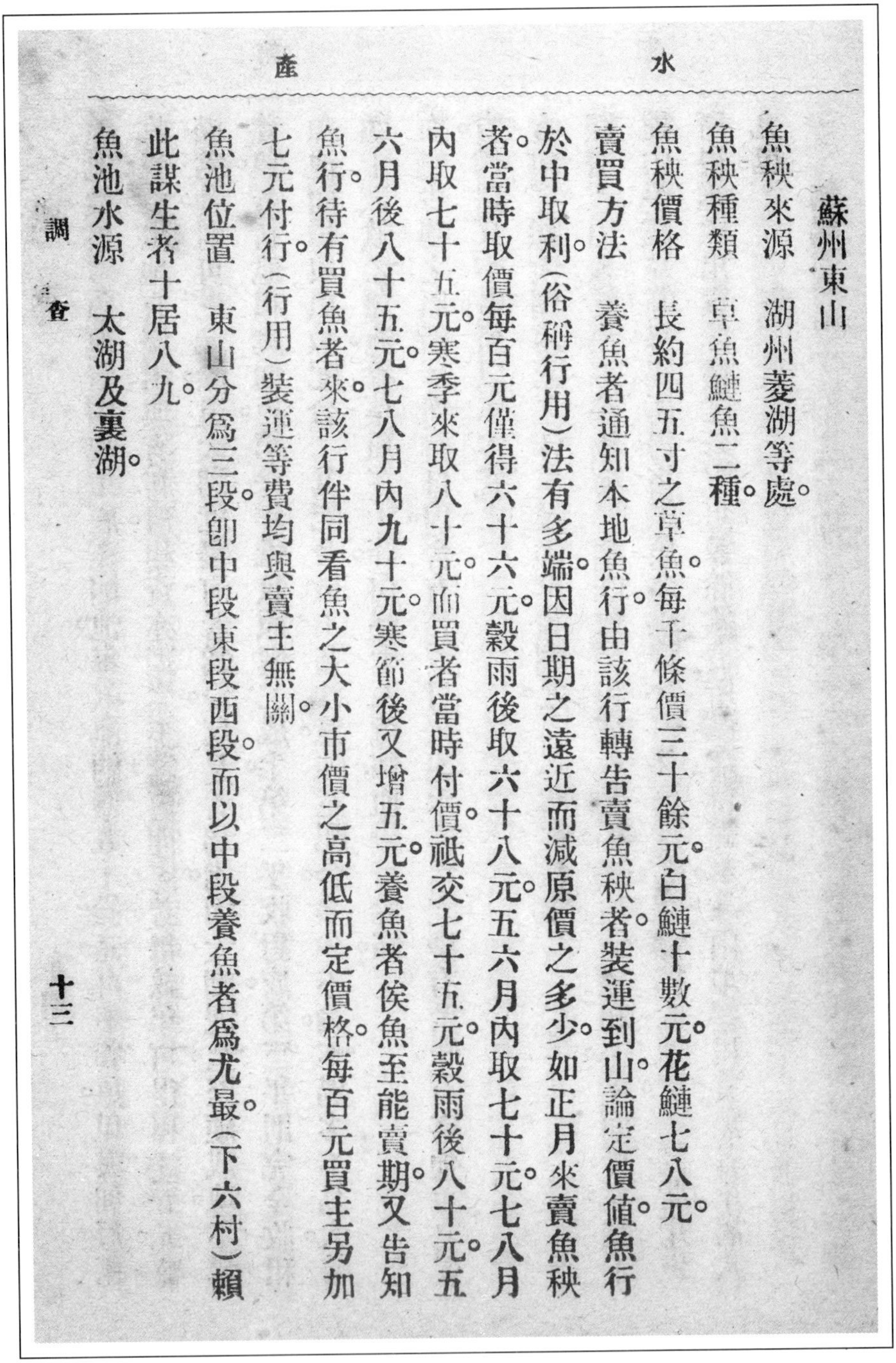

水　　　產

蘇州東山

魚秧來源　湖州菱湖等處。

魚秧種類　草魚鰱魚二種。

魚秧價格　長約四五寸之草魚每千條價三十餘元。白鰱十數元。花鰱七八元。

賣買方法　養魚者通知本地魚行由該行轉告賣魚秧者裝運到山論定價值魚行於中取利（俗稱行用）法有多端因日期之遠近而減原價之多少如正月來賣魚秧者當時取價每百元僅得六十六元穀雨後取六十八元五六月內取七十元七八月內取七十五元寒季來取八十元而買者當時付價祇交七十五元穀雨後八十元五六月後八十五元七八月內九十元寒節後又增五元養魚者侯魚至能賣期又告知

魚行待有買魚者來該行伴同看魚之大小市價之高低而定價格每百元買主另加七元付行（行用）裝運等費均與賣主無關。

魚池位置　東山分為三段即中段東段西段而以中段養魚者為尤最（下六村）賴此謀生者十居八九。

魚池水源　太湖及裏湖。

調查

十三

图 3-14　《调查养殖报告》,《水产》第一期（1917 年 12 月）

調查

十四

魚池價格　魚池概由地主雇工開池。每畝池約價五十餘元自不養魚租與佃戶藉收租貲但地有優劣池有新舊租貲亦因之不等而優者每畝年可得租洋五元舊而劣者則可三元遠太湖近裏河者爲優反是者爲劣因太湖泥土堅硬成塊不適養魚若新池租與佃戶第一年祗收原價二成半第二年收對成第三年則完全收租。

魚池面積與魚數配合　其配合數不甚注意隨意配合多少不論不過多不易大普通十數畝之魚池養草魚二千條白鰱七八百條血鰱百餘條。

血鰱少養之原因　血鰱口內含有苦質日久池水亦爲之染有苦味。有害他魚之發育銷路又不廣所以不多養之。

食料　採太湖水上之浮草及雜草等飼之。

經濟　山地養魚每年均獲厚利旣無魚稅成本又小。魚池概係租來塝面種桑塝下種山芋薯豆等每年所得可抵魚池租貲食料又自採取每逢掃除池底一切費用以所得雜魚出賣除償之外或可盈餘據上所述烏得虧本。故山地鄉民養魚者十居八九也。

無錫

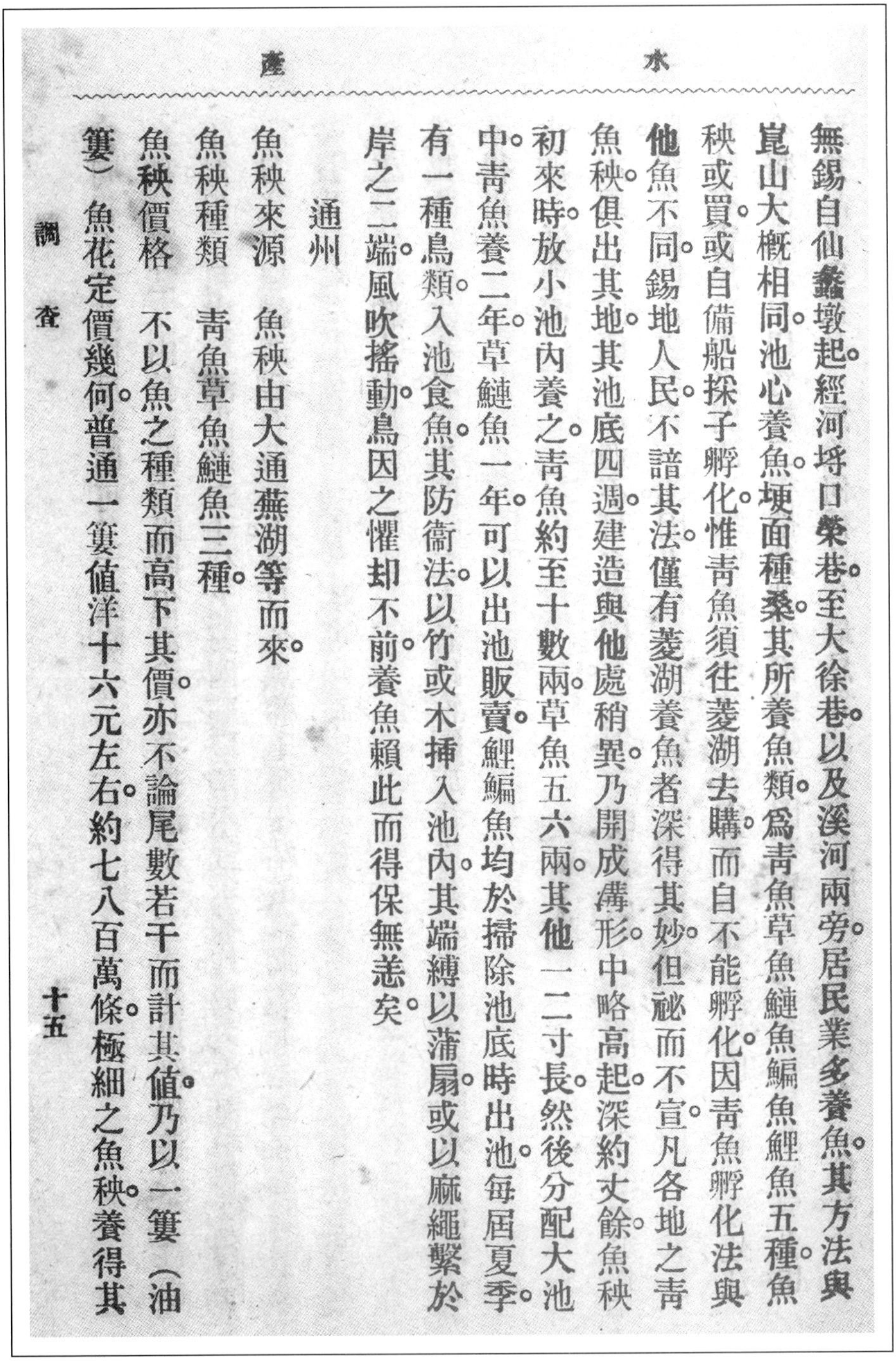

水　產

無錫自仙蠡墩起經河埠口榮巷至大徐巷以及溪河兩旁居民業多養魚其方法與崑山大概相同池心養魚埂面種桑其所養魚類爲青魚草魚鰱魚鯿魚鯉魚五種魚秧或買或自備船採子孵化惟青魚須往菱湖去購而自不能孵化因青魚孵化法與他魚不同錫地人民不諳其法僅有菱湖養魚者深得其妙但祕而不宣凡各地之青魚秧俱出其地其池底四週建造與他處稍異乃開成礶形中略高起深約丈餘魚秧初來時放小池內養之青魚約至十數兩草魚五六兩其他一二寸長然後分配大池中青魚養二年草鰱魚一年可以出池販賣鯉鯿魚均於掃除池底時出池每居夏季有一種鳥類入池食魚其防衛法以竹或木插入池內其端縛以蒲扇或以麻繩繫於岸之二端風吹搖動鳥因之懼卻不前養魚賴此而得保無恙矣

通州

魚秧來源　魚秧由大通蕪湖等而來。

魚秧種類　青魚草魚鰱魚三種。

魚秧價格　不以魚之種類而高下其價亦不論尾數若干而計其值乃以一簍（油簍）魚花定價幾何普通一簍值洋十六元左右約七八百萬條極細之魚秧養得其

調查　　　　　　　　　　　　　　　十五

图 3-16 《调查养殖报告》,《水产》第一期（1917 年 12 月）

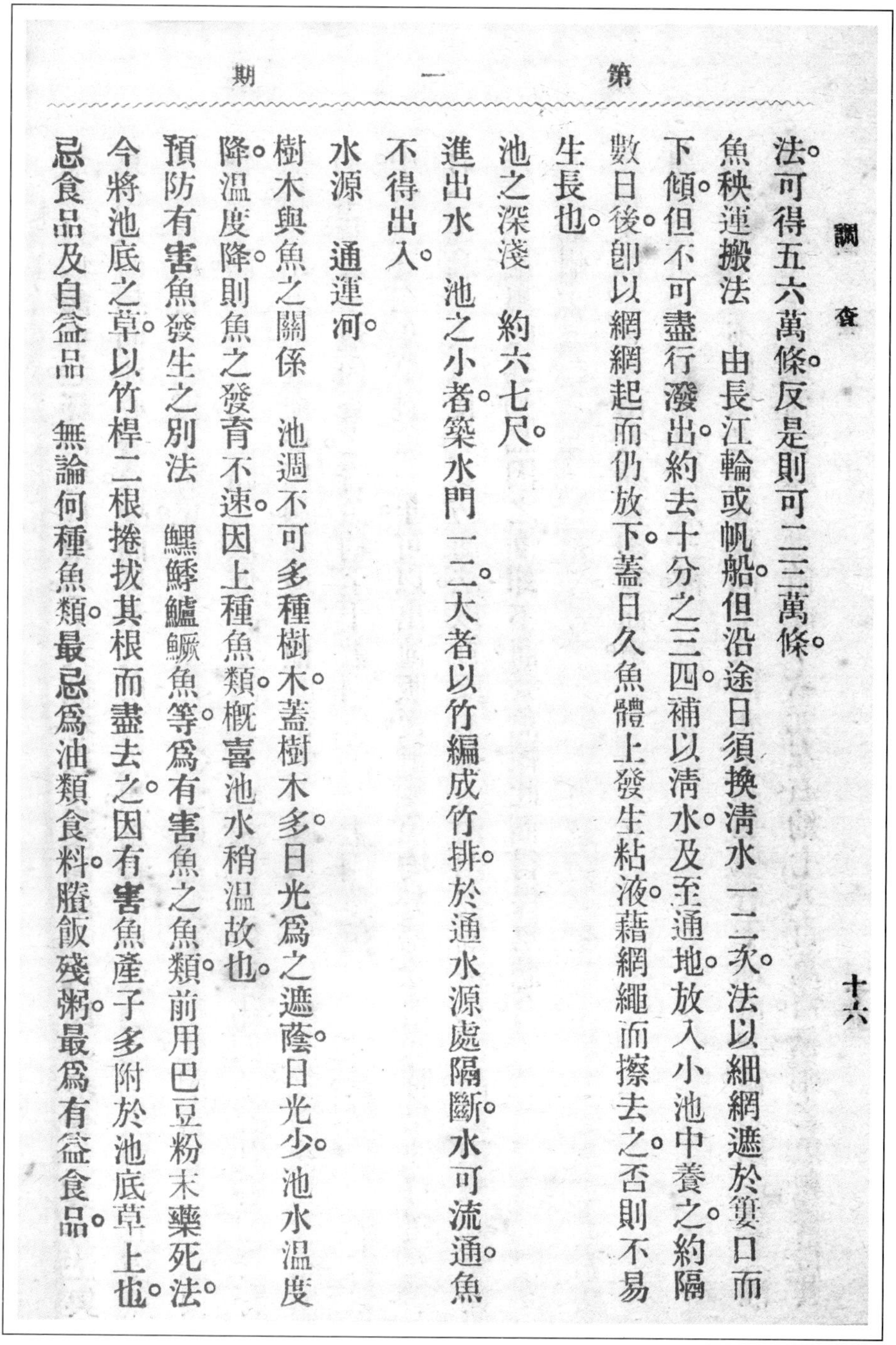

第 一 期

調査

法可得五六萬條反是則可二三萬條。

魚秧運搬法　由長江輪或帆船但沿途日須換清水一二次。法以細網遮於簍口而下傾但不可盡行潑出約去十分之三四補以清水及至通地放入小池中養之約隔數日後卽以網網起而仍放下蓋日久魚體上發生粘液藉網繩而擦去之否則不易生長也。

池之深淺　約六七尺。

進出水　池之小者築水門一二大者以竹編成竹排於通水源處隔斷。水可流通魚不得出入。

水源　通運河

樹木與魚之關係　池週不可多種樹木蓋樹木多日光爲之遮蔭日光少池水溫度降溫度降則魚之發育不速因上種魚類概喜池水稍溫故也。

預防有害魚發生之別法　鱧鯦鱸鱖魚等爲有害魚之魚前用巴豆粉末藥死法今將池底之草以竹桿二根捲拔其根而盡去之因有害魚產子多附於池底草上也。

忌食品及自益品　無論何種魚類最忌爲油類食料臘飯殘粥最爲有益食品。

十六

图 3-17 《调查养殖报告》，《水产》第一期（1917 年 12 月）

水　産

調査

販賣法　每屆魚至成長期養殖者通知附近魚販及該地魚行乃由該行率領魚販

同帶網具來池捕魚養魚者監督過秤其價依市價而定認魚行計算取值魚行乃向

各魚販限期交欵養魚者將收入款中提十分一給魚行作為酬勞費（行用）

給食料法　魚於幼小時代食料放在池邊魚可自來取食待至數斤後池邊水淺魚

不能遊到取食法於池心以竹搭成四方形架投食料於其上以便魚食。

調查浙江對網漁業報告　張景潊

舟山羣島羅列海中魚介藻類滋至繁多誠江浙良好之漁場也惟漁具粗陋交通阻

塞產額雖富而所獲無多卽漁獲稍豐則魚價低廉銷售乏術漁業之不振緣是故也

一歲之中以大小黃魚養魚烏賊帶魚海蟄等為出產大宗餘如淡菜蟶子蚶子螺介

紫菜之屬產額亦富然而採捕者寥寥無幾行銷亦難鯊魚一類惟閩人在沈家門設

立魚翅廠約四五家及定海數家而已至其原料多取給於延繩釣之閩船經營鯊魚

漁業者大率用流網其漁場以沙尾山東北為最大帶魚漁業多用裝餌延繩釣漁場

在嵊山浪崗附近大都為閩人所經營自小雪至大寒為採捕之佳期烏賊漁業浙人

用扳網拖網二種設網多沿島之山麓日夜無間亦用對網然非主漁具也經營海蟄

調査　十七

图 3-18　《调查养殖报告》,《水产》第一期（1917 年 12 月）

二、《水产》(第四期)(摘选)

江浙赣各地水产养殖调查报告

陈椿寿　陈谋琅

本文原载于江苏省立水产学校校友会发行的《水产》第四期，民国十一年七月（1922 年 7 月）

民国十年五月。受校长命。分赴江西九江江苏无锡洞庭浙江嘉兴湖州。调查旧有养殖方法。奔走逾月。因沿途既乏向导。而事业家又意存顾虑。底蕴秘而莫宣。致所得有难满意者。殊可憾焉。兹以所得分述于下。

九　江

鱼苗种类　鱼苗有白鲢、花鲢、草子、（草鱼）青鱼四种。

产地　鱼苗产地甚广。自湖南洞庭湖至江西湖口。长江附近一带。均产之。江西则自九江至湖口及鄱阳湖沿岸均有之。惟九江产较多。又为各地汇萃之地。故买卖出入为全省冠也。

产卵期内亲鱼之移动及产卵情形

阴历惊蛰后。亲鱼之大可二三十斤——五六十斤者。即自下游上溯达湖南洞庭湖。择水产茂盛之浅滩而栖息焉。此时鱼身既大。抱卵又极伙。故搁置水滩。举动滞钝。捕取甚易。惟闻沿岸居民。在兹产卵期内。日夜逻守。禁止渔捕。是计或因个人生计而起。实一至好之蕃殖保护策也。及闻雷声。乃竭力跳跃。将卵粒散出。卵即顺流而下。途中渐次发育。约一星期。达九江。大可 5 mm（毫米）—1.5 cm（厘米）、故每雷雨后一星期。九江必有大获。

鱼苗采捕法　采捕鱼苗。均用定置网具。网有二种。一名盆捞。一名挂捞。此二种网。网地均系夏布制。染以猪血。采捕时将该网具设之沿岸。网口向流。因鱼苗虽皆顺流而下。然身体既小。抵抗力自少。江心流力过大。不能自存。且江心水流毫无阻滞。纤细食物自少。即有。鱼苗摄食力甚弱。不克捕食。沿岸则否。水流流速既缓。且妨碍物甚多。水流往往因之停滞。鱼苗因以从容捕食。故鱼苗惟江边有之。鱼苗既入网。因水流关系。即入网底盆内。不能外逸。故不必看守。只须随时将停滞污物除去。以防网口闭塞。即可集得鱼苗。于清晨勺取之。蓄于别设大盆内。俟有顾主时。然后移入篓内。取价售去。

鱼苗产期　鱼苗产期。约有二月。然阴历立夏节至芒种节。为最盛期。

鱼苗销路　鱼苗销路。首推菱湖。江西内地次之。鱼苗中以白鲢花鲢草子为大宗。青鱼为数甚少。因白花鲢之成长速。而青鱼则反是也。

鱼苗产额　每年产额约值三十元。

贩卖及运搬法　九江一带。鱼行甚多。专收鱼秧。或购自小贩。或自遣人收集。收集后。转售之。菱湖贩鱼秧者。此时卖买均用篓计。但不分种类。篓有大小。且篓内鱼秧。如花白鲢多者价贵。否则价即廉。故菱湖营鱼秧业者。均能撰别其种类。售时以盆勺取。目计白花鲢之多少。而分别其价值之低昂。菱湖人购得后。即分装大篓。排置往来长江上下游之轮船货舱内。（闻太古怡和轮不能承运）途中昼夜不息。每二小时换水一回。换水时用出水放入篓内。则水皆集。然后用籣笆汲出。一方用船内吸筒取水倾入。且时时将吸筒放入。如有死鱼。自能吸入筒内。至上海后。改装民船托小轮拖往菱湖。运搬中每篓每日投蛋黄一个。法将鸭黄煮熟。研成粉末后。装入布袋内。浮置水内。任其摄食。既至菱湖。饲之池内。一月乃出售。

鱼秧之销之江西内地者。则用特置民船。该船长可四丈余。船底通水。舱内均木架。分十余层。每层置竹蓬三四蓬。内均鱼秧。日夜将上下各？换置。以维鱼苗生命。此项鱼秧。均钩自渔民。既足所欲。即悬红色布旗于船首。以表示之。旗作蜈蚣形。长约丈许。该旗悬挂后。习俗妇女即不能登舟。其故未明。要属迷信也。

尚有藉南浔铁路运往南昌一带者。

古时则用人肩担。每九十里为一站。每站一交代。途中不分昼夜。不能稍息。且须随时换水。

鱼苗价格及运费　（附注）是项为某菱湖贩鱼苗者所谈。

鱼苗　十八篓　八百余元

运费　一、长江轮运费（汉口至上海）百四十元。（报关费在内）

　　　二、小火轮拖费（上海至菱湖）三十元

鱼苗税　鱼苗税九江设有专局。以征收之。其税率不明。

用具图及说明。

A. 盆捞　盆捞前部略作箕形。上附三竹成廿形。该竹有二作用。一使网地不沉。一免网地歪缩。后部为一方盆。一方留一孔。中部有一囊。接连网及方盆者也。最前部尚有一竹。下抟沉子。与网全部成直角。网即系于此竹上。竹一根。系网二。该网尺寸未详。

B. 方盆　此盆构造与盆捞上方盆同。仅以夏布制成之长方形盆耳。其长边为三尺五寸。短边一尺五寸。高约二尺五寸。用以蓄鱼秧者也。

C. 篓子　篓子系竹制。内外均糊纸。纸全体均涂猪血。形状不一。其最大者。口径九十cm（厘米）。高五十八cm（厘米）。底五十五cm（厘米）。

D. 出水亦系竹篾编成。目甚粗。外表张有密布。其口径四十二cm（厘米）。底三十cm（厘米）。高二十八cm（厘米）。

E. 吸筒　吸筒以铁叶板或竹制。上端有把手。下端中央有小孔一。其直径十cm（厘米）。长七十cm（厘米）。周围四十一又二分之一cm（厘米）。

F. 籫笆　籫笆系铁叶板制。口圆。直径约一尺余。口上装把手底平。

嘉　兴

养鱼池密集地方　陶墩。　鳗鲡港。　鱼池汇。　南门外南湖附近。

池数　池共百余个。南门外五六十个。陶墩鳗鲡港等处共五十六个。（此数不甚确云如是姑录之）

池之大小　此地鱼池面积自一亩至十亩。二三亩者最多。大者较少。

池形　池形不一。均系地盘而定。概言之。以方性者为最伙。圆形者次之。不成形者又次之。

构造　构造颇简。池掘成饭碗形。堤防（埂）面阔约三尺。倾斜度仰角约四十五度。高出水面约三尺。近水源方面。有小沟二。高出水面约尺许。一备捕鱼时进船及投饵用。上部阔约四尺。下部约二尺。一备给水用。阔约一尺。平时以石或板土等闭塞之。使用始启之。故有仅掘一沟以兼用之者。

池深　池最深处七尺乃至一丈。

养殖鱼类　花鲢、白鲢、草鱼、（池鱼）为最多。青鱼、鲤鱼、鳊鱼、等次之。

鱼秧　鱼秧均由菱湖购取。大小因季而异。价值亦不同。各由购者指定。大抵夏季鱼秧形常小。［长约一·五 cm（厘米）——三·cm（厘米）］冬季形常大。［一 cm（厘米）——二五 cm（厘米）］其价值概言之。与鱼秧大小适成反比例。即大者廉。而小者昂。例如下。

夏季鱼秧　长一·五——二·○千尾四十一元。

冬季鱼秧　鲢体重十两左右　千尾十五元。

青鱼体重每担六七十尾　每担三十五元

草鱼体重每担六七十尾　每担略同上

鱼秧运搬法　鱼秧由菱湖人用活水船送来。该船首及左右底侧。开有四孔。张以篾帘。使与河水流通。如搬运小鱼秧。则途中略饲豆腐浆。较大者则不必投饵。运到后。以碗勺计其数。放入池内。饲养之。

饲养法　幼稚鱼秧。五月放入。饲以瓢沙。（一种水草名）此草购自菱湖。一萝三四元。萝之直径可尺许。高半尺。六月起。投以蒁子草竹节草。近一月。此后用水草螺蛳。缺乏时。用菜饼、豆饼、百脚草、豆粕、糠、糖糟等。均无不可。

水草以一人独泛一舟至清浅水处。用细竹二枝。夹而捻取之。

螺蛳则或以网或以手采捕。但养鱼家不自采取。乃购之渔夫。购入时或以担计。或以器量。价良货每桶四元。桶大可容米八斗半。但购时须注意。盖此等贩者往往混以空壳愚人也。

饲养期限　饲养时日。视养鱼者之资本大小而异。有春季放入养至仝年秋季售去者。有养至二三年后始出售者。资本既大。则可多备鱼池。分配大小各鱼。鱼秧饵料等费亦能裕如支出。非若资本小者之不急求售。及周转不灵也。

投饵法及其量　豆腐浆则撒之池内即可。水草则堆至池边。任其摄食。螺蛳亦然。他如瓢沙豆饼等则置之蓬内。浮于水面。以免四散。

投饵量不定。须视天气与鱼类之食欲量而增减之。如食之过多。则易致疾。过少则成长迟缓。于经济上不免损失。故斟酌饵量。为一绝大问题。历来养鱼家均无成规。惟经验是恃耳。鱼类食欲。一年以五月——十月为大。而尤以八九月为最。

投饵回数　投饵回数普通每日一回。（早晨）然食量大时。亦有一日二回者。

放养数量及其成长数　放养量及其成长数。颇不一定。因池有肥瘠。投饵有多少。大致三亩池。春季放秧担半。冬季可成长至八两——一斤。

水质　用水系纯淡水。

水量　鱼池大半均凭河而设。故颇充足。池水殆不置换。除特别需要（池泛等）外。殆终年不换池水。排注全赖水车。中心小沟连络。不用时则闭塞之。水车亦即撤去。据云如与河水相通池。水质即淡。鱼之成长不佳。

池水终年不冰。洪水间数年或一有之。此时临时工事填高埝面。既属不及。但仓卒间无多量积泥。以供应用。故插竹帘于埝面。以防鱼类外逸。

整理鱼池　普通三年一回。整理前先将鱼类捕尽。乃用水车。车出池水。掘取池底螺壳及腐泥。堆置埝面。倾斜面之有崩颓者。修理之。此等工事。概于冬季行之。

养殖鱼捕取方法　法以二小船。由小沟牵入池内。然后用牵塘网捕取之。捕取后。移养于活水船内。（见鱼移运搬法）运往市场。

害敌绝少。疾病惟泛池及瘟鱼为烈。泛池在天气郁热。给食太多时有之。鱼身横置。水色呈褐色。虽不即死。然奄奄一息。食之无味矣。以车入清水治之。瘟时无甚现象发生。惟鱼类食欲顿减。举动迟钝。寻即致毙。且传染甚速。顷刻全池。殊可虞也。且闻此病发现。养鱼家仅能束手旁观。无良法救治云。

饲养中死亡率　死亡率不一定。如遇泛、瘟、洪水等事。致多数死亡。姑置弗论。即平时亦与放养量之多少。放养鱼秧之大小。饵料之充足与否等种种。大有关系。概言之。五折——九折也。

销路　嘉兴上海各鱼行及个人收买者。

副业　鱼池均种桑树。间以芋头。该桑于植秧时施肥后。每年以池底腐泥作肥料。废物利用。一举两得。故养鱼家均以养蚕为副业也。桑地一亩。年可得叶二十担。

工事费　工事或包工或雇工。开掘一亩池。约需百工。每工约四角。地价每亩约四五十元。

施肥　新筑池有使用洋灰、石灰者。有于整理鱼池时。施人兽粪者。有于水澄清时投以人兽粪者。颇不一定。甚至于整理鱼池用巴豆消毒者。

人夫　长工一人。良者年给约五十元。由主人给食。劣者三四十元不等。

纯益　自己经营而成绩佳者。每亩池可盈五十元。

无　锡

鱼池密集地　自仙女墩。至大渲口。沿梁清溪二旁。居民类多养鱼。共有六七百家。对于筑池等项大都与他地无异。今以较异之荣氏池述之。

鱼池所在地　万安市外滩。（离无锡二十里）

沿革　荣氏为无锡有数实业家。于民国初置地百三十亩。于该地因系洼地。价甚廉。每亩仅三元。植稻有年。均无获。乃辟其一部为池。而以掘得泥填置他部。计费金四元。从此既可耕作。又能养鱼。一举两得。诚良策也。

现状　现田内种有稻、麦、桑、三种。池内养有青、鲢、浑子、鳊、鲤、草、鲫七种。鱼秧均于阴二月放入。大可二寸。（按阴历二月应无二寸鱼秧未知有误否）鱼秧直接购自江西。初时饲以豆腐浆。继以细小草类等。稍大。乃以水草螺蛳。此项饵料。亦均取自就近河内。放养数以鲢为标准。每亩三百尾。鲢当年售去。青草鲤则三年后。始可出售。

梗面高出水面约一丈。筑成阶级状。凡三级。每池有小沟二。其作用与嘉兴一带同。梗面阔可三尺。池深约一丈。入夏后。几须每日车水入内。防范也。

每年每池均须添养鱼秧。待牵后。（即整理池底后）始如初年放养数放入。

现共有五池。三大二小。大者十亩。小者五六亩。大池养较大鱼。小池养小鱼秧。

租人饲养者每年可得租金三十元。（五亩池）

地价每亩百余元。开掘费深一丈者每亩约须二百元。

常工每人每月七元。（自备伙食）

田池共百三十亩用常工四人。

每年收入。据云经营伊始。且无适当管理人。故现在尚不明了。能切实经营者。每年收入当在二千元以上云。

洞庭东山

鱼池密集地方　洞庭东山。面积计一百九十二万方里。河港错杂。外通太湖。水利既便。食饵尤饶。故养鱼之胜。可为全苏冠。惟后山全属山地。故所有鱼池。均集全山。约共有千数百。

放养数　虽无定数。普通十亩池。养草鱼三千。花鲢六百。白鲢二百。鲤鱼一百。鳊鱼一百。青鱼二三十尾。（秧大可七八寸者）

放养时期　鱼秧均宜于清明节前放入。因清明节后。鱼鳞损伤者。不能自然痊愈也。

饵料　饵料亦属水草螺蛳。取自附近河港及太湖内。于上午三四时掉舟往取。及六七时乃返。

食饵时期　殆终年食饵。

鱼秧及成鱼买卖习惯　鱼秧均来自菱湖。鱼行购之。转售于养鱼者。当时缴价者。可照价七折。夏至后缴价八折。重阳后九折。年底则须付实价。

成鱼贩卖时则与买主接洽后。由伊用船牵后。称量计算。运费等均由买主支出。

牵池　池每二年一牵。牵池年度外。则于冬季用夹泥器将泥夹出。堆置梗面。作桑树肥料。因养鱼者一年中重阳后至翌年春为闲暇期。故整理池底。处理桑树等。均于此时行之。

租金　洞庭鱼池自营者颇鲜。大都出租他人。其价普通十亩池一个。每岁可得四十元。如新地之有桑树者。则第一年收租金二成半。第二年收半。第三年起乃收全租。其次租户树植者。第一年不取租金。

工事费　工事费因池之大小价格不同。普通十亩池。每亩工事费三十六元。五亩池。每亩二十八元。

冬季设备　冬季结冰日甚鲜。即有之。无甚害。然亦有投稻藁等。以防冻结者。

工资　常工一人。至少须四十元。伙食均由佣主供给。

鱼池价格　此地鱼池新开者。每池（面积十亩）约需五六百元。若购优良旧池者。价更贵。每池需千数百元矣。

鱼池税　鱼池税。因该地盘历来所纳漕而定。有纳田税者。有纳荡税者。

桑年产额　梗面亦种桑及芋头。十亩池。年可出四五十担。每担普通二三元。

菱　湖

菱湖一地。鱼池以数千计。只鱼秧一项。福建以北诸省殆均由该地供给。实我养鱼界之中心地。抑亦养殖鱼类之渊源也。

鱼秧来源　鱼秧均购自九江汉口。

　　鱼秧卖买　依九江调查所得之运搬法。将鱼秧运至菱湖后。即可放入池内。饲其急于售去者。分别其种类。由鱼行经手售之。养鱼秧者。价以万计。草鲢每万尾三十余元。青鱼较廉每万十余元。

　　鱼秧饲养法　鱼秧放入池内后。初饲以生豆腐浆。继以热豆腐浆。再继以瓢沙、豆饼、编草。至翌春可长至十五 cm（厘米）。价每担约二十余元。此后即照他处养法饲养。

　　供食鱼饲养期限　青鱼成长甚迟。须养四年。始能成供食鱼。每担十一二尾。价每担二十余元。鲢鱼草鱼则养二年。每尾约二三斤。价与青鱼同。

　　卖买习惯　卖买时均须经鱼行手。否则卖者受罚。鱼行取用钱一分。由卖者支出。故卖者只须与鱼行交涉。约既定。由鱼行命卖鱼者运至买者所在地交货。运费则由买者支出。

　　活水船　运搬时用活水船。该船材系杉木。船首及左右侧共有四孔。孔口张篾丝。平时若用油灰将孔口杜塞。即可运货。渔舱居船首部。约占船身之半。上部有甲板。可以任意装撤。船尾为舟子操橹寝食处。船大能容米六十石者。价一百六十元。可容长约半寸之鱼秧六万尾。

　　选别鱼秧种类　选别鱼秧种类时。用方形网。如图。

　　该网为夏布制。染以猪血。故呈黑褐色。四角用竹张之。而每角又系以横竹。不使网地歪缩。使用时三四具并列一处。四角均用竹柱固定。浮置水面。一具内养混杂鱼秧。然后用瓷盆勺取。凭目力以区别其种类。分投他网内。野鱼则弃之河内。

　　饵料　大致与各地同。惟豆饼形特小。直径约二十三 cm（厘米）。厚约半寸许。价每元十四张。瓢沙产于下浦海盐附近河或池内。乡人用船捞取。捞取时用柴编成礜状。放之河面上。围集之。因此草均浮于水面也。满欲后。及运远求售。惟往返路途较远者。途中须一回放养河内。重行捞取。否则即腐败也。运回后。以籯计售出。每籯六角。（价亦时而异来货缺少时贵至二三不定）籯之大小。高约一尺。口径一尺五寸。底径一尺弱。此草状若菜籽。色绿。

　　螺蛳产于盛家廊、梅家荡、西市、芦墟、陶庄亦均由乡人运售。

其价不详。

　　贩路　鱼秧贩路甚广。南自福建。北至直隶。成鱼贩路则以上海为主。

　　每年产额　菱湖鱼行。有每年经手十一二万元。

　　池价　池价每亩约百余元。池每个一亩至十余亩。

　　池之肥瘠与放养数　池有肥瘠之分。耕田及人烟稠密之地肥。泥色呈黑色者较白色者肥。放养数用之而异。普通每亩放长一寸鱼秧八千尾。内草鱼五千尾。

　　池深　池普通深约一丈。

　　菱湖附近鱼池　菱湖附近。如六库严家汇集港等地。均有鱼池。

　　青草鱼不宜混杂说　青鱼与草鱼。据当地人言不宜混养。否则不能同时成长也。

　　养殖青鱼之不经济　青鱼价值虽昂。然饲养中死亡率甚大。食料又贵。成长亦迟。故不甚经济。

1922-XZ11-5

图 3-19　江苏省立水产学校校友会发行的《水产》第四期封面（1922 年 7 月）

產　　　　　　水

江浙贛各地水產養殖調查報告

陳椿壽

民國十年五月受校長命分赴江西九江江蘇無錫洞庭浙江嘉興湖州調查舊有養殖方法奔走逾月因沿途既乏向導而事業家又意存顧慮底蘊秘而莫宣致所得有難滿意者殊可憾焉茲以所得分述於左。

九江

魚苗種類　魚苗有白鰱花鰱草子（草魚）青魚四種。

產地　魚苗產地甚廣自湖南洞庭湖至江西湖口長江附近一帶均產之江西則自九江至湖口及鄱陽湖沿岸均有之惟九江產較多又為各地匯萃之地故買賣出入為全省冠也

調查

產卵期內親魚之移動及產卵情形

陰歷驚蟄後親魚之大可二三十斤至五六十斤者即自下游上泝達湖南洞庭湖。擇

一

图 3-20　《江浙赣各地水产养殖调查报告》，《水产》第四期（1922 年 7 月）

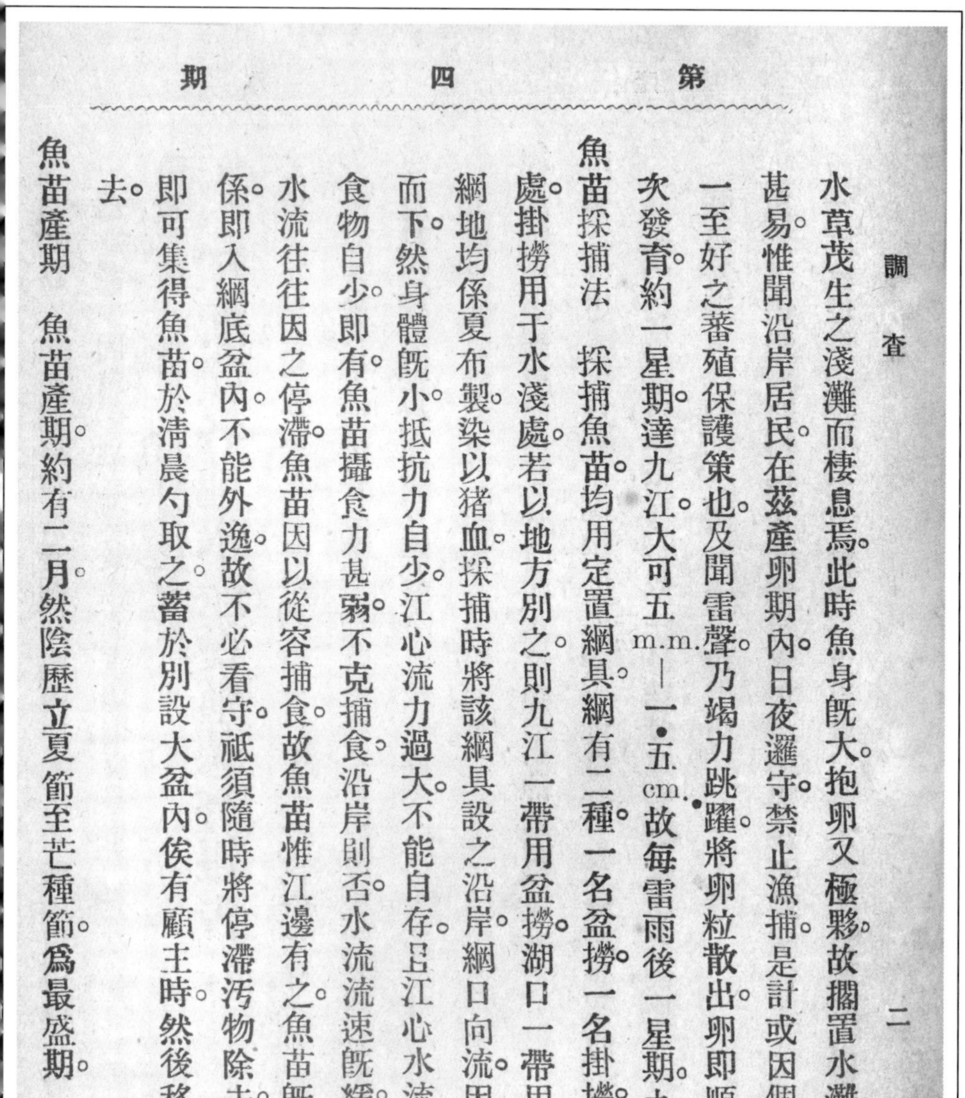
第四期

調查　二

水草茂生之淺灘而棲息焉。此時魚身既大。抱卵又極夥。故擱置水灘。舉動滯鈍。捕取甚易。惟聞沿岸居民。在茲產卵期內。日夜邏守。禁止漁捕。是計或因個人生計而起。實一至好之蕃殖保護策也。及聞雷聲。乃竭力跳躍。將卵粒散出。卵即順流而下。途中漸次發育。約一星期。達九江。大可五m.m.—一•五cm.。故每雷雨後一星期。九江必有大獲。

魚苗採捕法　採捕魚苗。均用定置網具。網有二種。一名盆撈。一名掛撈。盆撈用于水深處。掛撈用于水淺處。若以地方別之。則九江一帶用盆撈。湖口一帶用掛撈。此二種網。網地均係夏布製。染以猪血。採捕時將該網具設之沿岸。網口向流。因魚苗雖皆順流而下。然身體既小。抵抗力自少。江心流力過大。不能自存。且江心水流毫無阻滯。纖細食物自少。即有魚苗。攝食力甚弱。不克捕食。沿岸則否。水流流速既緩。且妨礙物甚多。水流往往因之停滯。魚苗因以從容捕食。故魚苗惟江邊有之。魚苗既入網。因水流關係。即入網底盆內。不能外逸。故不必看守。祗須隨時將停滯汚物除去。以防網口閉塞。即可集得魚苗。於清晨勺取之。蓄於別設大盆內。俟有顧主時。然後移入簍內。取價售去。

魚苗產期　魚苗產期。約有二月。然陰歷立夏節至芒種節。為最盛期。

图 3-21 《江浙赣各地水产养殖调查报告》,《水产》第四期（1922 年 7 月）

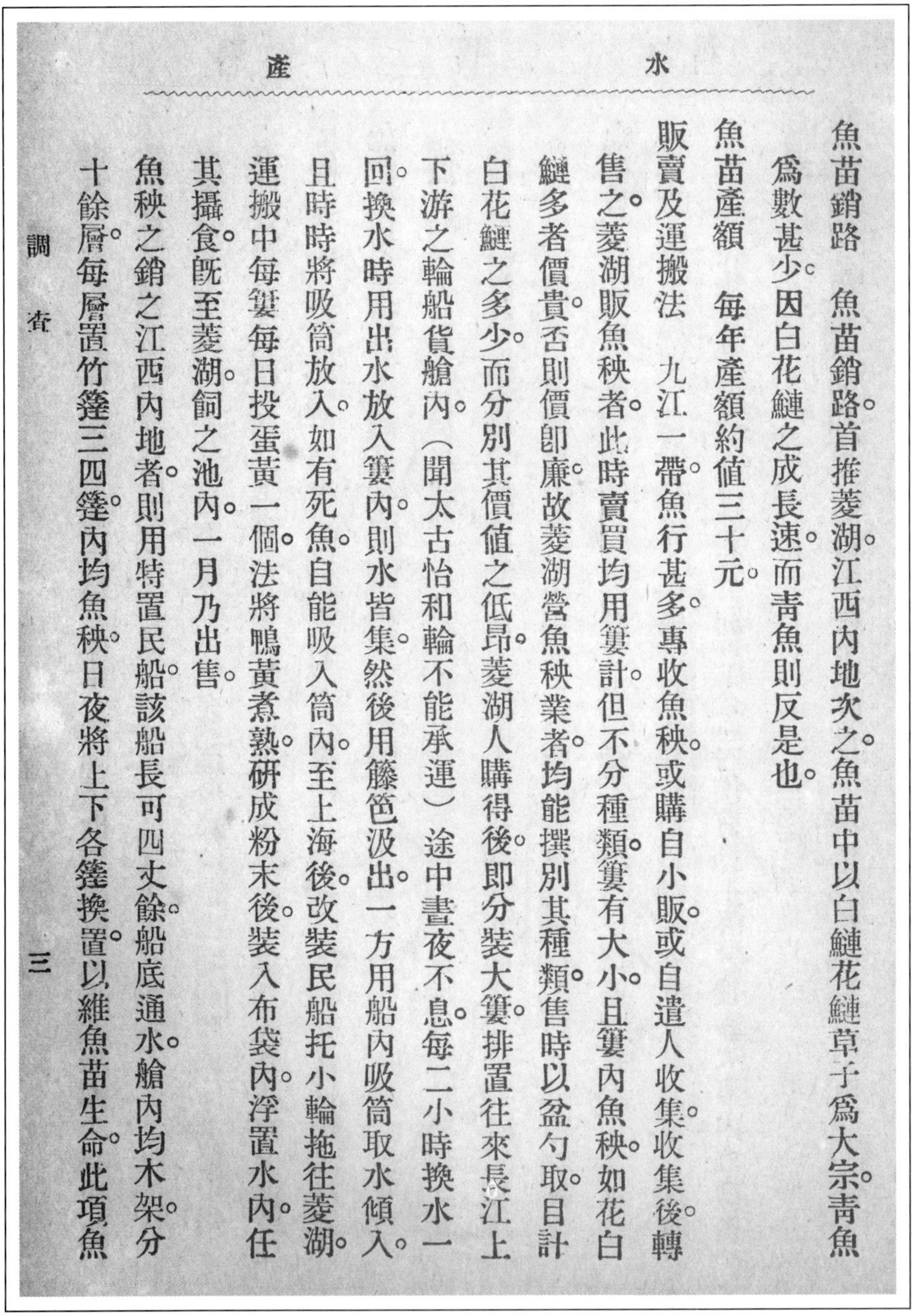

水　産

魚苗銷路　魚苗銷路首推菱湖江西內地次之魚苗中以白鰱花鰱草于爲大宗青魚爲數甚少因白花鰱之成長速之而青魚則反是也

魚苗產額　每年產額約值三十元

販賣及運搬法　九江一帶魚行甚多專收魚秧或購自小販或自遣人收集轉售之菱湖販魚秧者此時賣買均用簍計但不分種類簍有大小且簍內魚秧如花白鰱多者價貴否則價即廉故菱湖營魚秧業者均能撰別其種類售時以盆勺取目計白花鰱之多少而分別其價值之低昂菱湖人購得後即分裝大簍排置往來長江上下游之輪船貨艙內（聞太古怡和輪不能承運）途中晝夜不息每二小時換水一回換水時用出水放入簍內則水皆集然後用籮笆汲出一方用船內吸筒取水傾入且時時將吸筒放入如有死魚自能吸入筒內至上海後改裝民船托小輪拖往菱湖運搬中每簍每日投蛋黃一個法將鴨黃煮熟研成粉末後裝入布袋內浮置水內任其攝食既至菱湖飼之池內一月乃出售

魚秧之銷之江西內地者則用特置民船該船長可四丈餘船底通水艙內均木架分十餘層每層置竹筌三四筌內均魚秧日夜將上下各筌換置以維魚苗生命此項魚

調查

三

图 3-22　《江浙赣各地水产养殖调查报告》,《水产》第四期（1922 年 7 月）

第　四　期

調查

四

秧。均購自漁民既足所欲即懸紅色布旗於船首以表示之旗作蜈蚣形長約丈許該

旗懸掛後習俗婦女即不能登舟其故未明要屬迷信也。

尚有藉南潯鐵路運往南昌一帶者

古時則用人肩擔每九十里為一站每站一交代途中不分晝夜不能稍息且須隨時換水。

魚苗價格及運費　（附註）是項為某菱湖販魚苗者所談。

魚苗　十八簍　八百餘元

運費　一長江輪運費（漢口至上海）百四十元（報關費在內）
二小火輪拖費（上海至菱湖）三十元。

魚苗稅　魚苗稅九江設有專局以徵收之其稅率不明。

用具圖及說明

A. 盆撈　盆撈前部略作箕形上附三竹成廿形該竹有二作用一使綱地不沈一免綱
地歪縮後部為一方盆一方留一孔中部有一囊接連綱及方盆者也最前部尚有一
竹下搏沈子與綱全部成直角綱即繫于此竹上竹一根繫綱二該綱尺寸未詳。

图 3-23 《江浙赣各地水产养殖调查报告》,《水产》第四期（1922 年 7 月）

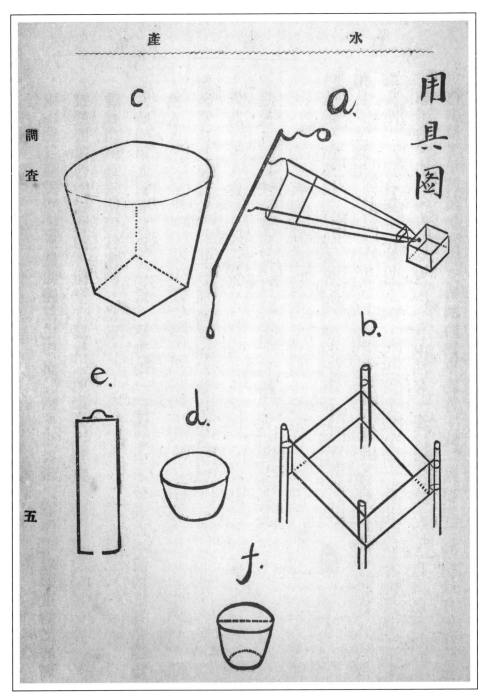

图 3-24 《江浙赣各地水产养殖调查报告》,《水产》第四期（1922 年 7 月）

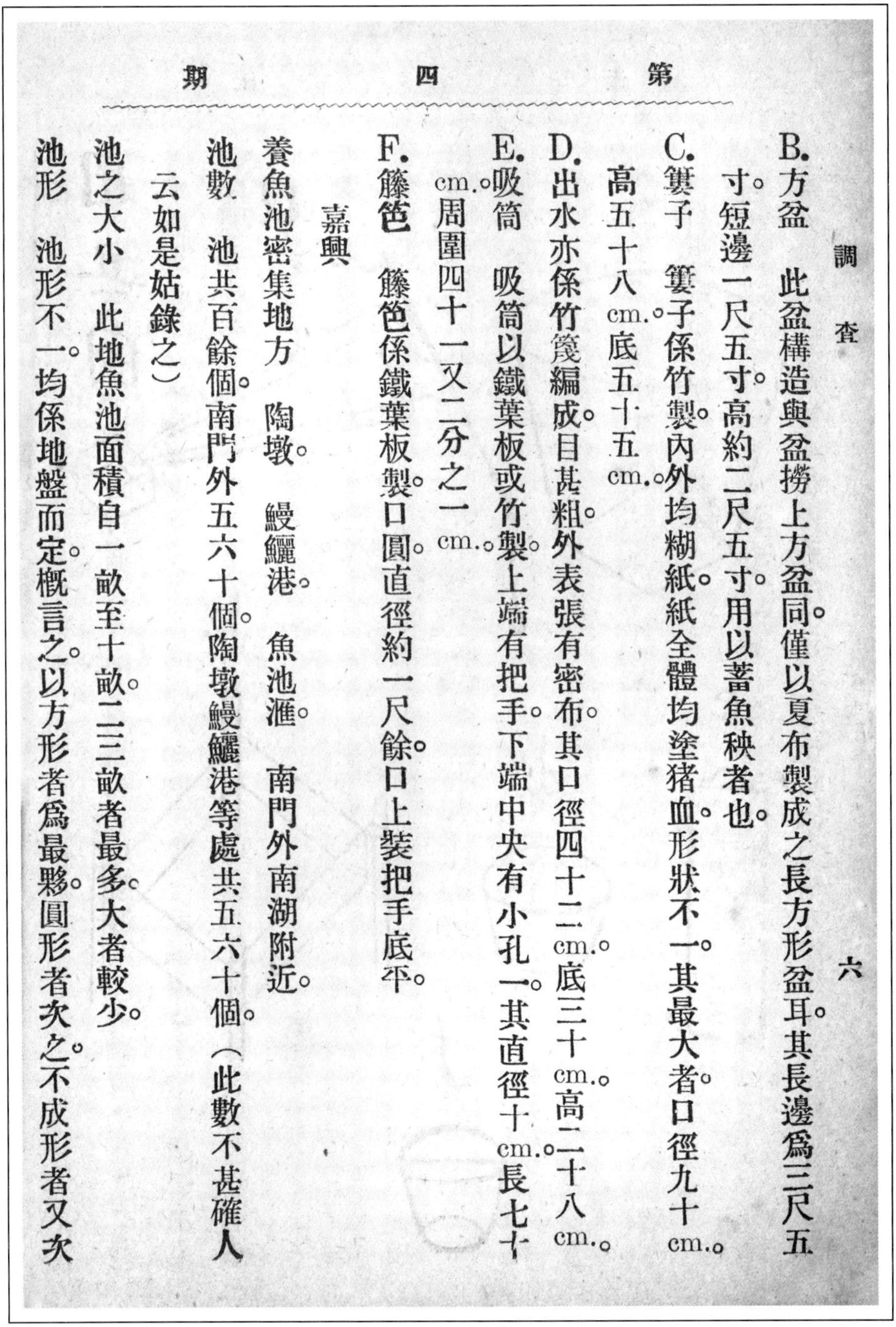

第 四 期

調查

六

B. 方盆 此盆構造與盆撈上方盆同僅以夏布製成之長方形盆耳其長邊爲三尺五寸短邊一尺五寸高約二尺五寸用以蓄魚秧者也。

C. 篝子 篝子係竹製內外均糊紙紙全體均塗豬血形狀不一其最大者口徑九十cm.高五十八cm.底五十五cm.

D. 出水亦係竹篾編成目甚粗外表張有密布其口徑四十二cm.底三十cm.高二十八cm.

E. 吸筒 吸筒以鐵葉板或竹製上端有把手下端中央有小孔一其直徑十cm.長七十cm.周圍四十一又二分之一cm.

嘉興

F. 籔笆 籔笆係鐵葉板製口圓直徑約一尺餘口上裝把手底平。

養魚池密集地方 陶墩。 鰻鱺港。 魚池滙。 南門外南湖附近。

池數 池共百餘個南門外五六十個陶墩鰻鱺港等處共五六十個（此數不甚確人云如是姑錄之）

池之大小 此地魚池面積自一畝至十畝二三畝者最多大者較少。

池形 池形不一均係地盤而定概言之以方形者爲最夥圓形者次之不成形者又次

図 3-25 《江浙赣各地水产养殖调查报告》，《水产》第四期（1922 年 7 月）

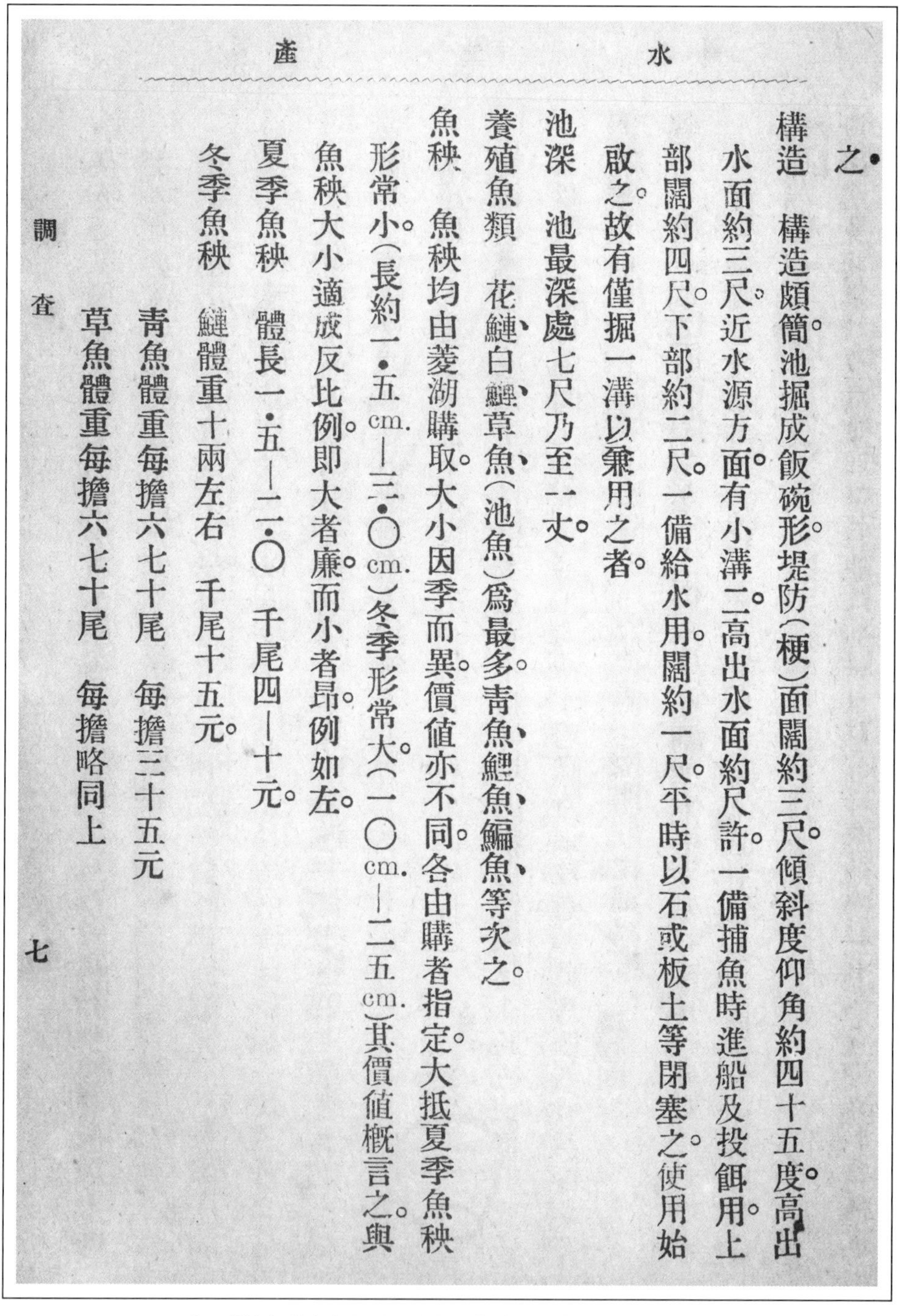

產　　　　　　　　水

之●

構造　構造頗簡池掘成飯碗形堤防（梗）面闊約三尺傾斜度仰角約四十五度高出

水面約三尺近水源方面有小溝二高出水面約尺許一備捕魚時進船及投餌用上

部闊約四尺下部約二尺一備給水用闊約一尺平時以石或板土等閉塞之使用始

啟之故有僅掘一溝以兼用之者。

池深　池最深處七尺乃至一丈

養殖魚類　花鰱白鰱草魚（池魚）爲最多青魚鯉魚鯿魚等次之

魚秧　魚秧均由菱湖購取大小因季而異價值亦不同各由購者指定大抵夏季魚秧

形常小（長約一·五—三·〇cm.）冬季形常大（一〇cm.—二五cm.）其價值概言之與

魚秧大小適成反比例即大者廉而小者昂例如左

夏季魚秧　　體長一·五—二·〇　千尾四—十元。

冬季魚秧　　鰱體重十兩左右　千尾十五元。

青魚體重每擔六七十尾　每擔三十五元

草魚體重每擔六七十尾　每擔略同上

調查

七

图3-26 《江浙赣各地水产养殖调查报告》,《水产》第四期（1922 年 7 月）

調　查

八

魚秧運搬法　魚秧由菱湖人用活水船送來該船首及左右底側開有四孔張以篾簾。使與河水流通如搬運小魚秧則途中略飼豆腐漿較大者則不必投餌運到後以碗勺計其數放入池內飼養之。

飼養法　幼稚魚秧五月放入飼以瓢沙（一種水草名）此草購自菱湖。一蘿三四圓蘿之直徑可尺許高半尺六月起投以箆子草竹節草近一月此後用水草螺螄缺乏時用菜餅豆餅百脚草豆粕糠糟糟等均無不可。

水草以一人獨泛一舟至清淺水處用細竹二枝夾而撿取之。螺螄則或以網或以手採捕但養魚家不自採取乃購之漁夫購入時或以擔計或以器量價良貨每桶四元桶大可容米八斗半但購時須注意蓋此等販者往往混以空殼愚人也。

飼養期限　飼養時日視養魚者之資本大小而異。有春季放入養至全年秋季售去者。有養至二三年後始出售者資本既大則可多備魚池分配大小各魚魚秧餌料等費亦能裕如支出非若資本小者之不急求售即週轉不靈也。

投餌法及其量　荳腐漿則撒之池內即可。水草則堆至池邊任其攝食螺螄亦然他如

图 3-27　《江浙赣各地水产养殖调查报告》，《水产》第四期（1922 年 7 月）

産　　　　　水

瓢沙豆餅等則置之筐內浮於水面以免四散。

投餌量不定。須視天氣與魚類之食慾量而增減之。如食之過多則易致疾過少則成長遲緩于經濟上不免損失故斟酌餌量爲一絶大問題歷來養魚家均無成規惟經驗是恃耳魚類食慾一年以五月—十月爲大而尤以八九月爲最。

投餌回數　投餌回數普通每日一回（早晨）然食量大時亦有一日二回者。

放養數量及其成長數　放養量及其成長數頗不一定因池有肥瘠投餌有多少大致三畝池春季放秧擔半冬季可長至八兩—一斤。

水質　用水係純淡水

水量　魚池大半均憑河而設故頗充足池水殆不置換除特別需要（池汎等）外殆終年不換池水排注全賴水車中心小溝連絡不用時則閉塞之水車亦卽撤去擾云如與河水相通池水質卽淡魚之成長不佳

池水終年不冰洪水間數年或一有之此時臨時工事塡高梗面旣屬不及但倉卒間無多量積泥以供應用故插竹簾於梗面以防魚類外逸。

整理魚池　普通三年一回整理前先將魚類捕盡乃用水車車出池水掘取池底螺殼

調查

九

图 3-28 《江浙赣各地水产养殖调查报告》，《水产》第四期（1922 年 7 月）

調查

十

及腐泥堆置梗面傾斜面之有崩頹者修理之此等工事概於冬季行之

養殖魚捕取方法 法以二小船由小溝牽入池內然後用牽塘網捕取之捕取後移養
於活水船內（見魚移運搬法）運往市場

害敵疾病 害敵絕少疾病惟汎池及瘟魚為烈汎池在天氣鬱熱給食太多時有之魚
身橫置水色呈褐色雖不即死然奄奄一息食之無味矣以車入清水治之瘟時無甚
現象發生惟魚類食慾頓減舉動遲鈍尋即斃且傳染甚速頃刻全池殊可虞也且

聞此病發現養魚家僅能束手旁觀無良法救治云

飼養中死亡率 死亡率不一定如遇汎瘟洪水等事致多數死亡姑置弗論即平時亦
與放養量之多少放養魚秧之大小餌料之充足與否等種種大有關係概言之五折
—九折也

銷路 嘉興上海各魚行及個人收買者

副業 魚池均種桑樹間以芋頭該桑於植秧時施肥後每年以池底腐泥作肥料廢物
利用一舉兩得故養魚家均以養蠶為副業也桑地一畝年可得葉二十擔

工事費 工事或包工或雇工開掘一畝池約需百工每工約四角地價每畝約四五十

图 3-29 《江浙赣各地水产养殖调查报告》，《水产》第四期（1922 年 7 月）

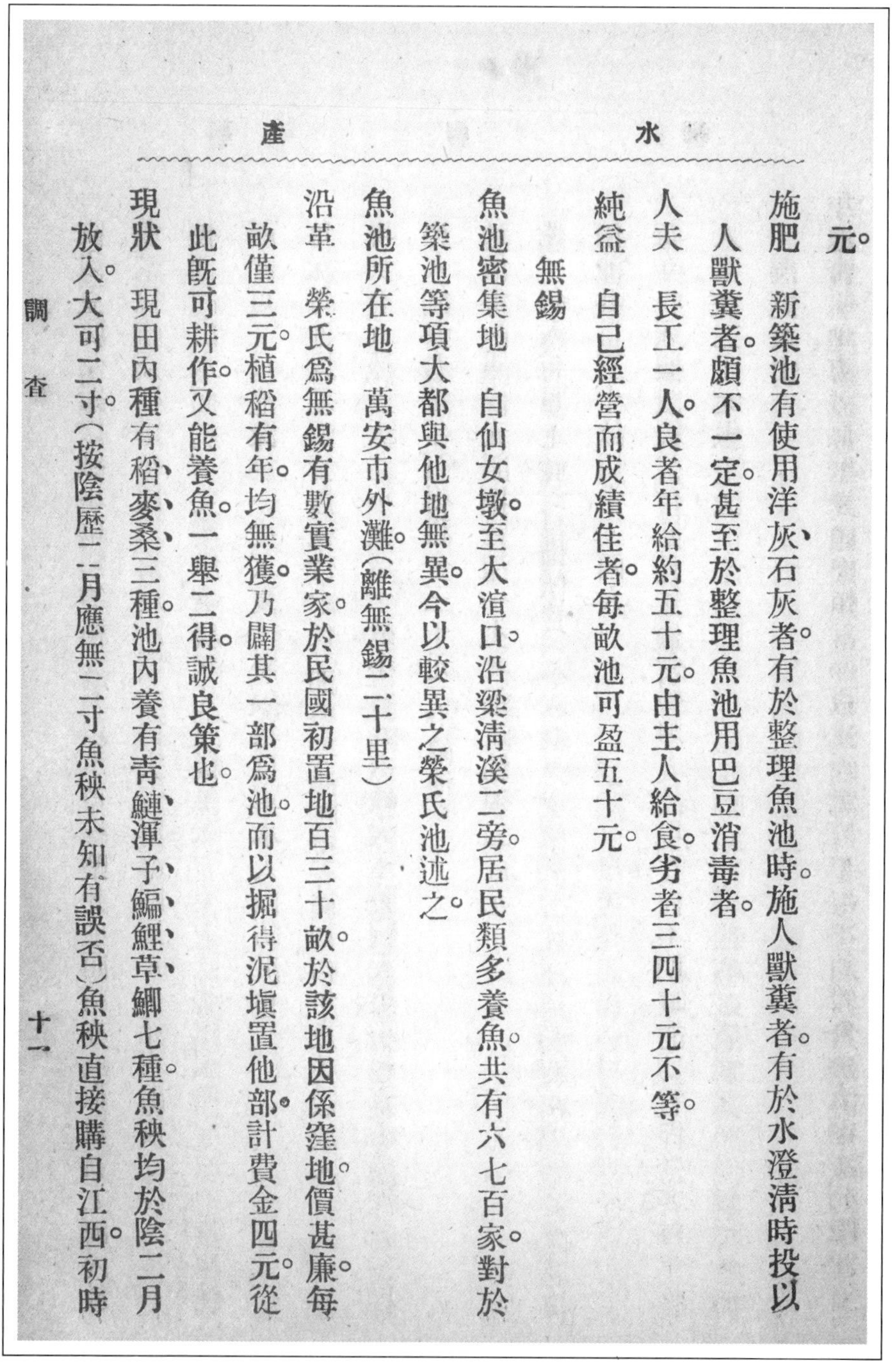

水　產

元。

施肥　新築池有使用洋灰石灰者。有於整理魚池時施人獸糞者。有於水澄清時投以

人獸糞者顏不一定。甚至於整理魚池用巴豆消毒者。

人夫　長工一人良者年給約五十元。由主人給食劣者三四十元不等。

純益　自己經營而成績佳者每畝池可盈五十元。

無錫

魚池密集地　自仙女墩至大渲口沿梁清溪二旁居民類多養魚共有六七百家。對於

築池等項大都與他地無異。今以較異之榮氏池述之

魚池所在地　萬安市外灘（離無錫二十里）

沿革　榮氏為無錫有數實業家於民國初置地百三十畝。於該地因係窪地價甚廉。每

畝僅三元植稻有年均無獲。乃關其一部為池而以掘得泥填置他部計費金四元從

此既可耕作又能養魚一舉二得誠良策也。

現狀　現田內種有稻麥桑三種池內養有青鰱渾子鯿鯉草鯽七種魚秧均於陰二月

放入大可二寸（按陰歷二月應無二寸魚秧未知有誤否）魚秧直接購自江西初時

調查

十一

图 3-30　《江浙赣各地水产养殖调查报告》,《水产》第四期（1922 年 7 月）

第　四　期

調查

飼以豆腐漿繼以細小草類等稍大乃以水草螺蛳此項餌料亦均取自就近河內放

養數以鰱爲標準每畝三百尾鯉當年售去青草鯉則三年後始可出售

梗面高出水面約一丈築成堦級狀凡三級每池有小溝二其作用與嘉興一帶同梗

面闊可三尺池深約一丈入夏後幾須每日車水入內防汛也

每年每池均須添養魚秧待牽後（即整理池底後）始如初年放養數放入

現共有五池三大二小大者十畝小者五六畝大池養較大魚小池養小魚秧

租人飼養者每年可得租金三十元（五畝池）

地價每畝百餘元開掘費深一丈者每畝約須二百元

常工每人每月七元（自備伙食）

田池共百三十畝用常工四人

每年收入據云經營伊始且無適當管理人故現在尚不明瞭能切實經營者每年收

入當在二千元以上云

洞庭東山

魚池密集地方　洞庭東山面積計一百九十二方里河港錯雜外通太湖水利旣便食

十二

图 3-31　《江浙赣各地水产养殖调查报告》，《水产》第四期（1922 年 7 月）

水　產

餌尤饒故養魚之勝可爲全蘇冠惟後山全屬山地故所有魚池均集前山約共有千數百。

放養數　雖無定數普通十畝池養草魚三千花鰱六百白鰱二百鯉魚一百編魚一百。

青魚二三十尾（秋大可七八寸者）

放養時期　魚秧均宜於清明節前放入因清明節後魚鱗損傷者不能自然全愈也。

餌料　餌料亦屬水草螺螄取自附近河港及太湖內於上午三四時掉舟往取及六七時乃返。

食餌時期　殆終年食餌。

魚秧及成魚買賣習慣　魚秧均來自菱湖魚行購之轉售於養魚者當時繳價者可照價七折夏至後繳價八折重陽後九折年底則須付實價。

成魚販買時則與買主接洽後由伊用船牽秤量計算運費等均由買主支出。

牽池　池每二年一牽牽池年度外則于冬季用夾泥器將泥夾出堆置梗面作桑樹肥料因養魚者一年中重陽後至翌年春爲暇閒期故整理池底處理桑樹等均於此時行之。

調查

十三

图 3-32 《江浙赣各地水产养殖调查报告》，《水产》第四期（1922 年 7 月）

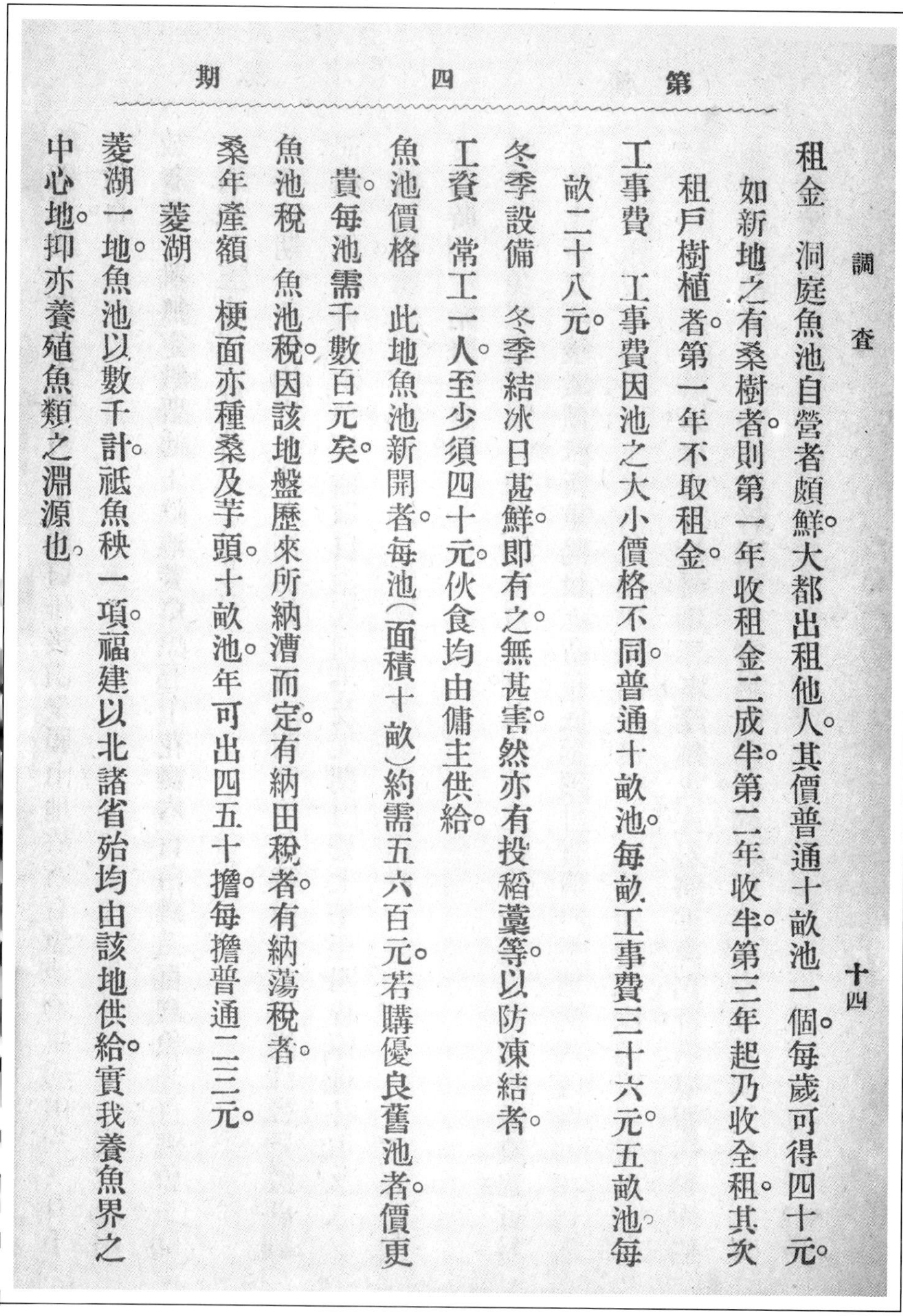

調查

十四

租金 洞庭魚池自營者頗鮮大都出租他人其價普通十畝池一個每歲可得四十元。

如新地之有桑樹者則第一年收租金二成半第二年收半第三年起乃收全租其次租戶樹植者第一年不取租金

工事費 工事費因池之大小價格不同普通十畝池每畝工事費三十六元五畝池每畝二十八元。

冬季設備 冬季結冰日甚鮮即有之無甚害然亦有投稻藁等以防凍結者。

工資 常工一人至少須四十元伙食均由傭主供給

魚池價格 此地魚池新開者每池（面積十畝）約需五六百元若購優良舊池者價更貴每池需千數百元矣。

魚池稅 魚池稅因該地盤歷來所納漕而定有納田稅者有納蕩稅者

桑年產額 梗面亦種桑及芋頭十畝池年可出四五十擔每擔普通一二三元。

菱湖 菱湖一地魚池以數千計衹魚秧一項福建以北諸省殆均由該地供給實我養魚界之中心地抑亦養殖魚類之淵源也。

图 3-33 《江浙赣各地水产养殖调查报告》，《水产》第四期（1922 年 7 月）

水　　産

魚秧來源　魚秧均購自九江漢口。

魚秧賣買　依九江調查所得之運搬法將魚秧運至菱湖後即可放入池內飼其急於售去者分別其種類由魚行經手售之養魚秧者價以萬計草鰱每萬尾三十餘元青魚較廉每萬十餘元。

魚秧飼養法　魚秧放入池內後初飼以生豆腐漿繼以熟豆腐漿再繼以瓢沙豆餅編草至翌春可長至十五 cm.價每擔約二十餘元此後即照他處養法飼養。

供食魚飼養期限　青魚成長甚遲須養四年始能成供食魚每擔十一二尾價每擔二十餘元鰱魚草魚則養二年每尾約二三斤價與青魚同。

賣買習慣　賣買時均須經魚行手否則賣者受罰魚行取用錢一分由賣者支出故買者祇須與魚行交涉約既定由魚行命賣者運至買者所在地交貨運費則由買者支出。

活水船　運搬時用活水船該船材係杉木船首及左右側共有四孔孔口張篾絲平時若用油灰將孔口杜塞即可運貨魚艙居船首部約占船身之半上部有甲板可以任意裝撤船尾為舟子操櫓煖食處船大能容米六十石者價一百六十元可容長約半

調查

十五

图3-34 《江浙赣各地水产养殖调查报告》,《水产》第四期（1922 年 7 月）

期　　四　　第

調查

寸之魚秧六萬尾。

選別魚秧種類　選別魚秧種類時用方形網如圖

該網爲夏布製染以豬血故呈黑褐色四角用竹張之而每角又繫以橫竹不使網地

歪縮使用時三四具並列一處四角均用竹柱固定浮置水面一具內養混雜魚秧然

後用磁盆勺取憑目力以區別其種類分投他網內野魚則棄之河內

餌料　大致與各地同惟豆餅形特小直徑約二十三cm.厚約半寸許價每元十四張瓢

沙產于下浦海鹽附近河或池內鄉人用船撈取時用柴編成辮狀放之河面上

圍集之因此草均浮於水面也滿慾後即運還求售惟往返路途較遠者途中須一回

放養河內重行撈取否則即腐敗也運回後以節計售出每節六角（價亦時而異來

貨缺少時貴至二三不定）節之大小高約一尺口徑一尺五寸底徑一尺弱此草狀

若菜子色綠。

螺螄產於盛家廊、梅家蕩西市蘆墟陶莊亦均由鄉人運售其價不詳。

販路　魚秧販路甚廣南自福建北至直隸成魚販路則以上海爲主

每年產額　菱湖魚行有每年經手十一二萬元。

十六

图 3-35　《江浙赣各地水产养殖调查报告》,《水产》第四期（1922 年 7 月）

產　　　水

池價　池價每畝約百餘元池每個一畝至十餘畝

池之肥瘠與放養數　池有肥瘠之分耕田及人烟稠密之地肥泥色呈黑色者較白色者肥放養數用之而異普通每畝放長一寸魚秧八千尾內草魚五千尾

池深　池普通深約一丈

菱湖附近魚池　菱湖附近如六庫嚴家匯集港等地均有魚池

青草魚不宜混雜說　青魚與草魚據當地人言不宜混養否則不能同時成長也

養殖青魚之不經濟　青魚價值雖昂然飼養中死亡率甚大食料又貴成長亦遲故不甚經濟。

岱山黃魚鯗調查報告

第六屆製造科

民國十年五月吾級赴浙之岱山實習黃魚鯗製造法并於工作餘暇調查斯業之概況。惟未能博訪周咨斯難免語言不詳更加以方言隔閡互難通曉則舛誤乖訛之處尤恐不一而足也越一月歸校彙集同學六人調查之所得釐訂之計得六條曰岱山魚鯗事業發達史曰現狀曰各種組織曰原料收買情形曰製品銷售情形曰製造方法。

（一）岱山黃魚鯗事業發達史

图 3-36　《江浙贛各地水产养殖调查报告》，《水产》第四期（1922 年 7 月）

三、《水产学生》

（江苏省立水产学校学生会月刊第一期）（摘选）
（一）养殖水产生物之利益

刘桐身

本文原载于江苏省立水产学校学生会发行的《水产学生》（江苏省立水产学校学生会月刊第一期），民国十八年十一月（1929 年 11 月）

　　养殖水产生物一事，国人素漠视之；各地虽间有以此为业者，亦率皆学识毫无，技术庸劣，几于动辄失败，殊无若何成绩之可言，坐视大好事业，颓废不兴，良可慨也！江苏农矿厅，有鉴及此，会有设立淡水产养殖试验场，鱼种养殖试验场，以及派员往各地宣传指导之议，此实为水产养殖界之一线曙光也，发展改进，或有豸乎？欣慰之余，敢执笔略述养殖水产生物之利益，以冀促进国人之主意焉。

　　吾国内地之河湖池沼，棋布星罗，指不胜屈，所惜多芦荻丛生，恶草纠葛；或则水质污秽，泉源汙闭；使栖息其间之水族，不特不能繁殖其子孙，抑且将悉数渐归乌有，坐失天然之利而不收，明弃易得之财而不取，岂不大可惜哉；倘能豁然警悟，即先就固有之荒地，废沼，小河浅湖，濬源洁水，修堤设防，因各地之水盾水量水温，以及气候地势等等，而各蓄以适宜之水产水物；苟能依科学方法，循序进行，则成绩美满，定属可期，而一年之收入，当不可偻指计矣，裕国民生，此非良策乎？

　　养殖水产生物，可以利用荒废之水而，开关利源，其利一也。

　　鱼苗一项，在台湾等地，既不天然发生，又不能采卵孵化，故均购自我国，在我国能否以人工孵化，固属疑问，然若能保护亲鱼，讲求运搬方法，使产额增多，亦于生产上大有利益者也，又如鳗鳖二项，日本近来因需要日增，大有供不应求之势，吾人苟能乘机养殖，源源输出，则胜算可操；养殖水产生物，可以对外贸易，略补漏卮，其利二也。

稻地养鲤，在德日等国，久已盛行，但我国则尚未闻有从事于此者，夫利用稻田养鲤，不特可以增加收入，且可藉以除去田间多数之害虫；我国之低处，正不仿依法进行，当无不便之处；养殖水产生物，可增益田亩之岁收，其利三也。

国内低区之田地，每因常遇到水灾，辄听其任意荒废，然苟能掘地为池，即以掘得之泥土，填之他部；则从此低地亦变为平原，淫水不得为害，耕作称便亦；养殖水产生物，可以改良土地，便利农民，其利四也。

再就水产学上言之：江河海洋，鱼类虽多，奈渔捞之技，日臻精密，而子鱼之增殖有限，则水产生物之数量，日益减少，是无可疑义。若干年后，又谁敢云其绝无一网打尽之虞，则未雨绸缪，提倡养殖，又岂可缓哉！养殖水产生物之利益如彼；不谋养殖水产生物之后患如此；不嫌辞费，反复申言，深望国人，三注意焉！

图 3-37　江苏省立水产学校学生会发行的《水产学生》
（江苏省立水产学校学生会月刊第一期）封面（1929 年 11 月）

養殖水產生物之利益

劉桐身

養殖水產生物一事，國人素漠視之；各地雖間有以此為業者，亦率皆學識毫無，技術庸劣，幾於動輒失敗，殊無若何成績之可言，坐視大好事業，頹廢不興，良可慨也！江蘇農礦廳，有鑒及此，曾有設立淡水產養殖試驗場，魚種養殖試驗場，以及派員往各地宣傳指導之議，此實為水產養殖界之一線曙光也，發展改進，或有豸乎？欣慰之餘，敢執筆略述養殖水產生物之利益，以冀促進國人之注意焉。

吾國內地之河湖池沼，棋布星羅，指不勝屈，所惜多蘆荻叢生，惡草糾葛；或則水質污穢，泉源汙閉；使棲息其間之水族，不特不能繁殖其子孫，抑且將悉數漸歸於烏有，坐失天然之利而不收，明棄易得之財而不取，豈不大可惜哉；倘能恍然警悟，即先就固有之荒地，廢沼、小河淺湖，溶源潔水，修隄設防，因各地之水盾水量水溫，以及氣候地勢等等，而各蓄以適宜之水產水物；苟能依科學方法，循序進行，則成績羡滿，定屬可期，而一年之收入，當不可僂指計矣，裕國民生，此非良策乎？養殖水產生物，可以利用荒廢之水面，開闢利源，其利一也。

魚苗一項，在台灣等地，既不天然發生，又不能採卵孵化，故均購自我國，在我國能否以人工孵化，固屬疑問，然若能保護親魚，講求運搬方法，使產額增多，亦於生產上大有利益者也，又如鰻鱉二項，日本近來因需要日增，大有供不應求之勢，吾人苟能乘機養殖，源源輸出，則勝算可操；養殖水產生物，可以對外貿易，略補漏巵，其利二也。

稻地養鯉，在德日等國，久已盛行，但我國則尚未聞有從事於此者，夫利用稻田養鯉，不特可以

图 3-38　《养殖水产生物之利益》，《水产学生》

（江苏省立水产学校学生会月刊第一期）（1929 年 11 月）

江蘇省立水產學校學生會月刊　30

增加收入，且可藉以除去田間多數之害蟲；我國之低處，正不仿依法進行，當無不便之處；養殖水產生物，可增益田畝之歲收，其利三也。

國內低區之田地，每因常遇水災，輒聽其任意荒廢，然苟能掘地爲池，即以掘得之泥土，填之他部；則從此低地亦變爲平原，淫水不能爲害，耕作稱便矣；養殖水產生物，可以改良土地，便利農民，其利四也。

再就水產學上言之：江河海洋，漁類雖多，奈漁撈之技，日臻精密，而子魚之增殖有限，則水產生物之數量，日益滅少，是無可疑義。若干年後，又誰敢云其絕無一網打盡之虞，則未雨綢繆，提倡養殖，又豈可緩哉！養殖水產生物之利益如彼，不謀養殖水產生物之後患如此；不嫌辭費，反復申言，深望國人，三注意焉！

图 3-39 《养殖水产生物之利益》,《水产学生》
（江苏省立水产学校学生会月刊第一期）(1929 年 11 月)

（二）谈乡间的鱼秧养殖法

周宜墉

本文原载于江苏省立水产学校学生会发行的《水产学生》（江苏省立水产学校学生会月刊第一期），民国十八年十一月（1929 年 11 月）

我是一个乡下的青年，而又惯于乡间生活者，所以乡间的一切和发生一种密切的关系；什么插秧，种豆……，也常常跟着他们去看看，有时高兴起来，也帮助他们动动手，还有什么养鱼养蜂，养羊……，这许多的副业，都略有窥见；但是那些方法，大概都没有学理的根据，也没有科学的方式，这种方法大都是从上祖遗传下来的，好像金科玉律，一点也不能改的，所以子子孙孙，都是沿用着这种老旧的方法来种作和养殖；所以他们种植养殖得发达与否，完全倚赖运气；有时还要求神焚香，以求其收成的丰盛和养殖的繁荣，绝对不考其以所然的原因，徒然信仰老天的施福，现在且把他们养殖的方法，写在下面：

（1）蓄池　养殖池的面积，约三丈见方，里面的水却不必十分满，仅是池高的三分之二便够了。在未放鱼花入池以前先要把池的一切有害鱼秧的生物，都要捞去，这捞法是很费事的，不是一天就能竣事的，非有五六天的工夫不可，等到有害鱼秧的生物，除去以后，再把鱼花放下去。

（2）鱼花的来源　鱼花是小鱼秧的俗称，大都是产在长江的中段，所以他们的鱼花，大都是长江边上去买来的，至于为什么鱼花产在长江的中段，而不产在别段及其他的内河里的原因，他们也不去管他，恐怕像这类的问题，中国还没有人可以回答得出它的究竟呢！恐怕将来能发现也说不定。他们用了一付平底高约二三尺的圆桶，到长江中段〔段〕去挑鱼花，当鱼花挑来了看看也不见什么，只不过有大半桶的水，其实因为它们的形状太微了；据他们说，这鱼花一定要挑的，所以那养殖的人们，也只

□□□□□□□□□□□□□□□□□□□□□□□

（3）鱼花的食料和入池后的手续　鱼花挑来以后随即把几只桶摆在池边，用了几只大瓢或大碗，把桶里的鱼花，一瓢一瓢的捞到蓄池里去；然后再用生豆磨成的豆浆，来做它们的食料。每天早晨，总要喂一遍的，大约用豆乳半桶许就够了。在鱼花入池后约一月，就要用细网，把池内清一清，就是要把那些黑鱼和一切有害的生物除去；再隔一星期又要再清一次，这样连续的经过三四次的清池，才算完毕。这时候那些鱼花已经有二三寸长，等到再长了些，就可以生利了——转卖鱼花，但是在乡间的地方，不免有不少不肖的人们，晚间要偷，所以这时后（候）已经看守了。

（4）成鱼后　经过了几十天的看守和次的几（几次的）清池，然后鱼也渐渐地大了，豆乳也渐渐地少喂了，那么又要换池塘了，再用细网把它捞起来，移到较大的池塘里去；等到移到了大塘以后，豆乳用不着喂了，不过有时也要看守看守，入大塘后最少一年，便可以发卖了。

以上的四种手续，不过是我在短期观察所得来的，这是我家乡——句容——的真秧养殖法。我以为这一种简单的养鱼术，也有一些意义存在，所以把它写了出来。

——九二九，十，廿九，于水产——

江蘇省立水產學校學生會月刊　34

談鄉間的魚秧養殖法

周宜墉

我是一個鄉下的青年，而又慣於鄉間生活者，所以鄉間的一切和我發生一種密切的關係；什麼插秧，種豆……，也常常跟着他們去看看，有時高興起來，也幫助他們動動手，還有什麼養魚養蜂，養羊……，這許多的副業，都略有窺見；但是那些方法，大概都沒有學理的根據，也沒有科學的方式，這種方法大都是從上祖遺傳下來的，好像金科玉律，一點也不能改的，所以子子孫孫，都是沿用着這種老舊的方法來種作和養殖；所以他們種植養殖得發達與否，完全倚賴運氣；有時還要求神焚香，以求其收成的豐盛和養殖的繁榮，絕對不考其以然的原因，徒然信仰老天的施福，現在且把他們養殖的方法，寫在下面：

1) 蓄池　養殖池的面積，約三丈見方，裏面的水即不必十分清潔……

在未放魚花入池以前先要把池的一切有害魚秧的生物，都要撈去，這撈法是很費事的，不是一天就翻竣事的，非有五六天的工夫不可，等到有害魚秧的生物，除去以後，再把魚花放下去。

(2)魚花的來源　魚花是小魚秧的俗稱，大都是產在長江的中段，所以他們的魚花，大都是長江邊上去買來的，致於為什麼魚花產在長江的中段，而不產在別段及其他的內河裏的原因，他們也不去管他，恐怕像這類的問題，中國還沒有人可以回答得出牠的究竟呢！恐怕將來能發現也說不定。他們用了一付平底高約二三尺的圓桶，到長江中段去挑魚花，當魚花挑來了看看也不見什麼，只不過有大半桶的水，其實因為牠們的形狀太微了；據他們說，這魚花一定要挑的，所以那養殖的人們，也只

图 3-40 《谈乡间的鱼秧养殖法》，《水产学生》
（江苏省立水产学校学生会月刊第一期）（1929 年 11 月）

第　一　期　35

後隨即把幾只桶擺在池邊，用了幾只大瓢或大碗，把桶裏的魚花，一瓢一瓢的撈到蓄池裏去；然後再用生荳磨成的荳漿，來做牠們的食料。每天早晨，總要喂一遍的，大約用荳乳半桶許就夠了。在魚花入池後約一月，就要用細網，把池內清一清，就是要把那些黑魚和一切有害的生物除去；再隔一星期又要再清一次，這樣連續的經過三四次的清池，才算完畢。這時候那些魚花已經有二三寸長，等到再長了些，就可以生利了——轉賣魚花，但是在卿間的地方，不免有不少不肖的人們，晚間要偷，所以這時後已經看守了。

清池，然後魚也漸漸地大了，荳乳也漸漸地少喂了，那麼又要換池塘了，再用細網把牠撈起來，移到較大的池塘裏去；等到移到了大塘以後，荳乳用不着喂了，不過有時也要看守看守，入大塘後最少一年，便可以發賣了。

以上的四種手續，不過是我在短期觀察所得來的，這是我家鄉——句容——的眞秧養殖法。我以為這一種簡單的養魚術，也有一些意義存在，所以把牠寫了出來。

——九二九，十，廿九，于水產——

图 3-41　《谈乡间的鱼秧养殖法》，《水产学生》
（江苏省立水产学校学生会月刊第一期）（1929 年 11 月）

四、《上海水产学院院刊》(摘选)

(一)湖上渔歌

淡养二 玉

本文原载于《上海水产学院院刊》第 68 期第 4 版，1959 年 7 月
11 日

蓝蓝的湖水望不到边，
点点渔舟漂浮在水面。

一张张渔网抛出去，
好似轻纱罩住了天。

用力"收啊！吭唷！用力收啊！吭唷！"
白云近处，劳动歌声一片。

一网网皆是肥大的青、草、鲢，
渔民伯伯乐得笑破了脸。

"快向亲人毛主席报个喜吧！"

——举国同庆丰收年

湖 上 渔 歌

淡养二 玉

蓝蓝的湖水望不到边，
點點渔舟飘浮在水面。

一张张鱼網抛出去，
好似輕紗罩住了天。

用力"收啊！呎嗬！用力收
啊！呎嗬！"
白云近处，劳动歌声一片。

一網網皆是肥大的青、草、
鱸，
渔民伯伯樂得笑破了脸。

"快向亲人毛主席報个喜
吧！"
——举国同庆丰收年。

图 3-42 《湖上渔歌》,《上海水产学院院刊》第 68 期（1959 年 7 月 11 日）

（二）回忆王以康教授

林新濯　俞泰济

本文原载于《上海水产学院院刊》第 104 期第 4 版，1983 年 1 月 20 日

一九五七年初春的一天深夜，王以康教授溘然逝世于办公桌上，当时，手中握笔，正在夜以继日地编著鱼类学教材。他为祖国的水产教育事业鞠躬尽瘁，献出全部精力。我们深深景仰这种精神。回首当年，缅怀无限。

建院初，一般基础课的教材多数完全照搬苏联的一套。为了适应自己的国情，王先生决心动手自编我们自己的《鱼类学》。他对教师凭提纲授课，让学生记笔记的方法很不满意，常说：上课无教材，学生无法预习，忙于笔记，理解就不会深透，课后复习也就难以融会贯通。王先生不仅重视他自己讲授的《鱼类学》课程，且对全院的许多课程的教材建设也很关心。他说过：必须重视教材建设，它是教学工作中的关键工作。……我是教务长，有责任过问其它课程的教材建设。工作再忙，不抓教材，就是瞎忙。经过王先生的艰苦工作，他自己前后编写出《鱼类学》、《鱼类分类学》，以及《鱼类形态学》的部分章节。

王先生早年留学法国，后去荷兰研习海洋渔业，具有丰富的理论知识和实践经验。他懂得实践需要理论的指导，但理论也不能离开实践。这一观点体现在王先生自己编写的教材内容中。王先生深知过去教材内容的片面和不足，经过慎重斟酌，以诺曼的《鱼类史》作蓝本，结合我国鱼类和渔业的特点，编写了第一部教学参考用书《鱼类学讲义》。这本书在 50 年代出现，当时读过的人都觉得自己的眼界扩大了。因为这本书联系实际，内容新颖，尊重科学，叙事生动，所以效果甚佳。

在处理教学和科研两大任务时，王先生也有自己的见解，认为教

学和科研不能割裂，两者都可以相辅相成，共同提高。但学校毕竟要把教学放在首位，把教学的各个环节抓好，加强第一线。不断更新教学内容，提高讲课质量是至关重要的。他还曾指出过，对各教学环节尚未过关的课程，教师的科研应围绕教学开展，量力而行，切忌贪多求大，好高骛远。

王先生培养青年教师也独具匠心。他主张青年人的成长要通过具体任务来实现，尤其强调结合任务认真读书，因此组织了定期读书报告会。他说：读书后又要报告，可以训练初任教学工作的同志如何摘录材料，编写成文并作口头表述。后来大家议论这确是训练教师的有效方法。

王先生工作非常勤奋。在他的办公室里渡过了一个又一个的节假日，按他的家属回忆，几乎想不起哪一年曾带过全家老小去看过一次电影。他把一切时间都用到工作上。在1951年"三反""五反"运动中他被疑为"大老虎"而关进隔离室的那段日子里，他没有忘记抓紧一切时间多为教学作贡献。上面提到的一本近二十万字的《鱼类学讲义》就是在楼梯下面的一间窄小阴暗、平时用来放置清扫工具的禁闭室里脱稿的。

王以康先生寡言笑，性内向，为人刚直不阿。从表面看，难以接近，其实，当你向他请教问题或研究工作时，他有说有笑，甚至插科打诨，毫无师长、权威之架势。

王先生一人负担九口之家，在当时的高知中生活算是最不宽裕的。就平均收入而言，还远不及一个刚参加工作的助教。但是王先生毫不计较生活，安于粗茶淡饭，平时穿着也非常朴素。因为他的心中有他全部事业、全部工作！

王以康先生离开我们已有25年了。在当我们国家全面开创社会主义建设新局面的时候，水产教育事业亟需振兴，四化需要人材。让我们发扬王先生的精神，为四化培育更多的优质人材而努力！

回忆王以康教授

林新濯 俞泰济

一九五七年初春的一天深夜，王以康教授溘然逝世于办公桌上，当时，手中握笔，正在夜以继日地编著鱼类学教材。他为祖国的水产教育事业鞠躬尽瘁，献出全部精力。我们深深景仰这种精神。回首当年，缅怀无限。

建院初，一般基础课的教材多数完全照搬苏联的一套。为了适应自己的国情，王先生决心动手自编我们自己的《鱼类学》。他对教师凭纲授课，让学生记笔记的方法很不满意，常说：上课无教材，学生无法预习，忙于笔记，理解就不会深透，课后复习也就难以融会贯通。王先生不仅重视他自己讲授的《鱼类学》课程，而且对全院的许多课程的教材建设也很关心。他说过：必须重视教材建设，它是教学工作中的关键工作。……我是教务长，有责任过问其它课程的教材建设。工作再忙，不抓教材，就是瞎忙。经过王先生的艰苦工作，他自己前后编写出《鱼类学》、《鱼类分类学》，以及《鱼类形态学》的部分章节。

王先生早年留学法国，后去荷兰研习海洋渔业，具有丰富的理论知识和实践经验。他懂得实践需理论的指导，但理论也不能离开实践。这一观点体现在王先生自己编写的教材内容中。王先生深知过去教材内容的片面和不足，经过慎重斟酌，以诺曼的《鱼类史》作蓝本，结合我国鱼类和渔业的特点，编写了第一部教学参考用书《鱼类学讲义》。这本书在50年代出现，当时读过的人都觉得自己的眼界扩大了。因为这本书联系实际，内容新颖，尊重科学，叙事生动，所以效果甚佳。

在处理教学和科研两大任务时，王先生也有自己的见解，认为教学和科研不能割裂，两者可以相辅相成，共同提高。但学校毕竟要把教学放在首位，把教学的各个环节抓好，加强第一线。不断更新教学内容，提高讲课质量是至关重要的。他还曾指出过，对各教学环节尚未过关的课程，教师的科研应围绕教学展开，量力而行，切忌贪多求大，好高骛远。

王先生培养青年教师也独具匠心。他主张青年人的成长要通过具体任务来实现，尤其强调结合任务认真读书，因此组织了定期读书报告会。他说：读书后又要报告，可以训练初任教学工作的同志如何摘录材料，编写成文并作口头表述。后来大家议论这确是训练教师的有效方法。

王先生工作非常勤奋。在他的办公室里渡过了一个又一个的节假日，按他的家属回忆，几乎想不起哪一年曾带过全家老小去看过一次电影。他把一切时间都用到工作上。在1951年"三反""五反"运动中他被疑为"大老虎"而关进隔离室的那段日子里，他也没有忘记抓紧一切时间为教学作贡献。上面提到的一本近二十万字的《鱼类学讲义》就是在楼梯下面的一间窄小阴暗、平时用来放置清扫工具的禁闭室里脱稿的。

王先生寡言少语，性内向，为人刚直不阿。从表面看，难以接近，其实，当你向他请教问题或研究工作时，他有说有笑，甚至插科打诨，毫无师长、权威之架势。

王先生一人负担九口之家，在当时的高知中生活算是最不宽裕的。就平均收入而言，还远不及一个刚参加工作的助教。但是王先生毫不计较生活，安于粗茶淡饭，平时穿着也非常朴素。因为他的心中有他全部事业、全部工作！

王以康先生离开我们已有25年了。在当我们国家全面开创社会主义建设新局面的时候，水产教育事业亟需振兴，四化需要人材。让我们发扬王先生的精神，为四化培育更多的优质人材而努力！

图3-43 《回忆王以康教授》,《上海水产学院院刊》第104期（1983年1月20日）

（三）科学家的品格
——记我的老师朱元鼎教授

孟庆闻

本文原载于《上海水产学院院刊》第 106 期第 4 版，1983 年 3 月 16 日

1957 年我有幸来上海水产学院进修，实现了我日思夜想的愿望：拜朱老为师。那年，朱老已六十二岁，被国务院正式任命为学院院长。但他对我这样一位后辈是那样和蔼可亲，满腔热情。正是在朱老的辛勤指导下，我才走上从事鱼类学教学和科研的道路，我的第一篇鱼类学论文就是在朱老的指导下完成的。二十六年来，朱老向我们这一代和更年青的一代毫无保留地传授了他的学术，更重要的是传授了科学家的可贵品格。

朱老在旧社会生活了大半辈子，但洁身自好，微尘不染。他年轻时曾两次留学美国，获得硕士、博士学位。他善于借鉴西方科学的精华，但绝不崇洋，而是唯祖国可爱，在学术上走自己的道路；他在教会办的圣约翰大学执教近三十年，但不信宗教，而是唯科学真理可信；"华北事变"后，他两次拒绝日本当局"好意"邀请赴日讲学，表现了一个中国人的浩然正气；他留洋出国，广交学者名士，但和出身旧式家庭，古朴典雅的已故夫人相敬如宾，反映出他在对待家庭、生活问题上的高尚情操。这一件件、一桩桩，众口皆碑，早已使我们对他产生了由衷的敬意。然而，在我和朱老相处的日子里，更令我感动的是他对水产教育和科学事业的高度的责任心，他的严谨的治学态度，以及对我们后辈的竭尽心力的提携培养。

党的十一届三中全会的阳光雨露，滋润了朱老的心田。他现在已达八十七岁高龄，但不惜垂暮之年，依然战斗在教学、科研的第一线上，凡是知道实情的人，包括国外来的学者，无不为之感动。近几年，他和我一起工作，从不无故"缺席"，实在有事，还要写个纸条"请

假"。有时我发现他身体不好，他却要我替他"保密"，说"工作要紧，不能停"。

朱老治学严谨，一丝不苟，精益求精。他对学术上的每一个问题，都要盘根究底，决不含糊。在和我一起做软骨鱼类侧线管系统研究时，为了弄清鳐类侧线管如何背腹穿连的状况，他反复看标本，查资料，连做梦也在想，一直到弄清来龙去脉为止。他和中青年同志合作搞科研，从查资料，看标本，搞解剖，写论文，每事必躬，身体力行。他腿部肌肉萎缩，双手颤抖，操作相当困难，但他坚韧不拔，锲而不舍。记得有一次他在家看解剖镜下标本，无转椅，他坚持站着看，直到累得气喘了才休息一下，接着又看。撰写文章时，他更是字斟句酌，不断修改。

我有时默默地想，朱老学富五车，桃李满门，誉传中外，他已经奋斗了六十多年，为后辈留下了数百万言的专著、论文，成为我国和世界上屈指可数的鱼类学家，他还在想些什么，还有什么放不下的呢？有一次，朱老在谈到自己见到毛主席、周总理时，特别在谈到总理曾勉励他要把水产教育和科研工作搞好时，满怀感触地说："可是，我的工作还没做好呀！"于是，我明白了，他儿子前年从美国回来想接他去国外住些时候，他不也是说"工作未了我不能去"吗？对了，直到现在他还在关心学校各学科的未来和前途，为了重建曾在国内外享有盛名的鱼类标本室，他还经常要我们陪他亲自步行，甚至独自一人前去察看、指点。原来，在朱老的心中，装着的是总理的嘱托。一个科学家的胸襟是多么宽广，他的抱负又是多么远大呀！

朱老十分痛惜十年动乱失去的时间，总是勉励我们抢时间，把失去的找回来，他经常对我们说："我的有生之年不多了，我要抓紧一点，为你们铺路搭桥，也算是为国家尽最后一点贡献！"听到朱老的肺腑之言，想到他多年来的谆谆教诲，既严格要求又热情栽培，想到几次他要我大胆代表他出席国内一些学术会议，勉励我在学术上走独创之路，我的眼睛湿润了，老师确实是为我们花尽了心血。而这，又岂是我一人的感受。朱老带教中青年教师和科研人员平等相待，不计名利，尽心竭力，是我们每个后辈共同的体会。

我从朱老的身上，看到了一个真正科学家的可贵品格，宽广胸怀，远大理想。他的名字和水院是联系在一起的，他的精神是值得我们学习的。

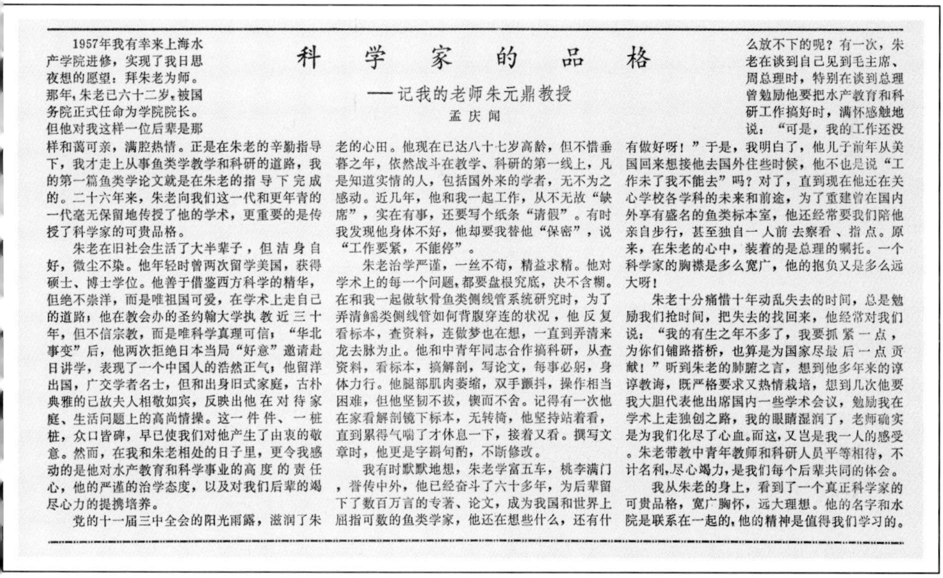

图 3-44 《科学家的品格——记我的老师朱元鼎教授》，
《上海水产学院院刊》第 106 期（1983 年 3 月 16 日）

五、《上海水产大学》校报（摘选）

（一）难忘的十五天
——淡 86（1）班实习纪实

本报通讯员

本文原载于《上海水产大学》第 153 期第 3 版，1989 年 6 月 3 日

我们淡 86（1）班的全体同学在王武老师的带领下，于 5 月 10 日来到崇明县水产良种场进行为期一个半月的生产实习。这种大规模的生产实习在我们还是第一次。临行前，老师对我们能否顺利完成实习表示担忧。的确，由于一、二年级时班里的学习、工作没有抓紧，形成了懒散的班风，老师的担忧是可以理解的。

这里的生活条件不如在学校，但是生产条件对我们实习极为有利。带着旅途的疲惫和对新环境的陌生感，同学们次日就各就各位开始工作了。孵化室值班、拉网、下水给鱼打针、运鱼、配药等工作对我们来讲都很生疏，但大家虚心求教、克服语言障碍，不耻下问，赢得了本场职工和技术员的信任，为学到"真招"创造了良好的前提条件。在老师的指导和带领下，不到 10 天同学们就能独立操作各项工作了。尤其是下水抓鱼打针，连女同学也能泰然处之。这期间同学之间的友爱互助精神也体现出来了。孵化室中遇到鱼卵出膜时，需要不停地刷纱窗，以保证水流畅通，不致引起贴卵贴苗，这时的工作量很大而且时间延续较长，有些热心的同学放弃休息帮助一起干，使孵化出的鱼苗顺利度过困花期，保证了出苗率。有的同学吃完饭后主动去替换值班同学，诸如此类的事情举不胜举。

鲍亚东同学在 10 日临走那天，上午 10:00 动完手术（脸部），中午就撕掉假条随队出发了。在这里他毫无怨言，从不因病痛退却，而是与其他同学一样承担各项任务。诸华文同学为女同胞杠〔扛〕行李

包，足有八、九十斤，一路辛苦，没叫一声苦，工作起来也是兢兢业业，吃苦耐劳，不仅出色完成本职工作，而且以主人翁的态度关心整个实习队的工作、学习、生活。还有的男同学主动要值夜班，照顾女同学，甚至接连值几个夜班后，白天仍然战斗在"第一线"上，所有这些事迹在这里似乎既突出而又平凡了。

女同学的表现较为突出，在工作上似乎比男同学更主动、热心、认真负责。在一次孵化室值班中，正赶上困花期，两位女同学在玻璃钢孵化器边整整站着干了6个小时，两手不停地刷洗窗纱，保证困花顺利度过危险期；有的大亲鱼足有女同学体重的一半，加上"急躁的白鲢"、"强盗草鱼"、"难注射的花鲢"，工作要困难些，但女同学从不退却示弱，总是争取机会锻炼自己的实际操作能力，甚至有时发生几个人争一条下水裤的事呢！工作之余，女同学又常常到伙房帮师傅们拣菜、剥豆等等，在这里女同学的成绩是突出的。

如果没有严明的纪律、良好的素质及工作作风，是不可能这么快就取得成功的。

完成原定计划（出苗一亿三千万）后，我们又接到新的任务，世界银行贷款的"包头2814扶贫工程"，需要我们在预定的时间完成任务。经过计算，我们必须在接到任务的当天下午就行动，虽然那时大家已精疲力尽了，但在王老师的带动下，和工人们一起开始配药、拉网、打针、运鱼，天黑以后，同学们仍然摸着黑干，直到九点半完成当天的任务才回住地吃饭、休息。没有同学早退，他们经受了一次意志和毅力的考验。经过十五个日日夜夜，我们和场里师傅们共同生产了2.1尾家鱼苗，比计划任务超额完成了61%。当同学们看到自己的劳动结出了丰硕的成果，都欣慰地笑了。

为了满足附近养殖户的需要，我们开设了"上海水产大学鱼病门诊所"。除了清晨巡塘、设立门诊，还派同学出诊。平时，一旦有渔民送来病鱼，大家往往积极诊断，想方设法做到"药到病除"。对于同学们的热心服务，当地群众表示满意。

最紧张的十五天家鱼人工繁育黄金季节就要过去了，大家又将面临新的考验，接下去要搞鳜鱼人工繁殖、夏花鱼种的培育，食用鱼的养殖以及蟹等特种水产品养殖技术的学习，相信同学们都有信心走好下一步，迎来第二、第三个十五天……

难忘的十五天
——淡86（1）班实习纪实

我们淡86(1)班的全体同学在王武老师的带领下，于5月10日来到崇明县水产良种场进行为期一个半月的生产实习。这种大规模的生产实习在我们还是第一次。临行前，老师对我们能否顺利完成实习表示担忧。的确，由于一、二年级时班里的学习、工作没有抓紧，形成了懒散的班风，老师的担忧是可以理解的。

这里的生活条件不如在学校，但是生产条件对我们实习极为有利。带着旅途的疲惫和对新环境的陌生感，同学们次日就各就各位开始工作了。孵化室值班、拉网、下水给鱼打针、运鱼、配药等工作对我们来讲都很生疏，但大家虚心求教、克服语言障碍，赢得了本场职工和技术员的信任，学到"真招"创造了良好的前提条件。在老师的指导和带领下，不到10天同学们就能独立操作各项工作了。尤其是下水抓鱼打针，连女同学也能泰然处之。这期间同学之间的友爱互助精神也体现出来了。孵化室中遇到鱼卵出血时，需要不停地刷纱窗，以保证水流畅通，不致引起贴卵延续长，这时的工作是很大而且旧的……同学弃休息帮助一起干，使孵化出的鱼苗顺利度过旧花期，保证了出苗率。有些同学吃完饭后主动去替换值班同学，诸如此类的事情举不胜举。

鲍亚东同学在10日临走那天，上午10:00劲完完手术(脸部)，中午就撕掉报务随队出发了。在这里他毫无怨言，从不因病痛退却，而是与其他同学一样承担各项任务。诸华文同学为女同胞杠行李包，足有八、九十斤，一路辛苦，没叫一声苦，工作起来也是兢兢业业。吃苦耐劳，不仅出色完成本职工作，而且以主人翁态度关心整个实习队的工作、学习、生活。还有的男同学主动要值夜班，照顾女同学，甚至接连值几个夜班后，白天仍然战斗在"第一线"上，所有这些事迹在这里似乎既突而又平凡了。

女同学的表现较为突出，在工作上似乎比男同学更主动、热心、认真负责。在一次孵化室值班中，正赶上孵化旺期，两位女同学在玻璃钢孵化器边整整站看着了6个小时，两手不停地剥洗窗纱，保证孵花颗粒度过危险期，有的大姿鱼足有女同学体重的一半，加上"急救的白鲢"、"强壮草鱼"、"注射的花蛇"，工作要困难些，但女同学从不退却示弱，总是争取机会锻炼自己的工作能力，甚至有时竟发生几个人争一条下水裤的事哩！工作之余，女同学又常常到伏房帮师傅们捡菜，在这里女同学的成绩是突出的。

如果没有严明的纪律、良好的素质及工作作风，是不可能这么快就取得成功的。

完成原定计划(出苗一亿三千万)后，我们又接到新的任务，世界银行贷款的"包头2814扶贫工程"，需要我们在预定的时间完成任务。经过计算，我们必须在接到任务的当天下午就行动，虽然那时大家已筋疲力尽了，但在王老师的带动下，和工人们一起开始配药、拉网、打针、运鱼、天黑以后，同学们仍然摸着黑干，直到九点半完成当天的任务才肯住地收拾、休息。没有同学早退，他们经受了一次意志和毅力的考验。经过十五个日日夜夜，我们和渔工师傅们共同生产了2.1尾家鱼苗，比计划任务超额完成了61%。当同学们看到自己的劳动结出了丰硕的成果，都欣慰地笑了。

为了满足附近养殖户的需要，我们开设了"上海水产大学鱼病门诊所"。除了清晨巡塘、设立门诊，还派同学出诊。平时，一旦有渔民送来病鱼，大家往往积极诊断、"药到病除"。对于同学们的热心服务，当地群众表示满意。

最紧张的十五天家鱼人工繁殖黄金季节就要过去了，大家又将面临新的考验，接下去要搞鲡鱼人工繁殖、夏花鱼种的培育，食用鱼的养殖以及蟹等特种水产品养殖技术的学习，相信同学们都有信心走好下一步，迎来第二、第三个十五天……

（本报通讯员）

五四届海洋渔捞专业校友集会庆祝毕业35周年

1954届校友是新中国成立后，第一批报考我校的前身华东水产专科学校(上海水产专科学校)，立志献身祖国水产事业的有志青年。在校求学时期他们在德、智、体各方面得到了全面的培育和发展。毕业后35年来，他们艰苦创业积极工作，通过实践不断提高自己的知识水平和工作能力，在教学科研、生产经营、行政管理等不同的领域里，充分发挥了各自的聪明才智，为发展我国水产事业做出了重大成绩。他们中间有一部分人，或响应祖国号召奔赴待……便参加新年下技，或用社会主义……建设需要而政清贫；那些在平凡工作岗位上的人，默默耕耘几十年守清贫尚节操。他们对于母校的感情十分深厚，为母校做了许多好事，他们的卓著成就亦是为母校增添了光彩。

5年前，他们曾为纪念毕业30周年返校聚会，那是学校从又旧迁回复校后，第一次校友活动。就在那次聚会时，他们倡议成立校友会，次年校友会正式启动。从此每年校庆日，都按例邀请毕业30周年和35周年的历届校友返校参加庆典。今年是他们毕业35周年……

图3-45 《难忘的十五天——淡86（1）班实习纪实》，
《上海水产大学》第153期（1989年6月3日）

（二）集体的凝集力
——来自奉化海养场的报道

黄永萌　郑卫东

本文原载于《上海水产大学》第 174 期头版，1991 年 6 月 1 日

从 4 月 15 日起，海 88 班 21 名学生来到距上海千里之遥的浙江奉化我校海养场进行为期两个月的实习。海养场位于东海之滨的奉化湖头渡村，当地的娱乐设施很少，学生吃饭挂靠附近育苗场食堂，由于生活习惯差异，伙食口味不合，困难不少。

同学们一到海水养殖场，美丽的日出，新鲜的空气，暖人的海风，很是兴奋。实习地的条件也较好：既有生产单位，也有研究机构，横向联系方便，相互渗透余地大。过去曾在场实习的海 82 学生张田毕业后在给学校的信中说："我在天津汉沽搞虾苗，收益很大，这全归功于奉化实习。"同学们很振奋，热情高涨。班长赵丰年召集班团干部，决心好好干一仗。

该班实习实行理论与实际相结合，教学与生产劳动结合，实验与研究结合。他们把星期天也安排进去，每天分上午、下午、晚上三个单元，或教学，或培养作为虾饲料的轮虫卵虫，或进行亲虾孵化生产实习，上了课就实践，针对实践中存在的问题再进行探讨或总结经验，或再找书本资料寻觅理论依据。在养殖方法上采用分组包池包活，充分调动了学生进行科学实验的积极性，学生定时定点测量水温、盐度，观察水质、饵料及虾苗的培养情况，一个月中他们忙得连电视都顾不及看，几乎没有星期天，孵化期间学生分为两班，晚班通霄〔宵〕值班，第二天还能坚持上课。

在纪成林、马家海等老师的带领下，全班同学和干部团结一致，认真学习，严谨实验，刻苦劳动，不怕疲劳，具有连续作战的顽强作风。他们培养了近千万虾苗，没有任何生产、生活事故，被试验场钱震春、姚静两位老同志誉为建场七年海养七届实习学生中表现最好的

班级，他们用实际行动表现了热爱海水养殖事业、学习与生产劳动相结合的高尚品德。该班还与当地育苗场、村镇领导开展了联谊活动，对当地自改革开放以来所取得的成就展开了社会调查。

（集）（体）（的）（凝）（集）（力）
——来自奉化海养场的报道

从4月15日起，海88班21名学生来到距上海千里之遥的浙江奉化我校海养场进行为期两个月的实习。海养场位于东海之滨的奉化湖头渡村，当地的娱乐设施很少，学生吃饭挂靠附近育苗场食堂，由于生活习惯差异，伙食口味不合，困难不少。

同学们一到海水养殖场，美丽的日出，新鲜的空气，暖人的海风，很是兴奋。实习地的条件也较好：既有生产单位，也有研究机构，横向联系方便，相互渗透余地大。过去曾在场实习的海82学生张田毕业后给学校的信中说："我在天津汉沽搞虾苗，收益很大，这全归功于奉化实习。"同学们很振奋，热情高涨。班长赵丰年召集班团干部，决心好好干一仗。

该班实习实行理论与实际相结合，教学与生产劳动结合，实验与研究结合。他们把星期天也安排进去，每天分上午、下午、晚上三个单元，或教学，或培养作为虾饲料的轮虫卵块，或进行亲虾孵化生产实习，上了课就实践，针对实践中存在的问题再进行探讨或总结经验，或再找书本资料寻觅理论依据。在养殖方法上采用分组包池活活，充分调动了学生进行科学实验的积极性，学生定时定点测量水温、盐度，观察水质、饵料及虾苗的培养情况，一个月中他们忙得连电视都顾不及看，几乎没有星期天，孵化期间学生分为两班，晚鈉通宵值班，第二天还能坚持上课。

在纪成林、马家海等老师的带领下，全班同学和干部团结一致，认真学习，严谨实验，刻苦劳动，不怕疲劳，具有连续作战的顽强作风。他们培养了近千万虾苗，没有任何生产、生活事故，被试验场钱震春、姚静两位老同志誉为建场七年海养七届实习学生中表现最好的班级，他们用实际行动表现了热爱海水养殖事业、学习与生产劳动相结合的高尚品德。该班还与当地育苗场、村镇领导开展了联谊活动，对当地自改革开放以来所取得的成就展开了社会调查。

（黄永萌、郑卫东）

间，系团总支为22路车队、军工路绿化工程组织了近一千人次的"学雷锋"义务劳动。此外，还组织团员去十六铺站协助查票、维持秩序，宣传"禁止六乱"，进行"冬令维持站风日"等活动，让团员在实践中巩固学习成果。

至此，我们不能不感受到，正是由于团的干部过得硬，团的工作规范化、制度化、系列化，且有创新、有特色、有成效，所以渔工系团总支面对这些荣誉才当之无愧。

（团委）

我校在江苏参加鲫鱼杂交研究取得成果

我校养殖系楼允东副教授等，从1987年起与江苏省高邮县水产技术指导站等单位合作，开展了鲫鱼杂种优势利用及其遗传性状的研究。经过四年努力，获得了具有明显杂种优势的杂交鲫，已于去年底通过由江苏省科委组织的专家鉴定，定名为高邮杂交鲫。

据研究，高邮杂交鲫具有生长快、肉质好、食性广、制种简便和抗逆性强等优点，其生长速度比母本快1—2倍，比父本快20—30%。近几年这种杂交鲫已在江苏扬州市的9个县（市）累计推广夏花鱼种450万尾，养殖面积达5000多亩，累计生产成鱼75万公斤，与养殖白鲫相比，净增产值120万元，取得了明显的经济效益。今年扬州市将进一步推广养殖3万亩。

（毛震华）

图3-46 《集体的凝集力——来自奉化海养场的报道》，《上海水产大学》第174期（1991年6月1日）

六、《上海海洋大学》校报（摘选）

（一）我与日本天皇的第十二次会面

伍汉霖

本文原载于《上海海洋大学》第 695 期 4 版，2009 年 10 月 30 日

十月的东京，风和日丽。我和水产及生命学院鱼类学教授唐文乔、钟俊生等一起，赴东京海洋大学参加日本鱼类学会学术年会。10 月 11 日下午，日本明仁天皇亲临鱼类学会优秀论文颁奖仪式，并出席学会举行的欢迎晚宴。席间，天皇得知有上海海洋大学的教授，特意安排与我们见面。

追溯我与明仁天皇的交往，应始于 1979 年。1989 年，我首次应邀在皇宫内受到天皇的接见。现在，离 2001 年我与明仁天皇最后一次见面，已有 8 年。经天皇同意，我于 10 月 14 日进宫，接受他的第十二次接见。由于天皇想了解香港虾虎鱼类的情况，我的学生、香港鱼类学会（筹）会长、我校水产与生命学院鱼类研究室研究顾问庄棣华先生，也和我一起入宫。上午 10 时，我因要在天皇的实验室内测量和检查一种叫"项冠虾虎鱼"的标本，所以提前进宫工作。

皇宫的一切如旧，没什么大的改变，只是宫内的安全警卫比以前严厉得多。在天皇的实验室（生物学御研究所）附近，我还专门到天皇亲手种植的水稻田参观。侍从们说，田里的水稻和高粱在不久前刚被收割完毕，晾干后还将择吉日举行仪式，祈祷明年的丰收。稻田里虽然只剩下稻根，但依然郁郁葱葱。不远处有一片桑树林，是皇后为每年春天养蚕专门种植的。四周宁静而安详，一派怡人的田园风光。

下午三时，实验室外忽然来了许多警察站岗，原来天皇正朝着实验室走来。四位研究助手站在实验室门外排队等候，我们则在门内站立。一会，天皇在侍从官的陪同下缓步走来，研究助手们向他鞠躬，

天皇和我握手，欢迎我的到来和再次见面。天皇身着灰色西服，白色衬衫，打着一条棕黄色领带。多年不见，天皇有许多话要说，对中国的情况也想有更多的了解。我向天皇介绍近来在香港采获的一些漂流性矮虾虎鱼（又称世界最小的脊椎动物），它和天皇以前发表的新种"三斑矮虾虎鱼"以及我在海南岛发现的新种"双斑矮虾虎鱼"有很大不同，并将该标本的放大彩图在电脑中加以显示。天皇反复观看和对比，认为确实很特别。我们又出示了在香港采获的"雷虾虎鱼"的彩照。经过近半个小时的讨论，认为这可能也是一个新种。这时，侍者奉上精巧的宫廷点心。侍从官指着其中一款核桃仁说，这是皇后亲自秘制的，特地请我品尝。

我向天皇奉上自己的新著《中国动物志鲈形目虾虎鱼亚目》，并讲述了该书分类系统是采用天皇发表的世界虾虎鱼类系统演化为基础写成的，天皇十分高兴。天皇命侍从奉上他新近发表的论文，并向我们讲述该论文的内容及结果。天皇十分关心中国长江的近况，询问三峡大坝建成后，对渔业和鱼产量会不会发生影响？南水北调，长江水是否直接灌入黄河？长江的白鱀豚现在怎样了？我们又谈到长江白鲟处境也岌岌可危。天皇告诉我，日本的朱鹮原已经灭绝，江泽民主席访日时赠送了 10 只朱鹮给日本，死了 3 只；后来放在佐渡岛繁殖，现已初见成效。已由天然保护物降为一级保护物，这要感谢中国，帮助日本避免了朱鹮的灭绝。

天色渐暗，转眼我们已经谈了一个多小时。侍从报告天皇，还有其他活动，虽然天皇意犹未尽，但不得不结束这次愉快的会面。临走时，我送给天皇一盒他最爱吃的皮蛋。天皇指着自己的棕黄色领带说，这条领带是他 10 多年前访华时在中国买的，很喜欢。

与天皇握手告别后，望着他渐行渐远的身影，不禁衷心祝愿中日两国人民的友谊长存。

我与日本天皇的第十二次会面

十月的东京，风和日丽。我和水产及生命学院鱼类学教授唐文乔、钟俊生等一起，赴东京海洋大学参加日本鱼类学会学术年会。10 月 11 日下午，日本明仁天皇亲临鱼类学会优秀论文颁奖仪式，并出席学会举行的欢迎晚宴。席间，天皇得知有上海海洋大学的教授，特意安排与我们见面。

追溯我与明仁天皇的交往，应始于 1979 年。1989 年，我首次应邀在皇宫内受到天皇的接见。现在，离 2001 年我与明仁天皇最后一次见面，已有 8 年。经天皇同意，我于 10 月 14 日进宫，接受他的第十二次接见。由于天皇想了解香港虾虎鱼类的情况，我的学生、香港鱼类学会（筹）会长、我校水产与生命学院鱼类研究室研究顾问庄棣华先生，也和我一起入宫。上午 10 时，我因要在天皇的实验室内测量和检查一种叫"项冠虾虎鱼"的标本，所以提前进宫工作。

皇宫的一切如旧，没什么大的改变，只是宫内的安全警卫比以前严厉得多。

在天皇的实验室（生物学御研究所）附近，我还专门到天皇亲手种植的水稻田参观。侍从们说，田里的水稻和高粱在不久前刚刚被收割完毕，眼下后还将择吉日举行仪式，祈祷明年的丰收。稻田里虽然只剩下稻根，但依然郁郁葱葱。不远处有一片桑树林，是皇后为每年春天养蚕专门种植的。四周宁静而安详，一派怡人的田园风光。

下午三时，实验室外忽然来了许多警察站岗，原来天皇正朝着实验室走来。四位研究助手站在实验室门口外排队等候，我们则在门内站立。一会，天皇在侍从的陪同下缓步走来，研究助手们向他鞠躬，天皇和我握手，欢迎我的到来和再次见面。天皇身着灰色西服，白色衬衫，打着一条棕黄色领带。多年不见，天皇有许多话要说，对中国的情况也想有更多的了解。我向天皇介绍近来在香港采获的一些漂流性矮虾虎鱼（又称世界最小的脊椎动物，它和天皇以前发表的新种"三斑矮虾虎鱼"以及我在海南岛发现的新种"双斑矮虾虎鱼"有很大不同，并将该标本的放大彩图在电脑中加以显示。天皇反复观看和对比，认为确实很特别。我们又出示了在香港采获的"雷虾虎鱼"的彩照。经过近半个小时的讨论，认为这可能也是一个新种。这时，侍者奉上精巧的宫廷点心。侍从官指着其中一款核桃仁说，这是皇后亲自秘制的，特地请我品尝。

我向天皇奉上自己的新著《中国动物志鲈形目虾虎鱼亚目》，并讲述了该书分类系统是采用其发表的世界虾虎鱼类系统演化为基础写成的，天皇十分高兴。天皇命侍从奉上他最近发表的论文，并向我们讲述该论文的内容及结果。天皇十分关心中国长江的近况，询问三峡大坝建成后，对渔业和鱼产量会不会发生影响？南水北调，长江水是否直接灌入黄河？长江的白鳍豚现在怎样了？我们又谈到长江白鲟处境也发岌可危。天皇告诉我，日本的朱鹮原已经灭绝，江泽民总主席访日时赠送了 10 只朱鹮给日本，死了 3 只，后来放在佐渡岛繁殖，现已初见成效。已由天然保护物降为一级保护物，这要感谢中国，帮助日本避免了朱鹮的灭绝。

天色渐暗，转眼我们已经谈了一个多小时。侍从报告天皇，还有其他活动，虽然天皇意犹未尽，但不得不结束这次愉快的会面。临走时，我送给天皇一盒他最爱吃的皮蛋。天皇指着自己的棕黄色领带说，这条领带是他 10 多年前访华时在中国买的，很喜欢。

天皇握手告别后，望着他渐行渐远的身影，不禁衷心祝愿中日两国人民的友谊长存。

（伍汉霖）

图 3-47 《我与日本天皇的第十二次会面》，《上海海洋大学》第 695 期（2009 年 10 月 30 日）

（二）千只河蟹南京路上打擂

胡崇仪

本文原载于《上海海洋大学》第 730 期头版，2011 年 11 月 9 日

本报讯 11 月 6 日，由我校主办的蟹文化节在南京路世纪广场开幕。第五届"丰收杯"全国河蟹大赛同时摆下擂台。来自江西进贤、江苏苏州等地的河蟹获最佳口感奖，江苏太仓、上海等地的河蟹获金蟹奖。由安徽皖宜季牛水产养殖有限公司选送的 616.3 克雄蟹和江西进贤皖赣特种水产开发公司选送的 390.3 克的雌蟹，获得"蟹王"、"蟹后"称号。

校党委书记虞丽娟、校长潘迎捷、副书记、副校长黄晞建等出席大赛。大赛除了邀请李思发、王武等专家教授，还邀请了上海曲艺家协会主席王汝刚、著名栏目作家、美食家沈宏非担任口感组评委。

比赛时，每只蟹出水 30 秒后，工作人员用电子秤称体重，尺子量身体。采用由我校开发的"中华绒螯蟹优质蟹评比计算机软件系统"进行统计，计算出每一只蟹的肥满度和总分。这些作为可量性状，占评分标准的 90%。七位全国专家则对螃蟹进行可数形状的评分，比较蟹的体色、额齿、侧齿和背部疣状突起形状等，得分占评分标准的 10%。

本次参赛的河蟹比的不仅是个头，更主要的是吃口。当前市场上都以"阳澄湖大闸蟹"作为优质标准，其实真正的阳澄湖大闸蟹产量不多。上海人吃的大闸蟹中，1000 只里只有 5 只是阳澄湖蟹。我国河蟹养殖经过 20 年的发展，"以鱼净水、以蟹保水"的生态养蟹技术已被广大养殖企业、养殖户掌握。各地的湖泊、池塘、河沟，按生态养成蟹的要求，都已饲养出一大批优质蟹。这批优质蟹，在外形和品质上几乎无法区分。

王武介绍说，全国都可以养蟹，但是蟹苗必定出自上海。崇明岛位于长江入海口，拥有得天独厚的海淡水域，是国内最大的天然生态

中华绒螯蟹育苗基地。全国的名蟹、好蟹、大蟹、精蟹有 80% 以上产于上海。

针对当前中华绒螯蟹种质混杂、良种缺乏的产业瓶颈问题，以及产业链中的养殖、饲料、病害、加工等产业技术需求，由上海海洋大学主持的上海中华绒螯蟹现代产业技术体系建设项目，选育具自主知识产权的中华绒螯蟹良种，在国内率先建立良种选育系的示范性种源基地（年产良种选育系蟹种约 40 万公斤）。已基本建立良种研发、良种培育、稻蟹种养模式、池塘生态养成、配合饲料利用、病害预警预防、蟹产品加工和产业经济分析等产业链的上海中华绒螯蟹产业技术体系。目前已建立种源、生态养成、加工等 5 个综合试验站，推广示范由专业合作社、公司、养殖大户等组成的 34 个技术示范点。

本报讯 11 月 6 日，由我校主办的蟹文化节在南京路世纪广场开幕。第五届"丰收杯"全国河蟹大赛同时擂下擂台。来自江西进贤、江苏苏州等地的河蟹获最佳口感奖，江苏太仓、上海等地的河蟹获金奖。由安徽皖宜季牛水产养殖有限公司选送的 616.3 克雄蟹和江西进贤皖赣特种水产开发公司选送的 390.3 克雌蟹，获得"蟹王"、"蟹后"称号。

校党委书记虞丽娟、校长潘迎捷、副书记、副校长黄硕建等出席大赛。大赛除了邀请李思发、王武等专家教授，还邀请了上海曲艺家协会主席王汝刚、著名评书作家、美食家沈宏非担任гом任口感组评委。

比赛时，每只蟹出水 30 秒后，工作人员用电子秤称体重，尺子量身体。采用由我校开发的"中华绒螯蟹优质蟹评估计计算机软件系统"进行统计，计算出每一只蟹的肥满度和总分。这作为可量性状，占评分标准的 90%。七位全国水产专家则对螃蟹进行可数性状的评分。比较螃蟹的体色、颊齿、侧齿和背部疣状突起形状等，得分占评分标准的 10%。

本次参赛的河蟹比的不仅是个头，更主要的是吃口。当前市场上都以"阳澄大闸蟹"作为优质蟹标准，其实真正的阳澄湖大闸蟹产量不多。上海人吃的大闸蟹，1000 只里

只有 5 只是阳澄湖蟹。我国河蟹养殖经过 20 年的发展，"以鱼净水，以蟹保水"的生态养蟹技术已被广大养殖企业、养殖户掌握。各地的湖泊、池塘、河沟，按生态养成的要求，都已饲养出一大批优质蟹。这批优质蟹，在外形和品质上几乎无法区分。

王武介绍说，全国都可以养蟹，但是蟹苗必定出自上海。崇明岛位于长江入海口，拥有得天独厚的海淡水域，是国内最大的天然生态中华绒螯蟹育苗基地。全国的名蟹、好蟹、大蟹、精蟹有 80% 以上产于上海。

针对当前中华绒螯蟹种质混杂、良种缺乏的产业瓶颈问题，以及产业链中的养殖、饲料、病害、加工等产业技术需求，由上海海洋大学主持的上海中华绒螯蟹现代产业技术体系建设项目，选育具自主知识产权的中华绒螯蟹良种，在国内率先建立良种选育系的示范性种源基地（年产良种选育系蟹种约 40 万公斤）。已基本建立良种研发、良种培育、稻蟹种养模式、池塘生态养成、配合饲料利用、病害预警预防、蟹产品加工和产业经济分析等产业链的上海中华绒螯蟹产业技术体系。目前已建立种源、生态养成、加工等 5 个综合试验站，推广示范由专业合作社、公司、养殖大户等组成的 34 个技术示范点。

（胡崇仪）

千只河蟹南京路上打擂

图 3-48 《千只河蟹南京路上打擂》，《上海海洋大学》第 730 期（2011 年 11 月 9 日）

（三）卡斯特罗赠送的特殊国礼
——中古"牛蛙"外交轶事

周晓瑛

本文原文分七个部分，连续转载于《上海海洋大学》第773期第4版（2015年1月23日）、第774期第4版（2015年4月3日）、第775期第4版（2015年4月24日）、第776期第4版（2015年5月25日）、第777期第4版（2015年6月15日）、第778期第4版（2015年7月17日）、第779期第4版（2015年9月25日）

20世纪60年代，我国和古巴之间曾有过一段著名的"牛蛙外交"。当时我校青年教师，现已是著名鱼类学家的苏锦祥教授，有幸成为"牛蛙"使者之一，负责将卡斯特罗赠送的牛蛙运回北京。最近，上海档案局周晓瑛女士撰写的《科斯特罗赠送的特殊国礼——中古"牛蛙"外交轶事》一文，发表在《新民晚报》上，再现了当时轰动一时的中古"牛蛙"外交。现予以转载，以飨广大师生和校友。

1962年6月30日，《人民日报》《光明日报》等各大报纸，均在重要版面刊登一条来自新华社的消息：古巴总理菲德尔·卡斯特罗赠送给我国的一批大型食用牛蛙，最近已使用飞机由哈瓦那运来北京，并已由养殖单位分别运送到广州、江苏和上海等地进行饲养。这批牛蛙经过长期运输，成活情况良好。

几年前，在外交部档案馆浩如烟海的开放档案中，笔者无意中查到几份与"卡斯特罗赠送中国牛蛙"有关的解密文件，其中多涉及周恩来、菲德尔·卡斯特罗、切·格瓦拉等中古政坛的风云人物。看是并不高大上的牛蛙，为何会引起两国高层的重视？它们来华之后发生了哪些值得回味的故事？如今国人日常所食的牛蛙是否与此有关？

带着疑问，通过翻阅外交部档案，查找相关历史文献，并寻访当年亲历者……一段多年来鲜有人完整知晓的"牛蛙外交"轶事，渐渐浮出历史的水面。

使馆午宴

从外交部档案中所能找到的关于"中古牛蛙"的记载，最早见于1961年9月3日，是一份出自中国驻古巴大使馆工作人员之手的谈话记录。

那天，位于古巴首都哈瓦那城区中心的中国大使馆，又迎来了几位熟悉的外国贵客。其中一位身穿橄榄绿色军装的络腮胡中年男子，正是大名鼎鼎的古巴革命运动领袖菲德尔·卡斯特罗，陪他一同前来的，还有当时的工业部长、后来同样叱咤世界政治舞台的切·格瓦拉。在中方使馆工作人员的记忆中，当时正值中古外交蜜月期，几位古巴领导人如同友邻串门一般，频频来大使馆做客，宾主双方关系极为融洽。"古巴领导人常和申健大使坐在同一张沙发上促膝而谈，亲密无间。"

自1960年9月起，古巴成为西半球首个与社会主义中国建交的国家。对于这个敢于同美国直接叫板的美洲小国，以及其革命运动的精神领袖卡斯特罗，中国国家领导人毛泽东给予了高度评价，认为"古巴革命有历史意义"。作为中古建交初期的关键人物——中国首任驻古大使申健，由毛泽东、周恩来亲自点将，自上任伊始，便于卡斯特罗、格瓦拉等建立互信、友好的关系。除了在各种会议的场合中接触，申大使也将外交舞台延伸到了大使馆的会客厅以及餐厅。而对于不拘小节、外向开朗的卡斯特罗来说，他似乎也更乐于去中国大使馆和申大使会面。在那里，双方围绕着两国之间的文化、科技、商贸、农业领域合作，展开了一系列开诚布公、轻松自如的交谈，许多合作中的火花，便是从这里开始。

当然，除了大使馆相对轻松的氛围外，还有一个因素，也是吸引卡斯特罗常常光临于此的原因，这就是使馆厨房有一位烧得一手地道中国菜的大厨。常以中国美食"老饕"自居的卡斯特罗，酷爱此地几道名菜：松花蛋和糖醋鱼。每次来访，服务员都会在午宴或晚宴摆桌时，特意送上他喜爱的桂花陈酒，并在刀叉之外，为其备上一副使用起来更得心应手的筷子。

这一天的使馆午宴，如同档案馆中所记载的那样，双方的话题首先还是围绕"吃"而开始。

申健大使向卡斯特罗和格拉瓦介绍了中国水稻专家和蔬菜专家在古巴进行生产试验的最新情。根据两国间所签署的《科学和技术合作协定》，中方那个将先后派遣北京鸭、淡水鱼和水稻等领域专家到古巴，教授当地人种植水稻、饲养此前从未有过的鸭类和淡水鱼品种。

从大米、蔬菜谈开，作为农场主儿子的卡斯特罗对此颇有心得。他甚至还在哈瓦那郊区建有一个家庭农场，养殖一些家禽，栽种四季蔬菜水果。说起中古各具特色的食材，申健大使话锋一转，谈起了古巴当地养殖的牛蛙。当时，在古巴牛蛙繁殖已超过五十多年的历史，凭借得天独厚的气候优势，使得当地牛蛙生命力较强，繁殖周期短，也因此带来了可观的经济效益。古巴全国约有 8 个冷冻公司专门经营牛蛙制品的对外出口，年出口额达到五十万美元。牛蛙经济在古巴亦成为继蔗糖、雪茄后的另一项经济支柱产业。

申大使于是向两位古巴领导人提出了一个请求，表示"中国希望买一些牛蛙到中国试养"。对此，卡斯特罗当即表示"完全可以。"并进一步表示，"可以送一些给中国"。格瓦拉也点头称是，甚为赞同。宾主双方就此一拍即合。

卡斯特罗赠送牛蛙的消息，并没有通过"电报"、"信函"等很快传回国内。与中古双方此前互赠的机器设备或农作物不同，牛蛙是活物，纵身跳跃可达两米高，如何将其安全稳妥地运输，又如何解决其后续饲养问题，对此中国驻古巴大使馆又经历了一番摸底。直到两个月以后，他们才正式告知北京。而传递消息并亲自落实此事的，正是申健大使本人。

这年 11 月，申健大使回国述职。在京期间，他专程拜会了国家科委主任武衡，向武主任介绍了古巴总理卡斯罗特将要赠送我国牛蛙的情况。申大使还进一步补充说明，由于古中相距遥远，再加上牛蛙生活习惯特殊，养殖技术要求较高。因此他向武主任建议：最好能派一支牛蛙工作小组，专程赴古巴考察当地养殖技术，完成古方所赠牛蛙的接收工作。

申大使的建议很快得到了积极回应。从外交档案中，可以看到水产部、国家科技国际合作局、国务院外事办公室、外交部、对外经济联络总局，围绕"卡斯特罗总理赠送中国牛蛙"、"如何接收古巴牛蛙"等事宜，彼此间协商、沟通的来往函件。

12月29日，就在申大使和武主任会面的一个月后，中国对外经济联络总局致函国务院外事办公室，就派"牛蛙小组"之事，正式作出回复：

> 现水产部拟于明年（1962年，作者按）三月派两人小组去古，四月返回……科委领导已批同意，我们考虑，为了加强两国科技交流和中古友谊，原则上可同意派出。

秘密选拔

牛蛙因叫声酷似牛哞而得名，同在国内常见的青蛙、蟾蜍相比，古巴牛蛙的体型更大（相当于一般青蛙的两倍），弹跳高度更高（可达两米），口味也更鲜美。但对于那个年代的中国人而言，别说在餐桌上见不到，就连牛蛙这个词，也几乎是闻所未闻。

但事实上，牛蛙养殖在中国已有二十多年历史：早在1935年，上海江湾纪念路有一个沈姓老板开了一家"上海养蛙场"。叫卖一批从美国引进的牛蛙，号称"珍宝巨蛙"，每对售价24元（相当于当时一个工人一个月的薪金），但后来不了了之。1958年，上海水产学院也曾养过几只，但因未产卵而死亡。1959年，浙江省宁波市水产研究所和天津市杨柳青农场先后从日本购进牛蛙试养。1961年初，广东省芳村淡水养殖场也从日本引进牛蛙养殖。上述种种，均未成气候。

中国国家科技国际合作局在1962年的一份报告，专门就引进古巴牛蛙的可行性及发展前景做评估："鉴于过去从日本引进的牛蛙（原产美洲）已死亡70%，国内缺乏养殖牛蛙的经验，又很需要发展养蛙事业"，"古巴牛蛙肥大，肉可食，皮可制女皮鞋和小皮包，并有条件在我国养殖"……

与此同时，水产部也在紧张有序地安排选拔。对赴古巴考察牛蛙养殖技术及接受牛蛙回国的人员，他们以"政治过硬、业务过硬"为标准，在全国范围内各水产研究所、高校中进行甄选。名单很快被确定，入选者分别来自上海和南京。一位是上海水产学院的青年教师苏锦祥，另一位则是长江水产研究所的张兴忠。整个甄选过程，仅少数人知晓，对外秘而不宣。据后来成为中国鱼类学研究专家的苏锦祥教授在接受笔者采访时回忆："那时候我也完全不知情。只是觉得奇怪，有一天在做实验，学校摄影师跑过来看我，一边还拿着纸对比，悄悄问旁人'像不像'。后来才晓得，原来是水产部要为我办理赴古护照，但不方便通知本人去拍照，只好从档案里翻出老照片翻拍，又担心和本人不像，所以跑来确认。"

直到出国前一个星期，苏锦祥才得知此事："领导说，要派我去古巴，接运卡斯特罗总理赠送给我国的牛蛙。"此前一直从事鱼类研究的他对这个突如其来的出国任务，感到十分意外，却又颇感光荣："当时我是青年教师中为数不多的党员，这是组织对我的信任。"

第二天，苏锦祥被安排去青浦，参观当时沪上唯一养殖牛蛙的水产养殖场。"几只牛蛙被关在水泥池里，一蹦老高，鼻子碰到池壁都破皮了。"这也是他第一次近距离看到牛蛙。两天后，苏锦祥动身前往北京。在水产部报到时，遇到了南京来的张兴忠，一位曾在苏联莫斯科大学留学多年的鱼类研究同行。部领导向苏、张二人郑重宣布：成立赴古牛蛙接运小组，张兴忠为组长，苏锦祥为组员。

4月26日，牛蛙小组从北京出发，乘中国民航飞机，经莫斯科、布拉格两度中转，飞赴古巴首都哈瓦那。水产部教给他们的使命是："考察牛蛙的饲养，并接运古方赠送的牛蛙，计雌雄种蛙各200只。"

迢迢万里

中国和古巴，一个在亚洲大陆，一个在拉丁美洲加勒比海岸，中间隔着一望无垠的太平洋。四天后，"牛蛙校组"抵达目的地——古巴首都哈瓦那。加勒比海岸吹来温暖略带腥咸味的海风，浓郁的异国情调扑面而来。与之相映衬的，还有古巴人革命的激情、战斗的气氛、充满热情的待客之道。当时正赶上"五一"劳动节，哈瓦那照例举行了隆重的游行集会，卡斯特罗、切·格瓦拉等古巴党政高层领导人参加集会并观礼。初来乍到的苏锦祥和张兴忠，作为中国贵客，受邀登上了集会现场的嘉宾观礼台。他们身后仅几米远的地方，便是卡斯特罗等人所在的主席台。卡斯特罗发表了振奋人心的演说，用激动和激烈的语调谴责了美国对古巴的不断侵犯与实行经济封锁，号召古巴人克服眼前的困难，一定要坚决保卫革命胜利果实。他的演讲获得了排山倒海般的欢呼声和口号声。

除了应邀出席隆重节庆活动，苏锦祥和张兴忠也被安排参与了不少富有社会主义国家特色的活动，如节假日去甘蔗地里切割甘蔗，去工厂车间参观，到海上看渔民捕鱼，体验当地人的日常劳作与生产。古巴方面也想以这种方式，向远道而来的中国客人展现一个生活富足、人民安居乐业的古巴。

"牛蛙小组"平时住在位于哈瓦那市中心的中国大使馆，在那里他们可以享用到使馆食堂美味可口的中国菜，食堂师傅也亲热地称他俩为"牛蛙同志"。大使馆进出交通便利，他们每日都会坐上古巴官方派出的专车，在哈瓦那养鱼场场长的陪同下，前往首都及周边的各个省份，参观古巴渔业合作社、水晶宫、养鱼中心、罐头厂、冷炼厂，了解牛蛙的日常习性及加工流程。其间一个细节，令苏锦祥多年以后仍记忆清晰："古巴的官方语言是西班牙语，当地通晓西语和中文的人很少。大使馆找到了一位华侨为我们全程翻译，不过他只会广东话。好在我祖籍广东，略通粤语，所以考察过程中，当地人说西班牙语，华侨翻成广东话，我再翻成普通话给张兴忠听。"

除了与牛蛙养殖有关的考察参观，他们还走街串巷，了解加勒比海岸的风土人情，也发现了不少当地独有的与牛蛙有关的风景线："古巴牛蛙皮具业较发达，牛蛙的皮制成革，比牛皮更珍贵，做成的公文包、钱夹、女士皮鞋、手提包，比牛皮做的要贵几倍。我们看到不少古巴妇女用蛙皮提包，穿蛙皮皮鞋。"

对于传说中"鲜美异常"的牛蛙肉，在苏锦祥印象中古巴人自己倒是很少吃，反而以出口为主。"不过国内饭店也有蛙腿卖。我们吃过一次，肉很鲜美，口感像是鸡肉。"

转眼进入 6 月，考察临近尾声，有一个难题摆在他们面前：那就是如何在长时间空中飞行后，保证这些活蹦乱跳的牛蛙们尽可能"鲜活"地被带回北京？为此，"牛蛙小组"可以说花费了很大一番心思。一方面，他们精心挑选了古巴西部比那尔德里奥省的野生牛蛙作为采集来源。那里的牛蛙长期生活在天然池塘中，活力及繁育能力在古巴牛蛙中属于上乘。对于捕捉到的牛蛙，他们和古巴专家一起严格把关，通过肉眼观察，进行挑选，保证入选牛蛙皆以"青壮年"为主。此外，他们还在哈瓦那水产养殖场多次进行包装工具、运输方法和长途运输的模拟试验，最终筛选出一种圆筒分层的运输箱作为容器，将牛蛙与浸过水的海绵放在一起，保证路途中一定的温、湿度环境，并可避免剧烈碰撞。

古巴政府为配合牛蛙的中国之旅，也是一路大开"绿灯"。他们特意开具一张证明，写明这批动物是作为卡斯特罗总理赠送给中国政府的礼物，并主动承担了包括运费在内的全部费用。正式启程前，古巴有关机构早已开具好了牛蛙的检验检疫证明，并联系捷克、苏联等国航空公司进行托运。"牛蛙小组"仅需负责牛蛙的押送和沿途照顾，这样一来，中途换机转运的一切手续，都由航空公司之间负责接办，为中方省去了不少途中过境的麻烦。

1962 年 6 月 5 日，200 对共 400 只古巴牛蛙被装入十几只白铁皮运输箱，在"牛蛙小组"的护送下，登上了从哈瓦那机场起飞的航班。由于西方的封锁，古巴对外交通颇费周折。他们须从哈瓦那出发，途经捷克布拉格转机，飞往苏联莫斯科后再转乘中国民航飞机。待这些特别的古巴小客人抵达北京，已是五天以后。

政治礼遇

6 月 10 日，古巴牛蛙抵达北京首都机场，水产部联系国内航空机构进行转运。在"牛蛙小组"的护送下，400 只牛蛙依照 50%、30%、20% 的比例，分别送上飞往广州、南京、上海的航班。待飞机降落后，又被装上汽车，运往上述城市的水产院校和水产养殖试验场。

6月14日，最后一批牛蛙运抵广州芳村养殖场，古巴牛蛙全部分送完毕。据外交部档案记载，400只牛蛙中，"仅仅死亡11只，其中上海和南京死亡的7只中，有6只是开包时发现的，另一只是隔一天死的。经解剖检查，死亡蛙的肠胃中是空的，估计是从捕捉到运抵养殖地过程中，因饥饿而致死。"在国际和国内将近十天的连环运输中，牛蛙的存活率达到97%。这在当时的交通和技术条件下，不可不谓是一次"奇迹"。

作为一路的接运专家，张兴忠送牛蛙回南京、苏锦祥送牛蛙回上海，各自完成交接任务后，再返北京。按上级要求，向水产部、对外经济联络总局汇报情况，并撰写牛蛙繁育及养殖的书面报告。此间，一位新华社记者曾专程来采访"牛蛙小组"，询问古巴牛蛙的来龙去脉。不知为何，记者的采访内容迟迟为对外披露。直到半个月后，也就是6月29日，"卡斯特罗赠送古巴牛蛙给中国"的新闻终稿于通过新华社正式对外发布，并刊登在第二天的国内各大报上。

见报虽晚，但古巴牛蛙所受到的政治礼遇之厚，却是前所未见的。就拿有着中国政治风向标之称的《人民日报》为例，此前报纸从未出现过任何与牛蛙有关的报道。但在1962年6月30日以后，关于牛蛙的新闻却如雨后春笋般频见报端，如：《古巴牛蛙安居上海》、《古巴牛蛙在上海生长良好》、《牛蛙在广东生儿育女》、《广州市设立牛蛙养殖试验场》……而在地方上，以上海为例，包括《解放日报》、《文汇报》、《新民晚报》等在内的各大报纸，关于"牛蛙"的报道，也是从无到有，一时间纷纷占据了各报的重要版面，成为记者们争相关注的热点话题。

与此同时，牛蛙被作为"卡斯特罗总理赠送给周恩来总理"的国礼，被各接收省份当作一项重大而光荣的政治使命。调动了本地水产养殖领域最优秀的人才，进行重点繁育，并向更多的地方推广。很快，就遍及全国二十多个省份。1962年9月，水产部专门在京召开了一次全国范围内养蛙工作经验交流和总结会议，会议规模、参会人数均创下中国养蛙历史纪录。

自 1962 年至 1964 年，牛蛙从原来的新名词，渐渐成为当时中国人耳熟能详的一个常见词。不少人都翘首期盼，有朝一日能在餐桌上，尝尝这传说中"肉质细嫩洁白、味道鲜美、营养丰富"的蛙肉。

二十世纪五六十年代曾任职于中国文化部的黎之老人，在回忆文章中不无遗憾地提到了他与牛蛙"失之交臂"的故事。1964 年 10 月中旬，他代表文化部赴钓鱼台国宾馆十号楼，参与周总理政府工作报告的起草工作。在起草和定稿过程中，周总理、陈老总常常来参加会议讨论或看望大家。有一次，吃中饭时，陈毅告诉大家，明天他请大家吃牛蛙。闻此消息，在场者皆充满期待。"第二天中饭时，我同桌的几个从未吃过牛蛙的人，一见到肉类，就猜：这大概是牛蛙。饭后，陈老总宣布，今天没有牛蛙，我打招呼晚了，来不及准备。举座大笑。"不难看出，当年即便是在钓鱼台国宾馆的宴会厅，哪怕是国务院副总理陈毅做东，想要招待客人吃牛蛙，也非轻而易举之事。在北京中央尚如此，在地方、在民间更可想而知。

就这样，在人们的口口相传中，牛蛙由新闻报道中的常见词演变为另一种传奇，他不再是"卡特罗总理赠送给周总理的国礼"，而成为一种可望而不可及的奢念。据一位水产养殖场的职工家属回忆，当年他们养殖场是所在省唯一的繁育牛蛙基地，该单位负责人因为讨好上级，私自拿了几只牛蛙相赠，结果被群众检举揭发，因此受到惩处，身败名裂。在那个物资匮乏的年代，牛蛙因其赠与者是卡斯特罗受到了非一般的政治礼遇，更因它的难以得到，愈发显得稀奇和珍贵。

20 世纪 60 年代，我国和古巴之间曾有过一段著名的"牛蛙外交"。当时我校青年教师、现已是著名鱼类学家的苏锦祥教授，有幸成为"牛蛙"使者之一，负责将卡斯特罗赠送的牛蛙运回北京。最近，上海市档案局周晓瑛女士撰写《卡斯特罗赠送的特殊国礼——中古"牛蛙"外交轶事》一文，发表在《新民晚报》上，再现了当时轰动一时的中古"牛蛙"外交。现予以转载，以飨广大师生和校友。

卡斯特罗赠送的特殊国礼（一）
——中古"牛蛙"外交轶事

周晓瑛

1962 年 6 月 30 日，《人民日报》《光明日报》等各大报纸，均在重要版面刊登一条来自新华社的消息：古巴总理菲德尔·卡斯特罗赠送给我国政府的一批大型食用牛蛙，最近已用飞机由哈瓦那运来北京，并已由养殖单位分别接运到广东、江苏和上海等地进行饲养。这批牛蛙经过长途运输，成活情况良好。

几年前，在外交部档案馆浩如烟海的开放档案中，笔者无意中查到几份有关"卡斯特罗赠送中国牛蛙"有关的解密文件。其中多涉及周恩来、菲德尔·卡斯特罗、切·格瓦拉等等当年风云人物。看似并不"高大上"的小牛蛙，为何会引起两国高层的重视？它们来华之后发生了哪些值得回味的故事？如今国人日常所食的牛蛙是否与此有关？

带着疑问，通过翻阅外交部档案，查找相关历史文献，并寻访当年亲历者，一段多年鲜为人知甚晓的"牛蛙外交"轶事，渐渐浮出历史的水面。

使馆午宴

从外交部档案中所能找到的关于"古巴牛蛙"的记载，最早见于 1961 年 9 月 3 日，是一份出自中国驻古巴大使馆工作人员之手的谈话记录。

那天，位于古巴首都哈瓦那城区中心的中国大使馆，又迎来了几位熟悉的外国贵客。其中一位身穿橄榄绿军装的络腮胡中年男子，正是大名鼎鼎的古巴革命

运动领袖菲德尔·卡斯特罗，陪他一同前来的，还有当时的工业部长、后来同样叱咤世界政治舞台的切·格瓦拉。在中方使馆人员的记忆中，当时正值中古外交蜜月期。几位古巴领导人如同友邻串门一般，频频来大使馆做客，宾主双方关系极为融洽。"古巴领导人常和申健大使坐在同一张沙发上促膝交谈，亲密无间。"

自 1960 年 9 月起，古巴成为西半球首个与社会主义中国建交的国家。对于这个敢于同美国直接叫板的美洲小国，以及其革命运动的精神领袖卡斯特罗，中国国家领导人毛泽东给予了高度评价，认为"古巴革命有世界意义"。作为中古建交初期的关键人物——中国首任驻古大使申健，由毛泽东、周恩来亲自点将，自上任伊始，便与卡斯特罗、格瓦拉等建立了互信、友好的关系。除了在各种会议的正式场合中接触，申大使也将外交舞台延展到了大使馆的会客厅以及餐厅。而对于不

拘小节、外向开朗的卡斯特罗来说，他似乎也更乐于去中国大使馆和申大使会面。在那里，双方围绕着两国间的文化、科技、商贸、农业领域合作，展开了一系列开诚布公、轻松自如的交谈，许多合作中撞出的火花，便是从这里开始。

当然，除了大使馆相对轻松的氛围外，还有一个因素，也是吸引卡斯特罗常常光顾于此的原因，这就是使馆厨房有一位烧得一手地道中国菜的大厨。常以中国美食"老饕"自居的卡斯特罗，酷爱此地儿道名菜：松花蛋和糖醋鱼。每次来访，服务员也会在午宴或晚宴摆桌时，特意放上一瓶他喜爱的桂花陈酒，并在刀叉之处，为其再备上一副使用起来更得心应手的筷子。

这一天的使馆午宴，如同档案中所记载的那样，双方的话题首先还是围绕着"吃"而开始。

（未完待续）

图 3-49　《卡斯特罗赠送的特殊国礼（一）——中古"牛蛙"外交轶事》，
《上海海洋大学》第 773 期（2015 年 1 月 23 日）

卡斯特罗赠送的特殊国礼（二）

——中古『牛蛙』外交轶事

文／周晓瑛

申健大使向卡斯特罗和格瓦拉介绍了中国水稻专家和蔬菜专家在古巴进行生产试验的最新情况。根据两国间所签署的《科学和技术合作协定》，中方将先后派遣北京鸭、淡水鱼和水稻等领域专家到古巴，教授当地人种植水稻、饲养此前未有过的鸭类和淡水鱼品种。

从大米、蔬菜谈开，作为农场主儿子的卡斯特罗对此颇有心得。他甚至还在哈瓦那郊区建有一个家庭农场，养殖一些家禽，栽种四季蔬菜水果。说起中古各有特色的食材，申健大使话锋一转，谈起了古巴当地养殖的牛蛙。当时，在古巴牛蛙繁殖已超过五十多年的历史，凭借得天独厚的气候优势，使得当地牛蛙生命力较强，繁育周期短，也因此带来了可观的经济效益。古巴全国约有 8 个冷冻公司专门经营牛蛙制品的对外出口，年出口额达到五十万美元。牛蛙经济在古巴亦成为继蔗糖、雪茄后的另一项经济支柱产业。

申大使于是向两位古巴领导人提出了一个请求，表示"中国很希望买一些牛蛙到中国试养"。对此，卡斯特罗当即表态："完全可以。"并进一步表示，"可以送一些给中国"。格瓦拉也点头称是，甚为赞同。宾主双方就此一拍即合。

卡斯特罗赠送牛蛙的消息，并没有通过"电报"、"信函"等很快传回国内。与中古双方此前互赠的机器设备或农作物不同，牛蛙是活物，纵身跳跃可达两米高，如何将其安全稳妥地运输，又如何解决其后续饲养问题，对此中国驻古巴大使馆又经过了一番摸底。直到两个月以后，他们才正式告知北京。而传递消息并亲自落实此事的，正是申健大使本人。

这年 11 月，申健大使回国述职。在京期间，他专程拜会了国家科委主任武衡，向武主任介绍了古巴总理卡斯特罗将要赠送我国牛蛙的情况。申大使还进一步补充说明，由于古中相距遥远，再加上牛蛙生活习惯特殊，养殖技术要求较高。因此他向武主任建议：最好能派一支牛蛙工作小组，专程赴古巴考察当地养殖技术，完成古方所赠牛蛙的接收工作。

（未完待续）

图 3-50 《卡斯特罗赠送的特殊国礼（二）——中古"牛蛙"外交轶事》，《上海海洋大学》第 774 期（2015 年 4 月 3 日）

申大使的建议很快得到了积极回应。从外交档案中，可以看到水产部、国家科技国际合作局、国务院外事办公室、外交部、对外经济联络总局，围绕"卡斯特罗总理赠送中国牛蛙"、"如何接收古巴牛蛙"等事宜，彼此间协商、沟通的来往函件。

12月29日，就在申大使和武主任会面的一个月后，中国对外经济联络总局致函国务院外事办公室，就派"牛蛙小组"之事，正式作出回复：

现水产部拟于明年（1962年，作者按）三月派两人小组去古，四月返回……科委领导已批同意，我们考虑，为了加强两国科技交流和中古友谊，原则上可同意派出。

秘密选拔

牛蛙因叫声酷似牛哞而得名，同国内常见的青蛙、蟾蜍相比，古巴牛蛙的体型更大（相当于一般青蛙的两倍），弹跳高度更高（可达两米），口味也更鲜美。但对于那个年代的中国人而言，别说在餐桌上见不到，就连牛蛙这个词，也几乎是闻所未闻。

但事实上，牛蛙养殖在中国已有二十多年的历史：早在1935年，上海江湾纪念路有一个沈姓老板开了一家"上海养蛙场"。叫卖一批从美国引进的牛蛙，号称"珍宝巨蛙"，每对售价24元（相当于当时一个工人一个月的薪金），但后来不了了之。1958年，上海水产学院也曾试养过几只，但因未产卵而死亡。1959年，浙江省宁波市水产研究所和天津市杨柳青农场先后从日本购进牛蛙试养。1961年初，广东省芳村淡水养殖场也从日本引进牛蛙养殖。上述种种，均未成气候。

中国国家科技国际合作局在1962年的一份报告，专门就引进古巴牛蛙的可行性及发展前景作评估："鉴于过去从日本引进的牛蛙（原产美洲）已死亡70%，国内缺乏养殖牛蛙的经验，又很需要发展养蛙事业"，"古巴牛蛙肥大，肉可食，皮可制女皮鞋和小皮包，并有条件在我国养殖"……

与此同时，水产部也在紧张有序地安排选拔。对赴古巴考察牛蛙养殖技术及接收牛蛙回国的人员，他们以"政治过硬、业务过硬"为标准，在全国范围内各水产研究所、高校中进行甄选。名单很快被确定，入选者分别来自上海和南京。一位是上海水产学院的青年教师苏锦祥，另一位则是长江水产研究所的张兴忠。整个甄选过程，仅少数人知晓，对外秘而不宣。据后来成为中国鱼类学研究专家的苏锦祥教授在接受笔者采访时回忆："那时候我也完全不知情。只是觉得奇怪，有一天在做实验，学校摄影师跑来看我，一边还拿着纸比对，悄悄问旁人'像不像'。后来才晓得，原来是水产部要为我办理赴古护照，但不方便通知本人去拍照，只好从档案里翻出老照片翻拍，又担心和本人不像，所以跑来确认。"

（未完待续）

连载

卡斯特罗赠送的特殊国礼（三）

——中古『牛蛙』外交轶事

文/周晓瑛

图3-51　《卡斯特罗赠送的特殊国礼（三）——中古"牛蛙"外交轶事》，《上海海洋大学》第775期（2015年4月24日）

直到出国前一个星期，苏锦祥才得知此事："领导说，要派我去古巴，接运卡斯特罗总理赠送给我国的牛蛙。"此前一直从事鱼类研究的他对这个突如其来的出国任务，感到十分意外，却又颇感光荣："当时我是青年教师中为数不多的党员，这是组织对我的信任。"

第二天，苏锦祥被安排去青浦，参观当时沪上唯一养殖牛蛙的水产养殖场。"几只牛蛙关在水泥池里，一蹦老高，鼻子碰到池壁都破皮了。"这也是他第一次近距离看到牛蛙。两天后，苏锦祥动身前往北京。在水产部报到时，遇到了南京来的张兴忠，一位曾在苏联莫斯科大学留学多年的鱼类研究同行。部领导向苏、张二人郑重宣布：成立赴古牛蛙接运小组，张兴忠为组长，苏锦祥为组员。

4月26日，牛蛙组从北京出发，乘中国民航飞机，经莫斯科、布拉格辗转飞往古巴首都哈瓦那。水产部交给他们的使命是："考察牛蛙的饲养，并接运古方赠送的牛蛙，计雌雄种蛙各200只。"

远涉万里

中国和古巴，一个在亚洲大陆，一个在拉丁美洲加

勒比海岸，中间隔着一望无垠的太平洋。四天后，"牛蛙小组"抵达目的地——古巴首都哈瓦那。加勒比海岸欧来温暖略略带咸味的海风，浓郁的异国情调扑面而来。与之相映衬的，还有古巴人革命的激情，战斗的气氛，充满热情的待客之道。

当时正赶上"五一"劳动节，哈瓦那照例举行了隆重的游行集会，卡斯特罗、切·格瓦拉等古巴党政高层

连载 卡斯特罗赠送的特殊国礼（四）
——中古"牛蛙"外交轶事
文/周晓瑛

领导人参加集会并观礼。初来乍到的苏锦祥和张兴忠，作为中国贵客，受邀登上了集会现场的嘉宾观礼台。他们身后仅几米远的地方，便是卡斯特罗等人所在的主席台。卡斯特罗发表了振奋人心的演说，用激动和激烈的语调谴责了美国对古巴的不断侵犯与实行经济封锁，号召古巴人克服眼前的困难，一定要坚决保卫革命胜利果实。他的演讲获得了排山倒海般的欢呼声和口号声。

除了应邀出席隆重节庆活动，苏锦祥和张兴忠也被安排参与了不少富有社会主义国家特色的活动。在节假日去甘蔗地里切割甘蔗，去工厂车间参观，到海上看渔民捕鱼，体验当地人的日常劳作与生产。古巴方面也想以这种方式，向远道而来的中国客人展现一个生活富足、人民安居乐业的古巴。

"牛蛙小组"平时住在位于哈瓦那市中心的中国大使馆。在那里他们可以享用到使馆食堂美味可口的中国菜，食堂师傅也亲热地称他们为"牛蛙同志"。大使馆还提供交通便利，他们每日都会坐上古巴官方派出的专车，在哈瓦那养鱼场场长的陪同下，前往首都及周边的各个省份，参观古巴渔业合作社、水晶宫、养鱼中心、罐头厂、冷炼厂，了解牛蛙的日常习性及加工流程。其间一个细节，令苏锦祥多年后仍记忆清晰："古巴的官方语言是西班牙语，当地通晓西语和中文的人很少。大使馆找到了一位华侨为我们全程翻译，不过他只会广东话。好在我祖籍广东，略通粤语，所以考察途中，如果从大使馆讲西语，华侨翻成广东话，我再翻成普通话给张兴忠听。"

（未完待续）

图 3-52 《卡斯特罗赠送的特殊国礼（四）——中古"牛蛙"外交轶事》，《上海海洋大学》第 776 期（2015 年 5 月 25 日）

卡斯特罗赠送的特殊国礼（五）

——中古"牛蛙"外交轶事

文／周晓瑛

除了与牛蛙养殖有关的考察参观，他们还走街串巷，了解加勒比海岸的风土人情，也发现了不少当地独有的与牛蛙有关的风景线："古巴牛蛙皮具业较发达，牛蛙的皮制成革，比牛皮更珍贵，做成的公文包、钱夹、女士皮鞋、手提包，比牛皮做的要贵几倍。我们看到不少古巴妇女用蛙皮提包，穿蛙皮皮鞋。"

对于传说中"鲜美异常"的牛蛙肉，在苏锦祥印象中古巴人自己倒是很少吃，反而以出口为主。"不过国内饭店也有蛙腿卖。我们吃过一次，肉很鲜美，口感像是鸡肉。"

转眼进入6月，考察临近尾声，有一个难题摆在他们面前：那就是如何在长时间空中飞行后，保证这些活蹦乱跳的牛蛙们尽可能"鲜活"地被带回北京？为此，"牛蛙小组"可以说花费了很大一番心思。一方面，他们精心挑选了古巴西部比那尔德里奥省的野生牛蛙作为采集来源。

那里的牛蛙长期生活在天然池塘中，活力及繁育能力在古巴牛蛙中属于上乘。对于捕捉到的牛蛙，他们和古巴专家一起严格把关，通过肉眼观察，进行挑选，保证入选牛蛙皆以"青壮年"为主。此外，他们还在哈瓦那水产养殖场多次进行包装工具、运输方法和长途运输的模拟试验，最终筛选出一种圆筒分层的运输箱作为容器，将牛蛙与浸过水的海绵放在一起，保证路途中一定的温、湿度环境，并可避免剧烈碰撞。

古巴政府为配合牛蛙的中国之旅，也是一路大开"绿灯"。他们特意开具一张证明，写明这批动物是作为卡斯特罗总理赠送给中国政府的礼物，并主动承担了包括运费在内的全部费用。正式启程前，古巴有关机构早已开具好了牛蛙的检验检疫证明，并联系捷克、苏联等国航空公司进行托运。"牛蛙小组"仅需负责牛蛙的押送和沿途照顾，这样一来，

中途换机转运的一切手续，都由航空公司之间负责接办，为中方省去了不少途中过境的麻烦。

1962年6月5日，200对共400只古巴牛蛙被装入十几只白铁皮运输箱，在"牛蛙小组"的护送下，登上了从哈瓦那机场起飞的航班。由于西方的封锁，古巴对外交通颇费周折。他们须从哈瓦那出发，途经捷克布拉格转机，飞往苏联莫斯科后再转乘中国民航飞机。待这些特别的古巴小客人抵达北京，已是五天以后。

政治礼遇

6月10日，古巴牛蛙抵达北京首都机场，水产部联系国内航空机构进行转运。在"牛蛙小组"的护送下，400只牛蛙依照50%、30%、20%的比例，分别送上飞往广州、南京、上海的航班。待飞机降落后，又被装上汽车，运往上述城市的水产院校和水产养殖试验场。**（未完待续）**

图 3-53 《卡斯特罗赠送的特殊国礼（五）——中古"牛蛙"外交轶事》，《上海海洋大学》第 777 期（2015 年 6 月 15 日）

6月14日，最后一批牛蛙运抵广州芳村养殖场，古巴牛蛙全部分送完毕。据外交部档案记载，400只牛蛙中，"仅仅死亡11只，其中上海和南京死亡的7只中，有6只是开包时发现的，另一只是隔一天死的。经解剖检查，死亡蛙的肠胃中是空的，估计是从捕捉到运抵养殖地过程中，因饥饿而致死。"在国际和国内将近十天的连环运输中，牛蛙的存活率达到97%。这在当时的交通和技术条件下，不可不谓是一次"奇迹"。

作为一路的接运专家，张兴忠送牛蛙回南京、苏锦祥送牛蛙回上海，各自完成交接任务后，再返北京。按上级要求，向水产部、对外经济联络总局汇报情况，并撰写牛蛙繁育及养殖的书面报告。此间，一位新华社记者曾专程来采访"牛蛙小组"，询问古巴牛蛙的来龙去脉。不知为何，记者的采访内

容迟迟未对外披露。直到半个月后，也就是6月29日，"卡斯特罗赠送古巴牛蛙给中国"的新闻稿终于通过新华社正式对外发布，并刊登在第二天的国内各大报上。

见报虽晚，但古巴牛蛙所受到的政治礼遇之厚，却是前所未见的。就拿有着中国政治风向标

连载

卡斯特罗赠送的特殊国礼（六）
——中古"牛蛙"外交轶事
文 / 周晓瑛

之称的《人民日报》为例，此前报纸从未出现过任何与牛蛙有关的报道。但在1962年6月30日以后，关于牛蛙的新闻却如雨后春笋般频见报端，如：《古巴牛蛙安居上海》《古巴牛蛙在上海生长良好》《牛蛙在广东生儿育女》《广州市设立牛蛙养殖试验场》……而在地方上，以上海为例，包括《解放日报》《文汇报》《新民晚报》等在内的各大报纸，关于

"牛蛙"的报道，也是从无到有，一时间纷纷占据了各报的重要版面，成为记者们争相关注的热点话题。

与此同时，牛蛙被作为"卡斯特罗总理赠送给周恩来总理"的国礼，被各接收省份当作一项重大而光荣的政治使命。调动了本地水产养殖领域最优秀的人才，进行重点繁育，并向更多的地方推广。很快，就遍及全国二十多个省份。1962年9月，水产部专门在京召开了一次全国范围内养蛙工作经验交流和总结会议，会议规模、参会人数均创下中国养蛙历史纪录。

自1962年至1964年，牛蛙从原来的新名词，渐渐成为当时中国人耳熟能详的一个常见词。不少人都翘首期盼，有朝一日能在餐桌上，尝尝这传说中"肉质细嫩洁白、味道鲜美、营养丰富"的蛙肉。

（未完待续）

图 3-54 《卡斯特罗赠送的特殊国礼（六）——中古"牛蛙"外交轶事》，《上海海洋大学》第 778 期（2015 年 7 月 17 日）

上世纪五、六十年代曾任职于中国文化部的黎之老人，在回忆文章中不无遗憾地提到了他与牛蛙"失之交臂"的故事：1964 年 10 月中旬，他代表文化部赴钓鱼台国宾馆十号楼，参与周总理政府工作报告的起草工作。在起草和定稿过程中，周总理、陈老总常常来参加会议讨论或看望大家。有一次，吃中饭时，陈毅告诉大家，明天他请大家吃牛蛙。闻此消息，在场者皆充满期待。"第二天中饭时，我同桌的几个从未吃过牛蛙的人，一见到肉类，就猜：这大概是牛蛙。饭后，陈老总宣布，今天没有牛蛙，我打招呼晚了，来不及准备。举座大笑。"不难看出，当年即便是在钓鱼台国宾馆的宴会厅，哪怕是国务院副总理陈毅做东，想要招待客人吃牛蛙，也非轻而易举之事。在北京中央尚如此，在地方，在民间更可想而知。

就这样，在人们的口口相传中，牛蛙由新闻报道中的常见词而演变为另一种传奇，它不再只是"卡斯特罗总理赠送给周总理的国礼"，而成为一种可望不可及的奢侈。据一位水产养殖场的职工家属回忆，当年他们养殖场是所在省唯一的繁育牛蛙基地，该单位负责人因为讨好上级，私自拿了几只牛蛙相赠，结果被群众检举揭发，因此受到惩处，身败名裂。在那个物质匮乏的年代，牛蛙因其赠予者是卡斯特罗受到了非一般的政治礼遇，更因它的难以得到，愈发显得稀奇和珍贵。　　（完）

卡斯特罗赠送的特殊国礼（七）

——中古"牛蛙"外交轶事

文／周晓瑛

图 3-55 《卡斯特罗赠送的特殊国礼（七）——中古"牛蛙"外交轶事》，
《上海海洋大学》第 779 期（2015 年 9 月 25 日）

（四）跨越海峡的"蟹缘"

胡崇仪

本文原文分上、中、下三个部分，连续刊登于《上海海洋大学》第793期4版（2016年10月30日）、第794期第4版（2016年11月15日）、第795期第4版（2016年11月30日）

又到一年秋风起，蟹脚痒之际，当市民们正品味大闸蟹美味的同时，取材于我校帮助台湾苗栗县养殖大闸蟹故事改编的爱情轻喜剧电影《爱的蟹逅》也在海大校园里火热上映。影片通过追寻青年学子因蟹结缘、为蟹奔走的青春足迹，以明亮、鲜艳的"青春色调"为主，舒缓而清新的轻音乐，让观众阅读爱情故事的同时感受到青春与爱情结缘的美好活力，展示了水墨江南般的海大之美、台湾苗栗的秀美景色，以及"两岸一家亲"的情感认同。2011年以来，上海海洋大学先后组织了16批科技专家团队常驻苗栗进行技术指导，成功创建了适合台湾养殖大闸蟹的"苗栗模式"。如今这些大闸蟹已为台湾苗栗"创造亿元商机，大闸蟹也成为苗栗水产品第一品牌，苗栗县原县长刘政鸿对此连称感恩。这些在长江边孕育着，吃着台湾饲料，喝着苗栗水长大的大闸蟹在台湾已经扎下了根，两岸之间还在不断续写"蟹"的传奇。

缘 起

说起两岸蟹缘还得回溯到2011年7月和8月，国台办原副主任郑立中和时任上海市副市长沈晓明访问台湾苗栗县（的）时候，从苗栗县原县长刘政鸿获知台湾苗栗县农民对大闸蟹养殖技术的需求呼声颇高后，只是我校帮助苗栗县发展中华绒螯蟹（大闸蟹）养殖产业，以推动台湾大闸蟹养殖发展。

在水产养殖界，"北纬28度以南养不好大闸蟹"已成定论。苗栗地处北纬24.18度，正好在这一区域。上世纪90年代初，学校也曾尝试在广东养蟹，失败告终。台湾苗栗到底能不能养不出好蟹？为了准确掌握第一手资料，8 月 21 日至 27 日，应台湾苗栗县农会邀请，以时任党委副书记吴嘉敏为团长，水产与生命学院谭洪新教授、成永旭教授、王春博士组成的专家组，着重考察了台湾地区，尤其是苗栗县大闸蟹养殖的现状。

苗栗县丘陵地带狮潭乡合兴村养殖户吴育德是苗栗县最早开展大闸蟹养殖的农户，2006 年始即与上海市崇明县水产技术推广站接触并引进大闸蟹种苗在苗栗县开展养殖。仿照大陆池塘养殖大闸蟹的"草蟹模式"，经过几年的摸爬滚打，吴育德先后在狮潭乡、公馆乡建立了适合苗栗县气候、地形地貌、水文等特点的大闸蟹的养殖场，但养殖成活率低的问题一直困扰着他。专家组详细询问了有关大闸蟹种质种源、水源水质、水温、土壤、水草种类、饲料来源、日常管理等基本情况，现场取样、摄影并记录了有关池塘建设、水草种植、水质管理、种苗投放数量等技术措施。在县政府牵头下召开了大陆—苗栗县大闸蟹养殖技术研讨会，专家组与近 50 位养殖户就技术问题进行了交流，详细了解了存在的问题和瓶颈。吴嘉敏指出：苗栗地区要解决大闸蟹养殖的瓶颈问题首先应从种质种源着手，优质的种苗是保证成活率高的前提，技术环节的优化和细化是基本保证。大陆专家和苗栗县农会要通力合作，创建适合苗栗地区气候、水文、水温、地质地貌、土地经营模式、消费习惯等特点的科学养殖模式是促进苗栗县大闸蟹养殖深度发展的头等大事。

短暂的考察给专家组留下深刻印象，专家们深深为台湾同胞敢于冒险，勇于创新，在纬度较低、气温偏高、预计较长的山区丘陵地带因地制宜地养殖大闸蟹的精神所感动。同时一致认为，虽然台湾地区大闸蟹养殖业整体水平不高，但在热带及亚热带地区尝试并成功养殖大闸蟹在思想上和技术上均有突破，很值得我们借鉴和总结。经多次调研，我校完成《台湾地区中华绒螯蟹产业发展现状》，《上海海洋大学专家团队对苗栗县大闸蟹产业发展推进意见》等报告，科学论证苗栗养蟹可行性。同时苗栗县也派技术员等到海大实地培训。

2011 年 10 月 15 日，西郊宾馆，在时任市委常委杨晓渡主持、见证下，时任上海海洋大学潘迎捷校长与苗栗县刘政鸿县长正式签署科技合作协议，上海市科委国际交流合作处立即启动了《台湾地区中华绒螯蟹养殖技术推广应用》项目，拉开了援台大闸蟹的序幕。

合 作

小螃蟹。大协作。项目启动后，相关工作得到了中央、上海市各有关部门的大力支持。一年间，国台办原常务副主任郑立中同志视察苗栗大闸蟹养殖示范点，时任副市长沈晓明指示并推动各部门帮助苗栗发展大闸蟹养殖产业，时任副市长姜平赴台期间专程前往苗栗考察，时任上海市委常委杨晓渡、上海市常委沙海林多次借鉴苗栗县来沪访问团，只是上海各部门全力做好工作。上海市台版、市教委、市农委也分别组团前往苗栗，深入了解情况，推动双方合作。

为确保各项具体工作顺利开展，学校与苗栗县政府、苗栗县大闸蟹发展协会开展产学研合作，形成了围绕大闸蟹养殖的高效率运作的"2+2"产学研模式：大陆基地组依托我校崇明基地，着重向台湾方面提供种源清晰、质量优秀、规格适中的蟹种；台湾技术研发组以王春副教授为主，长期驻台，为苗栗县养殖示范户量身定做大闸蟹养殖技术方案；苗栗县政府成立协作组，通过"搭台"、"铺路"、"辅导"、"跟进"、"巡考"等形式，以品尝大闸蟹助推其休闲旅游业和精致农业创新；苗栗县大闸蟹发展协会组织发展会员，配合县政府、技术研发组做好科技服务，统一市场品牌，开拓市场需求。

走进如今位于上海崇明的供台蟹苗（扣蟹）培育基地，干净整洁，130亩的标准化养殖池塘一览无遗。可在2012年年初，基地远不是这样成片的水塘，道路泥泞不堪，砖房很简陋，连水泥都没有糊，红砖裸露着，顶上是复合板搭成的棚子，成永旭、吴旭干等老师及他们的4个博士、硕士研究生就住在基地的工棚里开展工作。蟹苗初始阶段6—7天脱一次壳，后期一个月脱一次壳，经过9次脱壳，就长成了扣蟹，可以运往台湾继续培育成成蟹。为了保证供台扣蟹的品质，成永旭科研团队在长江野生蟹中挑选优质亲本蟹选育，并进行生态育苗；在扣蟹培育过程中，科学追踪和观察，创造良好的池塘生态环境，确保供台扣蟹质量。同时，在多方支持下，开发出基于物联网只会服务的中华绒螯蟹蟹种质量动态追溯，可提供大闸蟹从源头到餐桌的全程可追溯。从 2012 年起，不断优化养殖技术，包括控制水质、调整饲料营养配伍、降低放养密度、提高养成规格。4 年间基地向台湾提供扣蟹数逐年下调，降低了投入成本，提高了经济效益。2012 年供台扣蟹 33.7 万，2013 年 73.2 万，2014 年 57.3 万，2015 年 54.3 万。思念二百万的蟹种，为台湾大闸蟹养殖的成功打下了坚实基础。

蟹苗成功输台的背后，还凝聚着上海市众多部门的大力支持和精心配合。2012 年 1 月 12 日凌晨零时，万家灯火渐熄，位于上海民生路 1208 号的上海检验检疫局 10 楼的动植物与食品检验检疫技术中心实验室里却灯火通明。时至年关，为确保大陆首批中华绒螯蟹苗顺利输台，该中心工作人员紧张而有序地进行着出境前的扣蟹各项指标的检验检疫。凌晨 5 点，重名检验检疫局工作人员护送检疫、装箱完毕的扣蟹赶赴上海浦东国际机场。两个小时后，所有扣蟹在微明的晨曦中进入机场货站，并于上午 9 时完成全部装机。11 时，飞机准时起飞。它承载着海峡两岸人民热切的期望，飞往目的地——台湾桃园机场。"扣蟹活力好，反响好，一切正常，请放心。"1 月 12 日接近下午 1 时，我校领导的这条短信，第一时间传达到上海检验检疫局领导的手上。从我校提出蟹苗输台申请到完成全部检验检疫过程，仅用五天时间。五天，国家质检总局需要与台湾方面就蟹苗输台初步达成一致，了解多方情况，尤其是台方关于蟹苗的检验检疫要求；上海检验检疫局序言完成蟹苗养殖场的考核、注册登记、抽样完成蟹苗及其饲料的多项疫病和药残项目检测、出口报检等一系列程序。

五天，在上海检验检疫人眼里，简直是奇迹。最终，在上海和台湾苗栗两地政府、人民以及相关单位工作人员的通力协作下，创造了这一奇迹。

3 年 540 天，这是在台湾开展驻点指导的总时间。研发组团队前后派驻 16 批科技人员，作为技术研发组负责人，王春副教授长期驻台对这个时间有着深刻的记忆。苗栗县推广养殖大闸蟹之前，全县养殖大闸蟹总面积约 4 公顷，多为零散小规模养殖户，存活率只有 1 成不到，养殖户普遍亏本。上海海洋大学的技术行吗？初次走访，苗栗养殖户对王春充满不信任。王春就当没看到、没听到，埋头做事，具体指导。2—3 个月里，王春走遍了苗栗县境的 18 个乡镇。不久，一份以"种草、投螺、混养、稀放、控水"为核心的大闸蟹生态养殖良方交到了养殖户的手中，"每一技术环节实施均提前组织协会成员培训，每天坚持实地巡视检查，每月召开养殖户大会，通报问题，调整方案"。

为了入户指导，王春经常在山顶、平原之间奔波。每天一大早就到蟹农家里调研指导，从养殖池的选址、水质的测定到大闸蟹生长的状况，都要及时给出建议，回到住处已是天黑。为了赶时间，最多的时候王春一天要跑七八户人家，进门就听取情况现场指导，连茶水也来不及喝。在他的精心指导下，苗栗县的大闸蟹养殖逐步走向规范化、王春更成为苗栗县的"自家人"，收获了苗栗县"荣誉县民"的殊荣。台湾海基会原董事长林中森在与王春交谈时表示："这样的农业科技合作十分有意义，希望两岸你挺我，我挺你，共同提升。"

交 流

如今，大闸蟹不仅成为海峡两岸的"科技使者"、"友好使者"，更成为苗栗与上海两地加强沟通交流的"媒人"。

2012 年 10 月 15 日，苗栗县主办首次大型大闸蟹评鉴活动，时任上海海洋大学党委书记虞丽娟教授、水产与生命学院王武教授和成永旭教授等赴台，并担任评鉴专家。同年 11 月 5 日，苗栗县养殖的大闸蟹首次参加由上海海洋大学主办的第六届全国河蟹大赛。自那时起，苗栗大闸蟹三次登陆，在全国河蟹大赛中三次摘取"金蟹奖"，两次夺取"最佳口感奖"桂冠，其优良的品质得到业内专家的高度赞扬。苗栗优质大闸蟹成为台湾响当当的品牌，轰动海峡两岸，苗栗县成为台湾大闸蟹之乡。2013 年 10 月，来自大陆的大闸蟹也爬上了苗栗的第一届海峡两岸大闸蟹竞赛擂台，与苗栗县大闸蟹同台竞技，共展风采。2016 年 11 月，第一届"光明杯"海峡两岸精品大闸蟹评鉴暨养殖技术交流活动将在崇明举行，长大了的苗栗蟹奖首次回到崇明老家与同胞比美争鲜。

海峡两岸的“蟹缘”同时引起《中央电视台》《人民日报》《新华网》《人民网》《联合报》《中国时报》《凤凰卫视》《凤凰网》《澳门日报》《联合早报》等世界华人主流媒体的连续关注和跟踪报道，并且得到全国政协、国台办、上海市政府等领导的嘉勉和关心。俞正声同志在上海市台办《关于上海海洋大学与苗栗县大闸蟹养殖合作成功的情况报告》上批示：感谢各有关同志特别是海洋大学同志的杰出贡献，希望继续努力，办好这件有利于两岸友好合作的大事。上海市政府翁铁慧副市长盛赞我校与苗栗县政府之间的合作交往，撰写了海峡两岸农业技术交流与产业发展的新篇章。

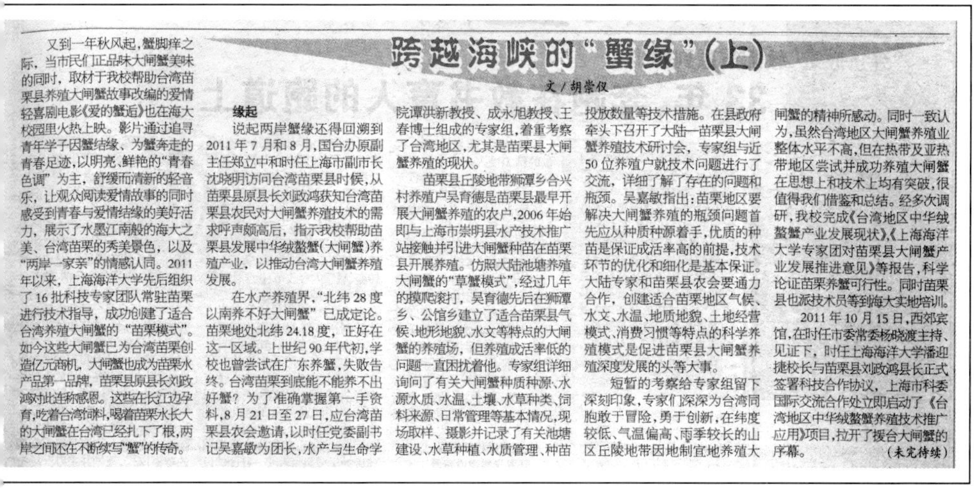

跨越海峡的“蟹缘”(上)

文/胡崇仪

又到一年秋风起，蟹脚痒之际，当市民们正品味大闸蟹美味的同时，取材于我校帮助台湾苗栗县养殖大闸蟹故事改编的爱情轻喜剧电影《爱的蟹逅》也在海大校园里火热上映。影片通过追寻青年学子因蟹结缘、为蟹奔走的青春足迹，以明亮、鲜艳的“青春色调”为主，舒缓而清新的轻音乐，让观众阅读爱情故事的同时感受到青春与爱情结缘的美好活力，展示了水墨江南般的海大之美、台湾苗栗的秀美景色，以及“两岸一家亲”的情感认同。2011年以来，上海海洋大学先后组织了16批科技专家团队常驻苗栗进行技术指导，成功创建了适合台湾养殖大闸蟹的“苗栗模式”。如今这些大闸蟹已为台湾苗栗创造亿元商机，大闸蟹也成为苗栗水产品第一品牌，苗栗县原县长刘政鸿对此连称感恩。这些在长江边孕育，吃着台湾饲料，喝着苗栗水长大的大闸蟹在台湾已经扎下了根，两岸之间还在不断续写“蟹”的传奇。

缘起

说起两岸蟹缘还得回溯到2011年7月和8月，国台办原副主任郑立中和时任上海市副市长沈晓明访问台湾苗栗县时候，从苗栗县原县长刘政鸿获知台湾苗栗县农民对大闸蟹养殖技术的需求呼声颇高后，指示我校帮助苗栗县发展中华绒螯蟹(大闸蟹)养殖产业，以推动台湾大闸蟹养殖发展。

在水产养殖界，“北纬28度以南养不好大闸蟹”已成定论。苗栗地处北纬24.18度，正好在这一区域。上世纪90年代初，学校也曾尝试在广东养蟹，失败告终。台湾苗栗到底能不能养不出好蟹？为了准确掌握第一手资料，8月21日至27日，应台湾苗栗县农会邀请，以时任党委副书记吴嘉敏为团长，水产与生命学院谭洪新教授、成永旭教授、王春博士组成的专家组，着重考察了台湾地区，尤其是苗栗县大闸蟹养殖的现状。

苗栗县丘陵地带狮潭乡合兴村养殖户吴育德是苗栗县最早开展大闸蟹养殖的农户，2006年始即与上海市崇明县水产技术推广站接触并引进大闸蟹种苗在苗栗县开展养殖。仿照大陆池塘养殖大闸蟹的“草蟹模式”，经过几年的摸爬滚打，吴育德先后在狮潭乡、公馆乡建立了适合苗栗县气候、地形地貌、水文等特点的大闸蟹的养殖场，但养殖成活率低的问题一直困扰着他。专家组详细询问了有关大闸蟹种质种源、水源水质、水温、土壤、水草种类、饲料来源、日常管理等基本情况，现场取样、摄影并记录了有关池塘建设、水草种植、水质管理、种苗投放数量等技术措施。在县政府牵头下召开了大陆—苗栗县大闸蟹养殖技术研讨会，专家组与近50位养殖户就技术问题进行了交流，详细了解了存在的问题和瓶颈。吴嘉敏指出：苗栗地区要解决大闸蟹养殖的瓶颈问题首先应从种质种源着手，优质的种苗是保证成活率高的前提，技术环节的优化和细化是基本保证。大陆专家和苗栗县农会要通力合作，创建适合苗栗地区气候、水文、水温、地质地貌、土地经营模式、消费习惯等特点的科学养殖模式是促进苗栗县大闸蟹养殖深度发展的头等大事。

短暂的考察给专家组留下深刻印象，专家们深深为台湾同胞敢于冒险，勇于创新，在纬度较低、气温偏高、雨季较长的山区丘陵地带因地制宜地养殖大闸蟹的精神所感动。同时一致认为，虽然台湾地区大闸蟹养殖业整体水平不高，但在热带及亚热带地区尝试并成功养殖大闸蟹在思想上和技术上均有突破，很值得我们借鉴和总结。经多次调研，我校完成《台湾地区中华绒螯蟹产业发展现状》、《上海海洋大学专家团对苗栗县大闸蟹产业发展推进意见》等报告，科学论证苗栗养蟹可行性。同时苗栗县也派技术员等到海大实地培训。

2011年10月15日，西郊宾馆，在时任市委常委杨晓渡主持、见证下，时任上海海洋大学潘迎捷校长与苗栗县刘政鸿县长正式签署科技合作协议，上海市科委国际交流合作处立即启动了《台湾地区中华绒螯蟹养殖技术推广应用》项目，拉开了援台大闸蟹的序幕。

(未完待续)

图 3-56 《跨越海峡的“蟹缘”(上)》，
《上海海洋大学》第 793 期(2016 年 10 月 30 日)

跨越海峡的“蟹缘”（中）

文 / 胡崇仪

合作

小螃蟹，大协作。项目启动后，相关工作得到了中央、上海市各有关部门的大力支持。一年间，国台办原常务副主任郑立中同志视察苗栗大闸蟹养殖示范点，时任副市长沈晓明指示并推动各部门帮助苗栗发展大闸蟹养殖产业，时任副市长姜平赴台期间专程前往苗栗考察，时任上海市委常委杨晓渡、上海市常委沙海林多次接见苗栗县来沪访问团，指示上海各部门全力做好工作。上海市台办、市教委、市农委也分别组团前往苗栗，深入了解情况，推动双方合作。

为确保各项具体工作顺利开展，学校与苗栗县政府、苗栗县大闸蟹发展协会开展产学研合作，形成了围绕大闸蟹养殖的高效率运作的“2+2”产学研模式：大陆基地组依托我校崇明基地，着重向台湾方面提供种源清晰、质量优秀、规格适中的蟹种；台湾技术研发组以王春副教授为主，长期驻台，为苗栗县养殖示范户量身定做大闸蟹养殖技术方案；苗栗县政府成立协作组，通过“搭台”、“铺路”、“辅导”、“跟进”、“巡考”等形式，以品尝大闸蟹助推其休闲旅游业和精致农业创新；苗栗县大闸蟹发展协会组织发展会员，配合县政府、技术研发组做好科技服务，统一市场品牌，开拓市场需求。

走进如今位于上海崇明的供台蟹苗（扣蟹）培育基地，干净整洁，130亩的标准化养殖池塘一览无遗。可在2012年年初，基地远不是这样。成片的水塘，道路泥泞不堪，砖房很简陋，连水泥都没有糊，红砖裸露着，顶上是复合板搭成的棚子，成永旭、吴旭干等老师及他们的4个博士、硕士研究生就住在基地的工棚里开展工作。蟹苗初始阶段6–7天脱一次壳，后期一个月脱一次壳，经过9次脱壳，就长成了扣蟹，可以运往台湾继续培育成成蟹。为了保证供台扣蟹的品质，成永旭科研团队在长江野生蟹中挑选优质亲本蟹选育，并进行生态育苗；在扣蟹培育过程中，科学追踪和观察，创造良好的池塘生态环境，确保供台扣蟹质量。同时，在多方支持下，开发出基于物联网智慧服务的中华绒螯蟹蟹种质量动态追溯系统，可提供大闸蟹从源头到餐桌的全程可追溯。从2012年起，不断优化养殖技术，包括控制水质、调整饲料营养配伍、降低放养密度，提高养成规格。4年间基地向台湾提供扣蟹数逐年下调，降低了投入成本，提高了经济效益。2012年供台扣蟹33.7万，2013年73.2万，2014年57.3万，2015年54.3万。四年二百万的蟹种，为台湾大闸蟹养殖的成功打下坚实基础。

蟹苗成功输台的背后，还凝聚着上海市众多部门的大力支持和精心配合。2012年1月12日凌晨零时，万家灯火渐熄，位于上海民生路1208号的上海检验检疫局10楼的动植物与食品检验检疫技术中心实验室里却灯火通明。时至年关，为确保大陆首批中华绒螯蟹苗顺利输台，该中心工作人员紧张而有序地进行着出境前的扣蟹各项指标的检验检疫。凌晨5点，崇明检验检疫局工作人员护送检疫、装箱完毕的扣蟹赶赴上海浦东国际机场。两个小时后，所有扣蟹在微明的晨曦中进入机场货站，并于上午9时完成全部装机。11时，飞机准时起飞。它承载着海峡两岸人民热切的期望，飞往目的地——台湾桃园机场。“扣蟹活力好，反响好，一切正常，请放心。”1月12日接近下午1时，我校领导的这条短信，第一时间传达到上海检验检疫局领导的手上。从我校提出蟹苗输台申请到完成全部检验检疫过程，仅用五天时间。五天，国家质检总局需要与台湾方面就蟹苗输台初步达成一致，了解多方情况，尤其是台方关于蟹苗的检验检疫要求；上海检验检疫局需要完成蟹苗养殖场的考核、注册登记、抽样完成蟹苗及其饲料的多项疫病和药残项目检测、出口报检等一系列程序。

五天，在上海检验检疫人眼里，简直是奇迹。最终，在上海和台湾苗栗两地政府、人民以及相关单位工作人员的通力协作下，创造了这一奇迹。（未完待续）

图 3-57 《跨越海峡的“蟹缘”（中）》，
《上海海洋大学》第794期（2016年11月15日）

跨越海峡的“蟹缘”（下）

文/胡崇仪

3年540天，这是在台湾开展驻点指导的总时间。研发组团队前后派驻16批科技人员，作为技术研发组负责人，王春副教授长期驻台对这个时间有着深刻的记忆。苗栗县推广养殖大闸蟹之前，全县养殖大闸蟹总面积约4公顷，多为零散小规模养殖户，存活率只有1成不到，养殖户普遍亏本。上海海洋大学的技术行吗？初次走访，苗栗养殖户对王春充满不信任。王春就当没看到、没听到，埋头做事，具体指导。2–3个月里，王春走遍了苗栗县境的18个乡镇。不久，一份以“种草、投螺、混养、稀放、控水”为核心的大闸蟹生态养殖良方交到了养殖户的手中，“每一技术环节实施均提前组织协会成员培训，每天坚持实地巡视检查，每月召开养殖户大会，通报问题，调整方案”。

为了入户指导，王春经常在山顶、平原之间奔波。每天一大早就到蟹农家里调研指导，从养殖池的选址、水质的测定到大闸蟹生长的状况，都要及时给出建议，回到住处已是天黑。为了赶时间，最多的时候王春一天要跑七八户人家，进门就听取情况现场指导，连茶水也来不及喝。在他的精心指导下，苗栗县的大闸蟹养殖逐步走向规范化。王春更成为苗栗县的“自家人”，收获了苗栗县“荣誉县民”的殊荣。台湾海基会原董事长林中森在与王春交谈时表示：“这样的农业科技合作十分有意义，希望两岸你挺我，我挺你，共同提升。”

交流

如今，大闸蟹不仅成为海峡两岸的“科技使者”、“友好使者”，更成为苗栗与上海两地加强沟通交流的“媒人”。

2012年10月15日，苗栗县主办首次大型大闸蟹评鉴活动，时任上海海洋大学党委书记虞丽娟教授、水产与生命学院王武教授和成永旭教授等赴台，并担任评鉴专家。同年11月5日，苗栗县养殖的大闸蟹首次参加由上海海洋大学主办的第六届全国河蟹大赛。自那时起，苗栗大闸蟹三次登陆，在全国河蟹大赛中三次摘取“金蟹奖”，两次夺取“最佳口感奖”桂冠，其优良的品质得到业内专家的高度赞扬。苗栗优质大闸蟹成为台湾响当当的品牌，轰动海峡两岸，苗栗县成为台湾大闸蟹之乡。2013年10月，来自大陆的大闸蟹也爬上了苗栗的第一届海峡两岸大闸蟹竞赛擂台，与苗栗县大闸蟹同台竞技，共展风采。2016年11月，第一届“光明杯”海峡两岸精品大闸蟹评鉴暨养殖技术交流活动将在崇明举行，长大了的苗栗蟹将首次回到崇明老家与同胞比美争鲜。

海峡两岸的“蟹缘”同时引起《中央电视台》《人民日报》《新华网》《人民网》《联合报》《中国时报》《凤凰卫视》《凤凰网》《澳门日报》《联合早报》等世界华人主流媒体的连续关注和跟踪报道，并且得到全国政协、国台办、上海市政府等领导同志的嘉勉和关心。俞正声同志在上海市台办《关于上海海洋大学与苗栗县大闸蟹养殖合作成功的情况报告》上批示：感谢各有关同志特别是海洋大学同志的杰出贡献，希望继续努力，办好这件有利于两岸友好合作的大事。上海市政府翁铁慧副市长盛赞我校与苗栗县政府之间的合作交往，撰写了海峡两岸农业技术交流与产业发展的新篇章。（全文完）

图 3-58 《跨越海峡的“蟹缘”（下）》，
《上海海洋大学》第795期（2016年11月30日）

（五）最具"鱼腥味"的水养人，最"可爱"的王老汉

王雅云　邓红　孙墁

本文原载于《上海海洋大学》第 802 期第 2 版，2017 年 3 月 24 日

一位从思想到实践都散发着"鱼腥味"的教授，一个立志要改变祖国"一穷二白"面貌的毛主席时代的青年人，一位将一生的热情都奉献给中国的水产养殖事业的功臣，一名在川江湖海中不懈奋斗的战士……谈到中国水产养殖，没有人不知道王武，没有人不叹服王武。他对水产事业有着深厚的感情，把论文写在祖国的江河湖海上，将成果留在渔民家；他用自己的执着与坚韧践行了他报效祖国，服务人民，造福水产事业的心愿，为后辈留下了无尽的精神和技术财富。

挚爱水养，贡献一生

王武身上有着浓厚的"鱼腥味"。一谈起鱼，他就会滔滔不绝。他曾说，他有幸成长在毛主席时代，对于毛泽东思想，可以说是真学、真懂、真信、真用。他在年轻时就立志，要改变祖国"一穷二白"的面貌，将自己的青春年华奉献给祖国的水产养殖事业。

王武对水产教学事业结下了深厚的感情。他热爱水产养殖业，对渔业、渔村和渔民有着深厚的感情，他主持的科研项目，为解决我国人民的"吃鱼难"、"吃蟹难"作出了重要贡献。曾先后荣获国家科技进步二等奖（两次）、国家星火计划二等奖、上海市科技进步一等奖（两次）、二等奖等十多项奖励。自 2005 年起，王武教授承担农业部渔业科技入户示范工程技术督导工作，任首席专家。

谈到自己的成就，王武说："首先，感情是第一位的。这是成功的基础；第二，要有科学的决策；第三，要通过辛勤的劳动；第四，才是机遇。机遇，是一种资源，而且是不可再生的资源。机遇总给予事先准备好的人们。"

从渔区中来，到渔区中去

王武认为："要当好先生，首先要当好学生。"广大渔民在实践过程中创造了大量的先进落后的技术和经验，要放下架子，甘当小学生，虚心向渔民学习。

自 2005 年起，王武主持全国渔业科技入户工作，他每年约有 150 天时间，深入第一线，到塘边管理舍了解示范户生产情况。在辽宁盘山县入户调查时，他发现农民搞的稻田养蟹很有特色：养蟹稻田的水稻一般不会减产！这可是一个好苗子。当时，王武认为，这种工艺不能称为稻田养蟹，也不能称为蟹田种稻，而应称"稻田种养新技术"。在调查研究的基础上，他和当地技术人员一起试验，从而打造出水产界闻名的"盘山模式"。这一模式，其社会效益、经济效益和生态效益极为显著，深受当地农民欢迎。为此，王武教授被当地农民称为最可爱的人。

2005 年，王武将辽宁盘山稻田养蟹改为稻田生态养殖新技术，并与当地技术落后人员一起进行试验研究，总结为"大垄双行、早放精养、种养结合、稻蟹双赢"为核心的田种养新技术，简称"盘山模式"。

此外，王武还与当地科技人员一起，总结出"高淳模式""宝应模式""普陀模式""乳山模式""安庆模式""临湖模式"。这些养殖模式对推广生态养殖新技术，确保水产品质量安全，促进渔民增产、增收发挥了重要作用。

通过社会实践和锻炼，王武在大量的教学、科研和推广活动中增长了对鱼的感情、对渔民的感情和对渔区的感情，培养了高度的事业感和责任心。他感到，水产养殖这一行业在为人民解决"吃鱼难""吃蟹难"，在为农民脱贫致富奔小康的过程中可以发挥重要作用。与鱼蟹"谈恋爱"，其乐无穷！他为自己的一生奉献给祖国的水产养殖事业而感到光荣和自豪。

把论文写在川海上，将成果留在渔民家

王武常说："现在全国都在支援农业，我们要全心全意地为渔民服务!"他每年有 5 个月在渔区第一线,各地渔业技术人员追随他,希望得到他的指导,渔业科技示范户把他当成"摇钱树",深受各地渔民的欢迎。

2005 年,王武毅然接受农业部的聘任,担任全国渔业科技入户示范工程的首席专家,负责全国重点渔业示范县的组织管理和技术督导工作。近年来,王武发表的论文并不多,但他撰写有关实施方案、计划、建议、总结、体会等每年都有 15 篇以上(超过 10 万字)。自 2006 年起至今,他亲自编发了渔业科技入户简报共 258 期(每期 4—6 篇报道),平均每周一期。简报强调突出渔业第一线的技术指导员、科技示范户的工作和状态,对一些特色、亮点和问题,他亲自撰写编者按,为各渔业示范县沟通信息、交流工作经验提供了平台,得到了各示范县的欢迎和农业部主管部门的好评。他说:这就是"把论文写在祖国的江河湖海上,把技术送到农民家"的实际行动。

看到示范户丰收的喜悦,王武感到农村需要发展水产养殖业,农民需要水产养殖新技术。他为能参加这一工作,感到光荣、感到自豪,"尽管下乡工作较劳累,但能为农村、为农民做一些实事,值!"

王武曾说:"现在我已是王老汉了,党和学校长期的培养,构成了我'三个一生'的为人宗旨:我要把自己的一生献给祖国的水产养殖事业,把一生奉献给培养我的母校,把一生献给亲爱的党。"无论是谁,听到这样一番话,都会在心底涌出一股暖流,溢出一缕感动,升腾出一份敬佩。

编者按：王武教授离开我们已经一年了。3月25日，王武教授追思会将在我校举行。为纪念这位德高望重的水产专家，我们向他的学生、同事、合作伙伴等约稿，以再现王老师对事业的挚爱和对学生的关爱。

王武生平

1941年2月6日，生于江苏省太仓市
1958年~1963年，上海水产学院淡水养殖专业（本科五年）
1963年~1971年，上海水产学院养殖系助教
1972年1月，厦门水产学院助教
1978年12月，厦门水产学院讲师
1981年，上海水产学院讲师
1984年12月，加入中国共产党
1986年，上海水产大学副教授
1990年~1993年，上海市杨浦区第十届人大代表
1992年2月，上海水产大学渔业学院池塘养鱼教研室主任
1995年12月，上海水产大学教授
1998年10月，上海水产大学水产养殖专业首批博士生导师
1999年3月，上海水产大学水产养殖学科带头人
2005年~2015年，农业部渔业科技入户工程首席专家
2016年2月6日，逝世

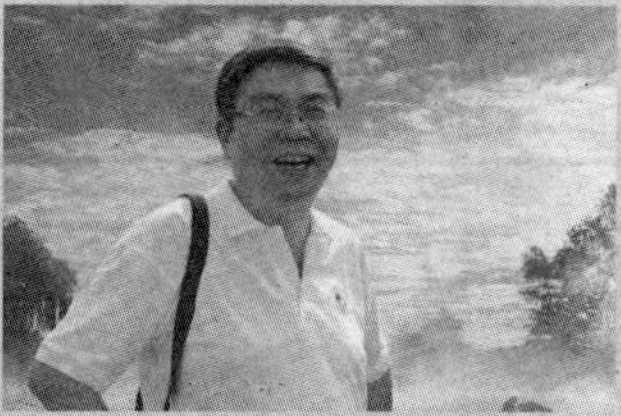

所获荣誉

全国四部委先进工作者（1984）
农牧渔业部高等农业院校优秀教师（1985）
上海市优秀教育工作者（1985）
上海市劳动模范（1986）
上海市科学技术进步奖二等奖（1988）
上海市科学技术进步奖一等奖（1989）
全国高等学校先进工作者（1990）
上海市“菜篮子”科技功臣（1990）
国家星火奖二等奖（1991）
国务院政府特殊津贴（1992）
中华农业科教奖（1997）
农业干部教育优秀教师（1997）
上海市教学成果奖三等奖（2001）
上海市优秀教材三等奖（2004）
农业部先进农业推广人员（2005）
全国优秀教师（2007）
全国农业科技推广标兵（2007）
全国兴渔富民十大新闻人物（2008）
新中国成立60周年“三农”模范人物（2009）
上海市科学技术奖一等奖（2009）
国家科学技术进步奖二等奖（2010）
全国优秀科技工作者荣誉（2010）

最具“鱼腥味”的水养人，最“可爱”的王老汉

一位从思想到实践都散发着“鱼腥味”的教授，一个立志要改变祖国“一穷二白”面貌的毛主席时代的青年人，一位将一生的热情都奉献给中国的水产养殖事业的功臣，一名在川江湖海中不懈奋斗的战士……谈到中国水产养殖，没有人不知道王武，没有人不叹服王武。他对水产事业有着深厚的感情，把论文写在祖国的江河湖海上，将成果留在渔民家；他用自己的执着与坚韧践行了他报效祖国，服务人民，造福水养的心愿，为后辈留下了无尽的精神和技术财富。

挚爱水养，贡献一生

王武身上有着浓厚的“鱼腥味”。一谈起鱼，他就会滔滔不绝。他曾说，他有幸成长在毛主席时代，对于毛泽东思想，可以说是真学、真懂、真信、真用。他在年轻时就立志，要为改变祖国“一穷二白”的面貌，将自己的青春年华奉献给祖国的水产养殖事业。

王武对水产教学事业结下了深厚的感情。他热爱水产养殖业，对渔业、渔村和渔民有着深厚的感情，他主持的科研项目，为解决我国人民的“吃鱼难”、“吃蟹难”作出了重要贡献。曾先后荣获国家级科技进步二等奖（两次）、国家星火计划二等奖、上海市科技进步一等奖（两次）、二等奖等十多项奖励。自2005年起，王武教授承担农业部渔业科技入户示范工程技术督导工作，任首席专家。

谈到自己的成就，王武说：“首先，感情是第一位的。这是成功的基础；第二，要有科学的决策；第三，要通过辛勤的劳动；第四才是机遇。机遇，是一种资源，而且是不可再生的资源。机遇总为给予时先准备好的人们。”

从渔区中来，到渔区中去

王武认为：“要当好先生，首先要当好学生”。广大渔民在实践过程中创造了大量的先进落后的技术和经验，要放下架子，甘当小学生，虚心向渔民学习。

自2005年起，王武主持全国渔业科技入户工作，他每年约有150天时间，深入第一线，到塘边管理舍了解示范户生产情况。在辽宁盘山县入户调查时，他发现农民搞的稻田养蟹很有特色：养蟹稻田的水稻一般不会减产！这可是一个好苗子。当时，王武认为，这种工艺不能称为稻田养蟹，也不能称为蟹田种稻，而应称“稻田种养新技术”。在调查研究的基础上，他和当地技术人员一起试验，从而打造出水产界闻名的“盘山模式”。这一模式，其社会效益、经济效益和生态效益极为显著，深受当地农民欢迎。为此，王武教授被当地农民称为最可爱的人。

2005年，王武将辽宁盘山稻田养蟹改为稻田生态养殖新技术，并与当地技术落后人员一起进行试验研究，总结为“大垄双行、早放精养、种养结合、稻蟹双赢”为核心的田种养新技术，简称“盘山模式”。

此外，王武还与当地科技人员一起，总结出“高淳模式”“宝应模式”“普陀模式”“乳山模式”“安庆模式”“临湖模式”。这些养殖模式对推广生态养殖新技术，确保水产品质量安全，促进渔民增产、增收发挥了重要作用。

通过社会实践和锻炼，王武在大量的教学、科研和推广活动中增长了对鱼的感情、对渔民的感情和对渔区的感情，培养了高度的事业感和责任心。他感到，水产养殖这一行业在为人民解决“吃鱼难”“吃蟹难”，在为农民脱贫致富奔小康的过程中可以发挥重要作用。与鱼蟹“谈恋爱”，其乐无穷！他为自己的一生奉献给祖国的水产养殖事业而感到光荣和自豪。

把论文写在川海上，将成果留在渔民家

王武常说：“现在全国都在支援农业，我们要全心全意地为渔民服务！”他每年有5个月在渔区第一线，各地渔业技术人员追随他，希望得到他的指导，渔业科技示范户把他当成“摇钱树”，深受各地渔民的欢迎。

2005年，王武毅然接受农业部的聘任，担任全国渔业科技入户示范工程的首席专家，负责全国重点渔业示范县的组织管理和技术督导工作。近年来，王武发表的论文并不多，但他撰写有关实施方案、计划、建议、总结、体会等每年都有15篇以上（超过10万字）。自2006年起至今，他亲自编发了渔业科技入户简报共258期（每期4–6篇报道），平均每周一期。简报强调突出渔业第一线的技术指导员、科技示范户的工作和状态，对一些特色、亮点和问题，他亲自撰写编者按，为各渔业示范县沟通信息、交流工作经验提供了平台，得到了各示范县的欢迎和农业部主管部门的好评。他说：这就是“把论文写在祖国的江河湖海上，把技术送到农民家”的实际行动。

看到示范户丰收的喜悦，王武感到农村需要发展水产养殖业，农民需要水产养殖新技术。他为能参加这一工作，感到光荣、感到自豪，“尽管下乡工作较劳累，但能为农村、为农民做一些实事，值！”

王武曾说：“现在我已是王老汉了，党和学校长期的培养，构成了我‘三个一生’的为人宗旨：我要把自己的一生献给祖国的水产养殖事业，把一生献给培养我的母校，把一生献给亲爱的党。”无论是谁，听到这样一番话都会在心底涌出一股暖流，溢出一缕感动，升腾出一份敬佩。

（王雅云 邓红 孙境）

图3-59 《最具“鱼腥味”的水养人，最“可爱”的王老汉》，
《上海海洋大学》第802期（2017年3月24日）

（六）越南校友写给母校的感谢信

陈青春　阮文史

本文原载于《上海海洋大学》第 812 期第 4 版，2017 年 11 月 15 日

敬爱的校领导与老师们，敬爱的女士们、先生们，亲爱的校友们：

你们好！

日月如梭，我们的母校上海海洋大学已经走过了 105 年的光辉历程。转眼之间，我已经离开母校 51 个春秋了！借此母校 105 周年华诞之际，请允许我们向母校表达最诚挚的敬意和最热烈的祝贺；同时也对为母校发展和中越友谊做出贡献的各位校领导、各位老师和职工们表示最崇高的敬意和最诚挚的问候。

日月易逝，往事难忘。中国人民对我们的一切关怀和深情厚谊还铭刻在我们心间。五六十年代的中国由于自然灾害，国际上对中国的封锁，中国人民面临严重的困难，物资缺乏，中国人民生活处于极端困难之中。虽然如此困难，中国人民宁可节衣缩食，决不让我们越南留学生缺少任何对生活和学习上的需要，母校保证了我们越南留学生良好生活与学习环境。对此我们永生难忘！

中国人民对我们的深情厚谊和母校对我们无微不至的关怀，各位老师的谆谆教诲和中国同学兄弟般的热情帮助，深深地感动和激励着我们奋发学习、刻苦钻研、努力上进，使我们克服了在学习过程中种种难以想象的困难，取得良好的成绩。

在上海海洋大学学习期间，我们已与中国同学打成一片，结成了相互帮助的对子，既是同学又像兄弟姐妹一样，由此我们中越同学凝结着深厚长久的友情，我们对母校充满了难以释怀的感情，对中国人民充满着无限的友好感激之情。

我们可以无悔地告慰母校。我们已经珍惜了自己的青春年华，圆满地完成了祖国交给的各项任务，同时，承担中越两国人民的友好桥梁，无悔是上海海洋大学的学子。我们在母校学习过的越南同学都成

为国家高、中级管理干部、科学家、教师等，我们这个群体形成了越南水产中坚一代力量，对于越南水产能达到今天的成就，与我们一批在上海海洋大学毕业的留学生不懈的努力和贡献是分不开的。我们可以自豪地说："此生无憾了！"

回忆过去看现在，母校从一所简陋的水产专科学校发展壮大成为多学科、具有影响力的综合性大学，各种条件比我们求学时要好不知多少倍，我们毫不怀疑：母校培养的人才已经达到国际先进水平。趁此机会，我们衷心祝愿：母校不断地发展壮大，并取得更辉煌的成就。恭祝母校明天更美好！

每次校庆时，都会想到在母校求学的美好时光。每次我们都会沉浸在对母校和中国同学深深的思念之中。借此机会，我们衷心祝愿中越两国人民的友谊如红河、长江水一样川流不息、代代相传、万古长青。

敬礼母校——上海海洋大学！

祝大家健康，家庭幸福！

谢谢大家！

陈青春、阮文史

2017 年 11 月 3 日于中国上海

编后记：

作者系上海海洋大学 1966 年淡水养殖专业毕业越南留学生。陈青春校友 1966 年在我校毕业后，先在越南河内水产大学教授《鱼类生理学》，直到 1973 年参加越南抗美革命战争，1975 年至 1979 年期间担任胡志明市农林大学水产系副主任，1980 年到 1983 年担任越南水产部第二水产养殖研究分院院长，1983 年到 2000 年担任水产部第二水产养殖研究院代理院长；阮文史校友 1966 年到 1976 年在越南水产研究院工作，1976 年到 1999 年在越南水产部科技司工作，曾任科技司司长，其间参加了《越南百科全书（渔业部分）》《越南渔业法》《越南渔业环保》等著作的写作、编辑和校订等。

这次回母校参加庆典，他们乘坐了最经济的交通工具：火车，从广西入境,再从广西换乘到达上海。两位老先生舍不得坐高铁,但是为了支持母校建设,他们各捐了 1000 元。

陈青春一直有早上四点起床、晚上六点睡觉的习惯。但这次为了参加庆祝晚会,争取最佳的舞台表现效果,他完成了既定表演后再离场。晚会上他高唱《我的祖国》,背后有一段感人的故事。2002 年 90 周年校庆的时候,一大批越南校友返校庆祝,根据当时负责接待他们的杨昕校友回忆:越南校友参加完校庆,组队到外滩游玩,面对涛涛的黄浦江,他们自发地用不太流利的中文,唱起了这首歌,后来越唱越响,引得外滩其他游客纷纷侧目,一起来了这段红歌颂。在场所有的人,无不热泪盈眶。

越南校友写给母校的感谢信

敬爱的校领导与老师们,敬爱的女士们、先生们,亲爱的校友们:

你们好!

日月如梭,我们的母校上海海洋大学已经走过了105年的光辉历程。转眼之间,我已经离开母校51个春秋了!借此机会,在母校105周年华诞之际,请允许我们向母校表达最诚挚的敬意和最热烈的祝贺;同时也对为母校发展和为中越友谊做出贡献的各位校领导、各位老师和职工们表示最崇高的敬意和最诚挚的问候。

日月易逝,往事难忘。中国人民对我们的一切关怀和深情厚谊还铭刻在我们心间。五六十年代的中国由于自然灾害,国际上对中国的封锁,中国人民面临严重的困难,物资缺乏,中国人民生活处于极端困难之中。虽然如此困难,中国人民宁可节衣缩食,决不让我们越南留学生缺少任何对生活和学习上的需要,母校保证了我们越南留学生良好生活与学习环境。对此我们永生难忘!

中国人民对我们的深情厚谊和母校对我们无微不至的关怀,各位老师的谆谆教诲和中国同学兄弟般的热情帮助,深深地感动和激励着我们奋发学习、刻苦钻研,努力上进,使我们克服了在学习过程中种种难以想象的困难,取得良好的成绩。

在上海海洋大学学习期间,我们已与中国同学打成一片,结成了相互帮助的对子,既是同学又像兄弟姐妹一样,由此我们中越同学凝结着深厚长久的友情,我们对母校充满了难以释怀的感情,对中国人民充满着无限的友好感激之情。

我们可以无悔地告慰母校。我们已经珍惜了自己的青春年华,圆满地完成了祖国交给的各项任务,同时,承担中越两国人民的友好桥梁,无悔是上海海洋大学的学子。我们在母校学习过的越南同学都成为国家高、中级管理干部、科学家、教师等,我们这个群体形成了越南水产中坚一代力量,对于越南水产能达到今天的成就,和我们一批在上海海洋大学毕业的留学生不懈的努力和贡献是分不开的。我们可以自豪地说:"此生无憾了!"

回忆过去看现在,母校从一所简陋的水产专科学校发展壮大成为多学科、具有影响力的综合性大学,各种条件比我们求学时要好不知多少倍,我们毫不怀疑:母校培养的人才已经达到国际先进水平。趁此机会,我们衷心祝愿:母校不断地发展壮大,并取得更辉煌的成就。恭祝母校明天更美好!

每次母校庆时,都会想到在母校求学的美好时光。每次我们都会沉浸在对母校和中国同学深深的思念之中。借此机会,我们衷心祝愿中越两国人民的友谊如红河、长江水一样川流不息、代代相传,万古长青。

敬礼母校——上海海洋大学!

祝大家健康,家庭幸福!

谢谢大家!

陈青春、阮文史

2017年11月3日于中国上海

编后记:

作者系上海海洋大学1966年淡水养殖专业毕业越南留学生。陈青春校友1966年在我校毕业后,先在越南河内水产大学教授《鱼类生理学》,直到1973年参加越南抗美革命战争,1975年至1979年期间担任胡志明市农林大学水产系副主任,1980年到1983年担任越南水产部第二水产养殖研究分院院长,1983年到2000年担任水产部第二水产养殖研究院代理院长;阮文史校友1966年到1976年在越南水产研究院工作,1976年到1999年在越南水产部科技司工作,曾任科技司司长,期间参加了《越南百科全书(渔业部分)》《越南渔业法》《越南渔业环保》等著作的写作、编辑和校订等。

这次回母校参加庆典,他们乘坐了最经济的交通工具:火车,从广西入境,再从广西换乘到达上海。两位老先生会不得坐高铁,但是为了支持母校建设,他们各捐了1000元。

陈青春一直有早上四点起床、晚上六点睡觉的习惯。但这次为了参加庆祝晚会,争取最佳的舞台表现效果,他完成了预定表演后再离场。晚会上他高唱《我的祖国》,背后有着一段感人的故事。2002年90周年校庆的时候,一大批越南校友返校庆祝,根据当时负责接待他们的杨昕校友回忆:越南校友参加完校庆,组队到外滩游玩,面对涛涛的黄浦江,他们自发地用不太流利的中文,唱起了这首歌,后来越唱越响,引得外滩其他游客纷纷侧目,一起来了这段红歌颂。在场所有的人,无不热泪盈眶。

图 3-60 《越南校友写给母校的感谢信》,
《上海海洋大学》第 812 期(2017 年 11 月 15 日)

（七）追寻池塘里的学问

蔡霞

本文原载于《上海海洋大学》第818期第3版，2018年3月30日

在2017年3月的上海市科学技术奖励大会上，我校成永旭教授领衔完成的"基于全程配合饲料和营养调控的高品质河蟹生态养殖技术研发与应用"项目荣获2016年度上海市科技进步一等奖。成永旭教授在会场上捧着大红的获奖证书，令人印象十分深刻。

勇挑重任 迎难而上

自中华绒螯蟹（河蟹）成为了国民餐桌上的一道美味后，我国中华绒螯蟹（河蟹）养殖产业发展迅猛，年产量从1993年的1.75万吨发展到近年的70万—80万吨，产值稳定在400亿—500亿元。

同时，河蟹养殖进入"大养蟹"的时代。我国河蟹养殖主要集中在江苏、湖北、安徽、江西、上海等长江中下游省份，在辽宁、山东、浙江等沿海地区也有养殖。目前我国河蟹养殖总面积在700万亩，其中江苏占到370万亩、湖北80万亩，其余地区250万亩。南至贵阳、昆明，北至辽宁盘锦，东至崇明岛，西至新疆库尔勒地区都看到了河蟹的身影。现在的河蟹养殖从一个养大蟹的时代已经走向大养蟹的时代。

"我国河蟹的产量逐步提高，但河蟹品质普遍下降，已成为河蟹产业发展的主要瓶颈，"成永旭说："饲料来源随意，饲料结构不稳定，大量消耗自然资源（杂鱼，螺蛳）、饵料成本偏高、池塘水质易恶化、成蟹规格偏小、品质不稳定且普遍低下，这些都是河蟹品质不高的原因。"

池塘养殖中存在的这些缺点，已严重制约着河蟹养殖产业的健康发展。如果能突破难题，受益的不仅仅是养殖户，更是整个养殖链条上的所有关联者。谁来破解这些难题，让养殖产业更好更快地发展？

依靠我国河蟹研究和技术推广优势部门，重担落在了成永旭教授主导的虾蟹类营养繁殖与育种团队上。

想要成气候　营养是关键

"经过全面系统的研究，我们发现，河蟹饲料的营养调控和高品质养殖有非常重要的关系。对饲料的营养调控越好，河蟹的品质就越好。"成永旭说："育苗成本高，苗种质量差；扣蟹规格小，早熟率高；池塘养殖成蟹规格小等这些问题，无一不和饲料营养有关。如果能在整个养殖过程中，通过营养调控，促进高品质蟹的养殖，则几乎所有的问题都能够迎刃而解。"

在外人看来，这似乎是一个很简单的问题。但科学永远是追求实事求是，追求真理。为了阐明了河蟹饲料营养调控与其高品质养殖的理论关系，团队常年驻扎在崇明竖新河蟹养殖基地和如东河蟹育苗基地，精心实施每一个技术环节：池塘整改、水草种植、苗种投放、水质调控、饲料投喂、疾病防控等；建立生产履历制度，认真实施、落实、填写；每天坚持实地巡视检查，水质测定、生长测量、饲料统计等一一记录在册，及时制定技术改进方案；听取养殖户意见。从河蟹群体和家系繁殖、养殖对比实验、基地育种和养殖设施维护，参与河蟹采样和生化分析，进行相关养殖实验……每一个细节都需要细心、细心、再细心，比对、比对、再比对。同所有的科研工作一样，池塘里的学问也没有捷径可走，除了坚持，还是坚持。

就这样，一步一步，踏踏实实，项目以全程投喂配合饲料和营养调控为主线进行了系统、深入研究，阐明了饲料营养调控与高品质养殖的理论关系，揭示了河蟹香味物质和滋味物质的主要来源，补充和完善了河蟹各个养殖阶段的营养需求图谱，全面构建了基于全程饲料下高品质河蟹生态养殖技术体系。

梅花香自苦寒来

经过数年的潜心研究，依据河蟹饲料营养和高品质河蟹养殖的理论基础，项目全面构建了基于全程饲料下河蟹生态养殖技术体系：第一，环境友好型饲料配方、加工工艺技术，在养殖中不仅完全替代了传统养殖的野杂鱼和饲料原料，而且保障了养殖河蟹的高品质、高效和生态。第二，全程配合饲料投喂配套养殖技术，通过水质调控技术、科学投饵技术、池塘养护等技术使河蟹养殖技术标准化，从而保障了河蟹养殖品质的稳定。第三，河蟹品质调控及评价技术，采用优质蟹种培育技术结合盐度、脂肪强化等育肥技术提升河蟹品质，构建了从人工感官、智能感官、营养成分、气味物质和滋味物质五大方面对河蟹进行营养品质评价的技术体系。

由于项目具有良好的前期基础，因而采用边研究、边开发和边推广的方式，并依托科技部星火重大、农业技术转化和上海市科技兴农推广项目，加快技术推广。

形成的技术体系不仅主要在长江中下游大面积推广，还因地制宜，在我国台湾、贵州和延安等地推广应用。近 3 年累计推广 75 万亩，新增产值近 20 亿元，这也是内地首次整体农业技术体系成功输送到台湾，成为了两岸农业合作的典范；研发的河蟹饲料配制技术在多家饲料企业进行产业化应用，年生产河蟹饲料总计超 3 万吨。同时培育出 5 家具有竞争力的河蟹饲料企业，提供数百个就业岗位。取得了显著的经济和社会效益。

追寻池塘里的学问

在 2017 年 3 月的上海市科学技术奖励大会上，我校成永旭教授领衔完成的"基于全程配合饲料和营养调控的高品质河蟹生态养殖技术研发与应用"项目荣获 2016 年度上海市科技进步一等奖。成永旭教授在会场上捧着大红的获奖证书，令人印象十分深刻。

勇挑重任 迎难而上

自中华绒螯蟹（河蟹）成为了国民餐桌上的一道美味后，我国中华绒螯蟹（河蟹）养殖产业发展迅猛，年产量从 1993 年的 175 万吨发展到近年的 70 万～80 万吨，产值稳定在 400 亿～500 亿元。

同时，河蟹养殖进入"大养蟹"的时代。我国河蟹养殖主要集中在江苏、湖北、安徽、江西、上海等长江中下游省份。在辽宁、山东、浙江等沿海地区也有养殖。目前我国河蟹养殖总面积有 700 万亩，其中江苏占到 370 万亩，湖北 80 万亩，其余地区 250 万亩，南至崇明、昆明，北至辽宁盘锦，东至新疆博尔塔拉的地区都看到河蟹的身影。现在的河蟹养殖从一个养大蟹的时代已经走向大养殖的时代。

"我国河蟹的产量逐步提高，但河蟹品质普遍下降，已成为河蟹产业发展的主要瓶颈，"成永旭说："饲料来源陈旧，饲料结构不稳定，大量消耗自然资源（杂鱼、螺蜥），饵料成本偏高、池塘水质易恶化，成蟹规格偏小，这些都是河蟹品质不高的原因。"

池塘养殖中存在的这些缺点，已严重制约着河蟹养殖产业的健康发展。如果能突破难题，受益的不仅仅是养殖户，更是整个养殖链条上的所有利益相关者。谁来破解这些难题，让养殖产业更好更快地发展？依靠我国河蟹研究领域正在推广优势的河蟹，重担落在了成永旭教授主导的虾蟹类营养与育种团队身上。

想要成气候 营养是关键

"经过全面系统的研究，我们发现，河蟹饲料的营养调控和高品质养殖有非常重要的关系。对饲料的营养调控与高品质养殖的品质就越好。"成永旭说："育苗成本高，苗种质量差；扣蟹规格小，早熟率高；池塘养殖或蟹规格小等这些问题，无一不和饲料营养有关。如果能在整个养殖过程中，通过营养调控，促进高品质养殖，则几乎所有的问题都能够迎刃而解。"

在外人看来，这似乎是一个很简单的问题。但科学永远是追求实事求是、追求真理。为了阐明了河蟹饲料营养调控与其高品质养殖的理论关系，团队常年驻扎在崇明竖新河蟹养殖基地和如东河蟹育苗基地，精心实施每一个技术环节：池塘整改、水草种植、苗种投放、水质调控、饵料投喂、疾病防控等；建立实施履历制度，认真实施、落实、填写；每天坚持实地巡视检查，水质测定、生长测量、统计统计等——记录在册，并制定技术改进方案；听取养殖户意见。从河蟹群体和亲本繁育、养殖对比实验、基地育种和养殖设施维护，参与河蟹采样和生化分析，进行相关养殖实验……每一个细节都需要细心、再细心，比对、比对、再比对。同所有的科研工作一样，池塘里的学问也没有捷径可走，除了坚持，还是坚持。

就这样，一步一步、踏踏实实，项目以全程投喂配合饲料和营养调控为主线进行了系统、深入研究，阐明了饲料营养调控与高品质养殖的理论关系，揭示了河蟹香味物质和滋味物质的主要来源，补充和完善了河蟹各养殖阶段的营养需求图谱，全面构建了基于全程饲料下高品质河蟹生态养殖技术体系。

梅花香自苦寒来

经过数年的苦心研究，依据河蟹饲料营养和高品质河蟹养殖的理论基础，项目全面构建了基于全程饲料下河蟹生态养殖技术体系：第一，环境友好型饲料配方、加工工艺技术，在养殖中不仅完全替代了传统养殖的野杂鱼和饲料原料，而且保障了河蟹的品质、数效和生态。第二，全程配合饲料投喂配套养殖技术，通过水质调控技术、科学投饵技术、池塘养护等技术使河蟹养殖技术标准化，从而保障了河蟹养殖品质的稳定。第三，河蟹品质调控及评价技术，采用优质蟹种培育技术结合盐度、脂肪强化等育肥技术提升河蟹品质，构建了对人工感官、智能感官、营养成分、气味物质和滋味物质五大方面对河蟹进行营养品质评价的技术体系。

由于项目具有良好的前期基础，因而采用研究、边开发和边推广的方式，并依托科技部星火重大、农业技术转化和上海市科技兴农推广项目，加快技术推广。

形成的技术体系不仅主要在长江中下游大面积推广，还因地制宜，在我国台湾、贵州和陕北等地推广应用。近 3 年累计推广 75 万亩，新增产值达 20 亿元，这也是内地首次整体农业技术体系成功输送到台湾，成为了两岸农业合作的典范；研发的河蟹饲料配制技术在多家饲料企业进行产业化应用，年生产河蟹饲料总计超 3 万吨。同时培育出 5 家具有竞争力的优质河蟹饲料企业，提供数百个就业岗位，取得了显著的经济和社会效益。

（蔡霞）

图 3-61 《追寻池塘里的学问》,《上海海洋大学》第 818 期（2018 年 3 月 30 日）

（八）把论文写在祖国西北大地上

海洋生态与环境学院

本文原载于《上海海洋大学》第 867 期第 3 版，2020 年 12 月 31 日

2020 年 6 月，上海海洋大学管卫兵团队以陆基生态渔场构建技术助力宁夏农村产业融合的事迹，被学习强国上海平台、《中国渔业报》《新民晚报》《上海科技报》、上海教育新闻网等多家媒体报道，引发良好的社会反响。管卫兵团队长期扎根宁夏，大规模推广陆基生态渔场构建技术，为宁夏脱贫攻坚和现代农业高质量发展探索产业融合道路。同时，海洋生态与环境学院实施"绿色人才"培养计划，强化科技育人、实践育人在创新实践型生态环境"绿色人才"培养中的作用，研究生们以导师为榜样，积极投身宁夏科技研发、技术推广和社会实践，走出了一条在西北辽阔大地上"三全育人"的道路。

从 2016 级刘凯、2017 级沈玺钦、2018 级顾芸、2019 级李奎，到 2020 级新生吕金亮、李敏、孙静好，团队中的研究生都围绕宁夏陆基生态渔场构建开展丰富多样的科学研究，形成了团队优良传统。

2019 级生态学专业研究生李奎研究方向为生态农业的经济、生态效益评价。在研究生一年级入学前暑假，李奎就跟随管卫兵来到了宁夏。他在陆基生态渔场构建技术示范基地——宁夏银川市贺兰县科海生物技术有限公司做了 50 天科研实验。同时，也广泛阅读学术文献，开阔视野，构建起生态学科的宏观认知体系，熟悉了研究方向的应用背景。

2020 年春，由于疫情原因，李奎未能及时返回学校。5 月份网课结束后，李奎返回了宁夏，作为课题组成员参加了银川市 2020 年产学研融合助力农业高质量发展项目"稻蟹共作系统处理池塘养殖尾水项目"和宁夏回族自治区科技 2020 年重点研发计划"稻渔综合种养立体复合生态养殖技术研究与示范"。

9 月 24 日，宁夏广播电视台对李奎进行了采访，了解陆基生态渔

场的经济及生态效益情况。李奎告诉记者："陆基生态渔场构建技术改变了传统种养模式，将稻田种植和水产养殖整合起来，大大提高了资源利用率，改善了鱼塘水体环境，最终实现养殖用水'零排放'。"10月15日至20日，中央电视台科教频道《创新进行时》陆基生态渔场构建技术节水治碱专访中，李奎向记者讲解了陆基生态渔场节约水资源、治理盐碱地的原理，并通过实验展示了陆基生态渔场的构建对于治理盐碱地的显著效果。

2020级三位新生也提早进入宁夏基地开展科研工作。呙金亮参加了西夏区2019年地方政府新增一般债券资金工程项目"典农河（西夏区段）一支沟及二支沟水环境改善及水质提升（二期）工程"，发挥本科工程管理专业特长，很好地完成工程任务。李敏和孙静好则积极参与河流浮游生物和水质分析工作，为当地生态环境治理做出了贡献。

今年7月24日，农业农村部组织中国工程院院士张洪程、农业农村部渔业渔政管理局副局长江开勇、全国水产技术推广总站副站长于秀娟、上海海洋大学副校长李家乐、上海海洋大学成永旭教授等农业专家和科研工作者20多人调研考察科海生物技术有限公司稻渔综合种养情况。考察期间，学校领导和教师看望了基地研究生，了解他们的生活工作情况，勉励他们继承"勤朴忠实"的校训精神，好好锻炼成才，今后继续为生态文明和乡村振兴做出更大贡献。

几分耕耘几分收获。上海海洋大学助力乡村振兴战略、促进产业融合发展在宁夏初见成效。在陆基生态渔场构建技术支持下，科海生物技术有限公司将稻田综合种养与池塘工厂化循环水养殖相结合，还兴建了垂钓场、光明渔村和渔家小院等休闲渔业设施。公司产业融合发展态势良好，老百姓可以在这里钓鱼、吃鱼、观光、住宿，被农业农村部评为"休闲渔业示范基地"。今年，习近平总书记对研究生教育工作作出重要指示，强调坚持"四为"方针，培养造就适应党和国家事业发展需要，德才兼备的高层次人才。把论文写在祖国西北大地上，把研究生培养做在响应贯彻国家战略的实践过程中，在宁夏广阔的天地间，上海海洋大学"三全育人"之花开得格外灿烂。

三全育人系列报道

把论文写在祖国西北大地上

2020年6月，上海海洋大学管卫兵团队以陆基生态渔场构建技术助力宁夏农村产业融合的事迹，被学习强国上海平台、《中国渔业报》《新民晚报》《上海科技报》、上海教育新闻网等多家媒体报道，引发良好的社会反响。管卫兵团队长期扎根宁夏，大规模推广陆基生态渔场构建技术，为宁夏脱贫攻坚和现代农业高质量发展探索产业融合之路。同时，海洋生态与环境学院实施"绿色人才"培养计划，强化科技育人、实践育人在创新实践型生态环境"绿色人才"培养中的作用，研究生们以导师为榜样，积极投身宁夏科技研发、技术推广和社会实践，走出了一条在西北辽阔大地上"三全育人"的道路。

从2016级刘凯、2017级沈玺钦、2018级顾芸、2019级李奎，到2020级新生闵金亮、李敏、孙静舒，团队中的研究生都围绕宁夏陆基生态渔场构建开展丰富多样的科学研究，形成了团队优良传统。

2019级生态学专业研究生李奎研究方向为生态农业的经济、生态效益评价。在研究生一年级入学前暑假，李奎就跟随管卫兵来到了宁夏。他在陆基生态渔场构建技术示范基地——宁夏银川市贺兰县科海生物技术有限公司做了50天科研实验。同时，也广泛阅读学术文献，开阔视野，构建起生态学科的宏观认知体系，熟悉了研究方向的应用背景。

2020年春，由于疫情原因，李奎未能及时返回学校。5月份网课结束后，李奎返回了宁夏，作为课题组成员参加了银川市2020年产学研融合助力农业高质量发展项目"稻蟹共作系统处理池塘养殖尾水项目"和宁夏回族自治区科技2020年重点研发计划"稻渔综合种养立体复合生态养殖技术研究与示范"。

9月24日，宁夏广播电视台对李奎进行了采访，了解陆基生态渔场的经济及生态效益情况。李奎告诉记者："陆基生态渔场构建技术改变了传统种养模式，将稻田种植和水产养殖整合起来，大大提高了资源利用率，改善了鱼塘水体环境，最终实现养殖用水'零排放'。"

10月15日至20日，中央电视台科教频道《创新进行时》陆基生态渔场构建技术节水治碱专访中，李奎向记者讲解了陆基生态渔场节约水资源、治理盐碱地的原理，并通过实验展示了陆基生态渔场的构建对于治理盐碱地的显著效果。

2020级三位新生也提早进入宁夏基地开展科研工作。闵金亮参加了西夏区2019年地方政府新增一般债券资金工程项目"典农河（西夏区段）一支沟及二支沟水环境改善及水质提升（二期）工程"，发挥本科工程管理专业特长，很好地完成工程任务。李敏和孙静舒则积极参与河流浮游生物和水质分析工作，为当地生态环境治理做出了贡献。

今年7月24日，农业农村部组织中国工程院院士张洪程、农业农村部渔业渔政管理局副局长江开勇、全国水产技术推广总站副站长于秀娟、上海海洋大学副校长李家乐、上海海洋大学成永旭教授等农业专家和科研工作者20多人调研考察科海生物技术有限公司稻渔综合种养情况。考察期间，学校领导和教师看望了基地研究生，了解他们的生活工作情况，勉励他们继承"勤朴忠实"的校训精神，好好锻炼自己，今后继续为生态文明和乡村振兴做出更大贡献。

几分耕耘几分收获。上海海洋大学助力乡村振兴战略、促进产业融合发展在宁夏初见成效。在陆基生态渔场构建技术支持下，科海生物技术有限公司将稻田综合种养与池塘工厂化循环水养殖相结合，还兴建了垂钓场、光明渔村和渔家小院等休闲渔业设施。公司产业融合发展态势良好，老百姓可以在这里钓鱼、吃鱼、观光、住宿，被农业农村部评为"休闲渔业示范基地"。今年，习近平总书记对研究生教育工作作出重要指示，强调坚持"四为"方针，培养造就适应党和国家事业发展需要、德才兼备的高层次人才。把论文写在祖国西北大地上，把研究生培养做在响应贯彻国家战略的实践过程中，在宁夏广阔天地间，上海海洋大学"三全育人"之花开得格外灿烂。

（海洋生态与环境学院）

图 3-62 《把论文写在祖国西北大地上》，
《上海海洋大学》第 867 期（2020 年 12 月 31 日）

参考文献

1. 潘迎捷，乐美龙．上海海洋大学传统学科、专业与课程史［M］．上海：上海人民出版社，2012．

2. 上海市地方志编纂委员会．上海市级专志．上海海洋大学志［M］．上海：华东师范大学出版社，2016．

3. 汪洁．上海海洋大学档案里的捕捞学［M］．上海：上海三联书店，2020．

4. 张宗恩，谭洪新．上海海洋大学水产学科史（养殖篇)［M］．上海：上海三联书店，2020．

后　记

　　上海海洋大学水产养殖学科的前身追溯至江苏省立水产学校于民国十年（1921年）创设的养殖科。一百多年来，水产养殖学科与学校发展、民族振兴、国家富强紧密结合。历代建设者秉承"勤朴忠实"校训精神，筚路蓝缕启山林，栉风沐雨砥砺行。一百多年来，水产养殖学科从无到有，从有到强。2003年，水产养殖学科成为学校第一个拥有本科生、硕士生、博士生和博士后流动站的学科体系。2017年，水产学科入选国家世界一流学科建设行列。2022年，水产学科再次入选国家"双一流"建设序列。一百多年来，水产养殖学科为国家培养了大批水产科技、教育、生产和管理优秀高级专业人才，承担的国家级、省部级科研项目多次获得国家级、省部级科技进步奖等，为促进中国成为世界水产大国、水产强国发挥积极、重要作用，为中国水产事业发展作出了重要贡献。

　　档案是历史的真实记录。高校档案中蕴含着丰富的学科记忆，记载着学科发展过程中的点点滴滴，见证了学科的形成、发展和演变。

　　为了充分发挥档案的独特作用，服务学校中心工作，编者以学校水产学科入选国家世界一流学科建设为契机，创新工作思路和方法，开展学科发展史档案编研，主动申报并承担学校三大传统优势学科（捕捞学、水产养殖学和水产品加工及贮藏工程学）发展史档案编研工作，主编《上海海洋大学档案里的捕捞学》《上海海洋大学档案里的水产养殖学》《上海海洋大学档案里的水产品加工及贮藏工程学》三部著作。

编者尝试通过深入、系统地挖掘、梳理散落在各个历史时期、不同档案门类及其各种载体上的学科档案资源，形成丰富、生动、真实、系统的学科档案文化成果，反映学科发展的历史脉络和演变规律，体现学科特色和水平，传承创新大学优秀文化，为一流学科建设提供合理借鉴、历史佐证和文脉滋养，助力学校一流学科建设，提升学校软实力。

经过近一年的探索实践，2020 年 1 月《上海海洋大学档案里的捕捞学》正式出版。正当编者着手开展《上海海洋大学档案里的水产养殖学》《上海海洋大学档案里的水产品加工及贮藏工程学》二部著作的编撰时，遭遇了一场百年难遇的疫情。由于疫情影响等原因，二部书稿原始档案材料的收集、查找、挖掘、筛选、考证、研究、辑录以及书稿的编撰等工作，时常受阻，异常艰难。在这段特殊时期，编者怀着 30 多年来对档案事业始终不渝的热爱，以及深感肩负的责任和使命，克服种种困难和不便，努力完成编撰过程中的每项工作。

本书素材来源于学校档案馆现存馆藏档案（1915—2022）。需要说明的是，在编撰中，对于档案原始史料中使用繁体字的，统一使用简化字；对于未加标点的，重新进行标点；对于错字，在错字后用方括号"[ ]"标明正字；对于残缺的字，每个字用一个空方格"□"表示；对于删节部分，用删节号"[……]"表示。然而，尽管如此，仍难免存在一些讹误，恳请读者不吝指正。

本书编辑出版得到学校领导的高度重视和大力支持，得到学校"一流学科"文化建设项目的支持。分管档案工作的学校党委副书记吴建农研究员百忙中对书稿编撰工作的关心、支持和帮助，在此深表敬意和感谢！学校党委常委、宣传部部长郑卫东研究员、水产与生命科学学院常务副院长黄旭雄教授等对本书的审阅和指导，在此深表谢意。档案馆馆长宁波副研究员亲自为本书作序，在此表示衷心感谢。

在本书编撰中，得到档案馆馆长宁波副研究员等领导的关心支持、档案馆同仁的密切配合和专家、教师、学生的热情帮助，上海三联书店出版社方舟编辑等为本书高质量的付梓出版付出了辛勤劳动，编者的家人默默无闻的关心和支持，在此一并致谢。

因馆藏资源、编撰时间和编者水平有限，书中疏漏和不当之处，恳请读者批评指正。

汪 洁

2023 年 8 月 20 日

图书在版编目（CIP）数据

上海海洋大学档案里的水产养殖学 / 汪洁主编 . -- 上海：
上海三联书店，2024.1
ISBN 978-7-5426-8351-9

Ⅰ.① 上… Ⅱ.① 汪… Ⅲ.① 水产养殖 Ⅳ.① S96

中国国家版本馆 CIP 数据核字（2024）第 009932 号

上海海洋大学档案里的水产养殖学

主　编 / 汪　洁

责任编辑 / 方　舟
装帧设计 / 一本好书
监　制 / 姚　军
责任校对 / 王凌霄

出版发行 / 上海三联书店
　　　　（200030）中国上海市漕溪北路 331 号 A 座 6 楼
邮　　箱 / sdxsanlian@sina.com
邮购电话 / 021-22895540
印　　刷 / 上海惠敦印务科技有限公司

版　　次 / 2024 年 1 月第 1 版
印　　次 / 2024 年 1 月第 1 次印刷
开　　本 / 640mm×960mm 1/16
字　　数 / 300 千字
印　　张 / 20.75
书　　号 / ISBN 978-7-5426-8351-9/ K · 757
定　　价 / 138 .00 元

敬启读者，如发现有书有印装质量问题，请与印刷厂联系 021-63779028